賣書成癡的真心告白

THE BOOKSELLER'S TALE

MARTIN LATHAM

馬丁・萊瑟姆 ———著 胡洲賢 ———譯

目次

推薦序

穿越時空的紙上旅行

沈如瑩／資深書店職人

當時報出版邀請我閱讀此書書稿時，我以為會讀到一位連鎖書店的資深賣書人多年來的營運心法和工作點滴，沒想到遠遠不止於此。我展開了一趟紙上旅行，不僅環遊世界，還穿梭於歷史之間。

「賣書」和「讀書」看似接近，有時卻是世界上最遙遠的距離。至少在臺灣，一般的書店店員工作時多半忙於穿梭在書架和尋求服務的讀者之間，就算想讀書也只能利用下班以後（如果還有精力的話）。更何況像萊瑟姆這樣的主管階級，每日都被數據和會議追趕著，花在讀營業報告的時間恐怕比讀書要多上許多。

馬丁．萊瑟姆在書店業工作三十多年，並於一九九〇年起於英國水石書店坎特貝里分店擔任主管，據說是該公司任期最長的店經理。水石書店創立於一九八二年，如同我們在《電子情書》（*You've Got Mail*）等電影，或甚至是真實世界裡看到的新聞一樣，來勢洶洶的連鎖書店像是一成不變的書籍大賣場，一度以價格和地點優勢讓傳統書店（或以現在的說法稱為獨立書店）兵敗如山倒，卻又在千禧年前後遭到網路書店更猛烈的攻擊。水石書店這四十年一路走來的過程足堪寫出一部精采的商戰小說，但閱讀這本《賣書成癡的真心告白》的心情，卻彷彿於冬日坐在壁爐旁的安樂椅聽故事般閒適，窗外肅殺的暴風雪完全與此無關。此書並非對書店日常毫無著墨，但在此之前，萊瑟姆要告訴我們的是，數千年以來，「書」如何撫慰人心、充滿魔力。

＊＊＊

「書話」，或說「關於書的書」，是由來已久的主題。東西方都有不少愛書人願意將自己對於書籍的知識、收藏、見聞化作文字——印刷成書——與他人分享。歐美由於珍本書市場的發展由來已久且頗具規模，此類著作甚豐。好比美國書話大師尼古拉斯・A・巴斯貝恩（Nicholas A. Basbanes），其名作《文雅的瘋狂》（*A Gentle Madness*）便藉由介紹橫跨兩千五百年、上百位藏書家的多元面貌，勾勒出獨一無二的史觀與文化論述。除了藏書家，出版社的經營者和編輯也經常成為此類作品的題材。儘管大多數時間隱身於作者之後，但若沒有他們慧眼識英雄，許多偉大的作者將默默無名，例如《天才》（*Max Perkins, Editor of Genius*）一書講述的，便是發掘海明威等作者的傳奇編輯麥斯威爾・柏金斯。

至於以書店工作者為主角的書更是多如繁星。大家耳熟能詳的《查令十字路84號》(*84 Charing Cross Road*)由讀者海蓮・漢芙(Helene Hanff)娓娓訴說由書牽起的千里情誼;《莎士比亞書店》(*Shakespeare and Company*)店主雪維兒・畢奇(Sylvia Beach)親手寫下經營書店的點點滴滴、與作家之間的相濡以沫。臺灣、日本這些年也有不少書店主題的出版品,從大書店的經營之道到小書店的日常甘苦皆有,不過放眼各地,像馬丁・萊瑟姆這樣充滿個人特色,揉合學者、讀者與書商經歷的作品,卻是十分少見的。

萊瑟姆在序言中對數位的「冷硬技術」不以為然,頌揚實體書籍之美,乍看之下似乎是常聽到的老派言論,但當章節展開,銘刻在幼年記憶的安撫之書,以及在艱困環境下渴求知識的心情,似乎跨越了國界與時間,讓人感同身受。在他的眼裡,書不僅承載著知識,其本身即是一種不可或缺的存在,包含著重量、記憶和尊嚴。隨後,萊瑟姆以淵博的知識和幽默的文筆,舉重若輕地講述圖書如何同時成為販夫走卒與王公貴冑的珍寶;從手抄本到活版印刷的普及,又讓一本書的前世今生如何轉變。接著,則是暢談巴黎、威尼斯、紐約等城市各具特色的圖書市場(在如今這個無法任意移動的時代,這些章節著實讓人心底發癢),最終再以他自身進入書店的工作經歷,為此書畫龍點睛。

這本書除了內容充滿豐富的歷史和閱讀文化,就算是曾經聽過的知識,也因其生動的敘述更加鮮明;同時,由於工作背景使然,萊瑟姆字裡行間偶爾流露的「書店幽默」、那些似曾相識的書店工作場景和賣書人的思考邏輯,更跨越地理藩籬,每頁都是讓我會心一笑的金句。只要是喜愛閱讀的人，必能從《賣書成癡的真心告白》的淵博與雋永之中，重新感受到「書」是如何滋養生命，以及閱讀是何等美好。

圖片清單

1. 在自家公寓內閱讀的法國女演員芭芭拉・拉格（Barbara Laage），一九四六年。尼娜・利恩（Nina Leen）拍攝／取自蓋帝圖像（Getty Images）的《生活》雜誌（*LIFE*）照片合輯。
2. 經歷「麵包籃」汽油燃燒彈火劫後的倫敦（London）肯辛頓（Kensington）荷蘭屋圖書館。中央社（Central Press）／休爾頓檔案館（Hulton Archive）／蓋帝圖像。
3. 駭人的廉價書《彈簧腿傑克》（*Spring Heeled Jack*）廣告（一八八六年）。阿拉米照片圖庫（Alamy Stock Photo）。
4. 小販帶著他的書到鄉下巡迴（一八八六年）。編年史／阿拉米照片圖庫。
5. 在圖書館內閱讀的年輕人。斯圖爾特・查爾斯・科恩（Stewart Charles Cohen）／蓋帝圖像。
6. 「藏書家」（Le Bibliophile d'autrefois），費利西安・羅普斯（Félicien Rops）為奧克塔夫・烏扎納（Octave Uzanne）《新圖書館》（*La Nouvelle Bibliopolis*）繪製的扉頁（一八九七年）。作者所攝圖片。
7. 野兔和狗在《麥克爾斯菲爾德詩篇》（*Macclesfield Psalter*）的書邊演奏管風琴。此書約於一三三〇年在東盎格魯王國（East Anglia）出版。布里奇曼圖庫（Bridgeman Images）。

8. 馬丁・拉瑟姆百看不厭的《慾望莊園》（*Brideshead Revisited*）。威廉・拉瑟姆（William Latham）拍攝。

9.「閱讀的先驅」，仿製十九世紀法國A・法布里（A. Fabres）的木版畫。印象（INTERFOTO）／阿拉米照片圖庫。

10. 兩名婦女瀏覽巴黎塞納河碼頭上的書攤。砌石－法國（KEYSTONE-FRANCE）／取自蓋帝圖像的珈瑪－拉佛（Gamma-Rapho）。

11. 威尼斯某條運河。安德魯・黃（Andrew Hoang）拍攝。

12. 在紐約書店外翻閱的客人。亞力山大・小阿蘭德（Alexander Alland, Jr.）拍攝／柯比斯歷史（Corbis Historical）：蓋帝圖像。

13. 布盧姆斯伯里（Bloomsbury）書店，一九二六－一九二七年。印刷收藏家（The Print Collector）／遺產圖片（Heritage Images）／阿拉米照片圖庫。

序章

在亞奎丹的艾莉諾[1]位於普瓦捷（Poitiers）附近豐特夫羅修道院（Fontevraud Abbey）內的墓棺蓋上，有本八百年來未曾移動分毫的書。深深長眠的她捧著一本打開的聖經，與此同時，那波瀾壯闊的一生已然都在身後。就像跟人聊過天或喝完茶後的我們一樣，她上床休息，成為與書獨處的人，沉迷在一個私人世界裡。人類與書的愛戀情事，對於（若有）另外一個星系的訪客而言，不啻為我們最奇特的故事之一。

書的歷史探索了我們與實體書的關係，展現它如何加深我們的自我意識。印刷的紙本書有助於開展寬如地球、四季恆春的意識。和一本書蜷縮在一起，我們繼續尋找著新的自我。

其實這種私人閱讀，直到印刷術時代後才開始普及。在大多數的語言中，「閱讀」這個詞的原意是「朗讀」。手下們看著亞歷山大大帝默默閱讀，總看得一頭霧水，直到進入印刷術時代，閱讀才不再是種私密行為，而成為普遍的現象。隨著這新隱私而來的，是情感的投入、感動的加深。維多利亞時代的社會學先驅哈莉特·馬丁瑙[2]覺得她經常**成為**她正在閱讀之書的作者，而諸如《克拉麗莎》[3]的小說總會驟然引起驚人的啜泣和欣喜。古騰堡[4]後時代，我們的想像力開始注入了故事，高聳立在一片新領域之上。

私人閱讀給了人類新的內在維度。我們或在大圖書館的書架上，或在書店的角落裡感受到這些地方給了我們一種處於無限內在空間邊緣的深入感。所謂的亞歷山大（Alexandria）古代圖書館，甚至有可能根本不曾真實存在過，但正如古典學者伊迪絲．霍爾[5]所說，曾有這麼一個圖書館的想法，對於人類的集體心理而言，幾乎就和確實有過這麼一間圖書館一樣重要。我們本能地知道自身既潛力無窮，又難以捉摸，所以我們熱愛沉迷在書店和圖書館裡，並因緣際會地意外發現那些解開了我們各種隱蔽自我的書籍。

我們與真實書本間的熱情關係（而不是文學理論家的「議題」）已經以許多微證的實質方式搬演。維吉尼亞．吳爾芙就觀察到那幾乎像是種性愛的交互作用。三十年的賣書生涯亦已然讓我看清這點：顧客撫摸著書的封面，偷窺書衣下的東西，閉上眼睛嗅聞書頁凹處——有時這些還會伴隨著靜靜的愉悅輕吟——購買後緊緊擁抱，甚至對書親一吻。

用書人無法解釋為什麼他們喜歡拿著書，而且，在聽到他們——多年來好幾百次——長篇大論地訴說自己無法予以解釋後，我開始認為他們根本就是不想分析一種如此內在的情感。

書的紙張來自樹木，就等同於前往森林的中途，是神話的偉大來源。反觀科技設備不僅是用比較冰冷的變性材料製作，且製程十分艱巨。一九一三年卡夫卡以驚人的先見之明，在一封寫給當時在賣聽寫機，後來成為他女友的菲麗絲（Felice）的信中描述了未來。他討厭這樣的機器，並表示他可能一邊聽寫，一邊從辦公室窗戶往外望，然後聽到祕書因無所事事而偷偷使用指甲銼的聲響。他告訴菲麗絲：「面對這樣的機器」會成為「降級的工廠工人」。今天，我們所有的人有時都會有種感覺，覺得自己就像是在為身邊機器服務的一般工作人員；我們感受不到和書合為一體。卡夫卡預測這樣的機器最終會與我們交談，建議去哪幾家餐廳，甚至糾正發音。這樣的科技在我十年前開始寫這本書時，幾乎可謂荒謬，但現在卻已經再普遍不過。可憐的老菲麗絲並沒有回覆法蘭茲這封看似瘋狂的信件。

數位設備的「冷硬技術」固然能夠提供「交流」，但那是一種依據格式化規則的交流，從對某物的「喜愛之情」變為「網誌書寫」，跟以往在書本書寫，直接跟書本交流的「暖柔技術」大相逕庭。蒙田針對盧克萊修[6]信筆而就的旁註，代表他一整串思維，正如布萊克[7]在他擁有的約書亞．雷諾茲[8]《皇家美術學院十五講》（*Discourses*）一書中的熱切隨筆一樣，柯勒律治在他收集的整套藏書中，也都寫滿了旁註。然而在食古不化的圖書館管理人員手裡，邊緣旁註被徹底邊緣化，其中又以維多利亞時代在重新裝訂的過程中被擅自切除或塞入書箱為最，甚至——正如米爾頓的旁註所遭到的待遇——被漂白處理。這種功利主義的清理傳承，造就今日我們對於書本中的塗鴉依舊抱持著過度排斥的態度。近年一位鑽研旁註的史學家就不禁嗟嘆，除非我們放輕鬆點，否則我們將不再擁有對書本這種清新可人、未經雕琢的回饋紀錄。

大約在一六〇〇到一八七〇年間，出於對癡迷書本的不遜態度，用書人會直接擷取喜愛的詞句，蒐集在自己的日誌中，並把自己的想法穿插進去。這種蔚為時尚的狂熱作品因為圖書管理員的態度，大部分都沒有紀錄在案，諸如M．R．詹姆斯[9]便將這類日記作品形容為「一種殘渣或沉積物」。除卻圖書管理員單憑個人經驗法則選擇的作法之外，更令人氣惱的，是這類作品都未經分類整理——它們究竟是書本，還是手稿？這類作品就這樣被扔在雜類中，直到一九八〇年代才重見天日。

口味較重的短篇文集，亦即英國著名的廉價書，是書籍史中遺落的另一部分環節。這些敘述犯罪、神話、超自然行為、羅曼史、哲學和宗教的書本，在全世界有著高達數百萬的印刷量，卻毫無紀錄，始終遭受圖書管理人員的鄙視和冷落，直到近日才受到學界的注目。這個現象委實怪異，因為有太多的文學巨擘都是從這些暢銷一時的故事當中汲取養分的。皮普斯[10]收藏這類書籍，布萊克以暢銷故事的形式寫出了偉大的詩篇，狄更斯從小便受到這類書籍的薰陶，史蒂文森[11]在喜愛之餘，自己也寫了一本《道德徽章》（*Moral Emblems*），而莎士比亞對廉價書中經常出現的那些四處為家、招搖撞騙的丑角人物，諸如奧托呂科斯[12]之流的喜愛之情，更是眾所皆知。但是這種書籍通常沒有封面，雖流行於街頭，卻大半逐漸佚失。

關於這群大部分由男性為核心組成的圖書管理員對我們文化進行編輯所造成的不良影響，德希達[13]就曾深表感慨，甚至還新創了「父系檔案」（patriachive）一詞。這些圖書管理員對於作者在書籍考古學上所代表的意義，流浪書卷的飄泊歷程，乃至埋藏在墨水和紙張、浮水印、書邊繪圖間的祕密，以及押花和手寫獻詞背後的故事毫不在乎。愛書人惺惺相惜，獨裁者則只是希望獲得群眾的擁戴。東德領袖何內克[14]主導過許多迫害行為，但是晚年時卻哀嘆：「他們難道看不出來我有多愛它們嗎？」這種妒恨心態是許多書籍遭到獨裁者焚毀的理由。而那些僥倖生存下來的地下書籍代表著一段段尚未完全揭露的歷史，包括克林姆林宮（Kremlin）辦公室內索忍尼辛作品的祕密影本，以及藏在東柏林某個角落的《動物農莊》（*Animal Farm*）。

這是我們和書本間未加審查的戀愛故事，這種愛戀孕育出一種更為隱密和深思的自我。即便在數位時代，我們和實體書本的愛戀關係依舊興盛——或許還因而格外欣欣向榮。

> 我不知道我是如何學習閱讀的。我只記得自己最早期的閱讀和它對我的影響。從那時候開始，我便和自我意識開始約會。（盧梭《懺悔錄》〔*Confessions*〕）

譯註

1 Eleanor of Aquitaine，一一二二～一二〇四年。史稱亞奎丹女公爵或普瓦捷女伯爵。

2 Harriet Martineau，一八〇二～一八七六年。英國社會理論家和輝格黨作家。

3 *Clarissa*，或名為*The History of a Young Lady*，是英國作家塞繆爾．理查森於一七四八年出版的書信體小說。

4 Johannes Gutenberg，西方第一個人使用活字印刷機的德國人。

5 Edith Hall，英國古典學者，專門研究古希臘文學和文化史。

6 Titus Lucretius Carus，約西元前九九～五五年。羅馬共和國末期的詩人和哲學家，以哲理長詩《物性論》著稱於世。

7 William Blake，一七五七～一八二七年。英國詩人、畫家，浪漫主義文學代表人物之一。

8 Sir Joshua Reynolds，一七二三～一七九二年。英國著名畫家、皇家學會及皇家文藝學會成員。

9 Montague Rhodes James。一八六二～一九三六年。英國作家及中世紀學者。

10 Samuel Pepys，一六三三～一七〇三年。英國托利黨政治家，歷任海軍部首席祕書、下議院議員和皇家學會主席，但最為後人熟知的身份卻是日記作家。

11 Robert Lewis Balfour Stevenson，一八五〇～一八九四年。蘇格蘭小說家、詩人與旅遊作家，最知名的作品之一為《金銀島》。

12 Autolycus，是莎翁劇作《冬天的故事》中一個丑角，無賴的小販、流浪者和扒手。

13 Jacques Derrida，一九三〇～二〇〇四年。當代法國解構主義大師。

14 全名為Erich Honecker，一九一二～一九九四年。德國政治家、共產主義者。也是最後一位正式的東德領導人。

圖1

第一章　安撫之書

幼時的記憶湧現，猶如老屋偏遠廂房突然傳來某扇門被風關上的聲音。

——理查德・丘奇[1]一篇不知名的散文，目前尚無從查證。

我們每人都應該製作一幅自己失落的原野和草原的地圖。

——加斯東・巴舍拉[2]《空間詩學》（*The Poetics of Space*）

直到最近我才克服我所受的教育約束，回歸早期擁有的直覺自發性。

——羅伯特・格雷夫斯[3]《向一切告別》（*Goodbye to All That*）。

牆壁中的一扇矮門

西元前兩千五百年左右的某個埃及人把閱讀類比於登上一艘小船。某些撫慰人心的書籍便具有這種能力，可以將我們帶往一個更美好的境地。這些具有圖騰意義的小說可謂五花八門，從「垃圾讀物」到「經典作品」都有。

編輯和傳記作家詹妮弗．烏格洛[4]曾在紐約公共圖書館（New York Public Library）的一個專題討論小組中，討論哪些古典文學至今仍然廣受讀者歡迎。她事前特地到我的書店來查詢，從電腦中找到一些頗令人感到意外的指標。除了指定閱讀的書籍和改編上螢幕的作品外，蓋斯凱爾夫人[5]的作品顯然還有市場，海明威當然也在列，不過僅限於少數作品。《米德爾瑪奇》（*Middlemarch*）仍然是暢銷小說，菲爾丁[6]則已經退潮流。安東尼．鮑威爾[7]的《隨時間之樂起舞》（*A Dance to the Music of Time*）具有巨大的文化影響力，但偶爾才有銷售紀錄。相較之下，一九六〇年代早期的《巴爾幹三部曲》（*Balkan Trilogy*）和《亞歷山大四重奏》（*The Alexandria Quartet*）則持續走紅。有人或許認為比較新的小說才擁有銷售市場，但《魯濱遜漂流記》（*Robinson Crusoe*）和《憨第德》（*Candide*）卻始終是讀者喜愛的長紅作品，且非指定讀本。而斯摩萊特[8]就像博斯韋爾[9]的《詹森傳》（*Life of Johnson*），每年賣出的數量少之又少，獲得陳列空間是基於對作者的喜愛和崇敬，而非商業目的。在漫長的三十年中，我從來沒有碰過任何搜尋《天路歷程》（*The Pilgrim's Progress*）一書的讀者。然而，另一位神學家卻斯特頓[10]的作品《代號星期四的男子》（*The Man Who Was Thursday*）卻口耳相傳，是若干長銷的作品之一。大部分書商所熟知，深受讀者喜愛，且振奮人心的書籍——包括許多科幻作品和童書——是偏離學術界對經典作品的界定標準的，我不禁納悶其道理何在？這類作品諸如：《雲圖》（*Cloud Atlas*）、《違反自然》（*Against Nature*）、《守望者》（*Watchman*）、《我占領了城堡》（*I Capture the Castle*）、《麥田捕手》（*The Catcher in the Rye*）、《項狄傳》（*Tristram Shandy*）、《夢迴藻海》（*Wide Sargasso Sea*）、《梅岡城故事》（*To Kill a Mockingbird*）、《地海三部曲》（*Earthsea Trilogy*）、《飛龍聖戰》（*Eragon*）、《魔戒》（*The Lord of the Rings*）、普萊契[11]的《碟形宇宙》（*Discworld*）系列、《銀翼殺手》（*Do Androids Dream of Electric Sheep?*）、《清秀佳人》（*Anne of Green Gables*）、哈利波特（Harry Potter）系列、《神奇收費亭》（*Phantom Tollbooth*）、《小王子》（*The Little Prince*）、《牧羊少年奇幻之旅》（*The Alchemist*）、吉福斯[12]系列小說，以及《寒冷舒適的農莊》（*Cold Comfort Farm*）等。

喜愛這些書籍的人不時會覺得自己應該看些比較偉大的鉅著才對。文學小說家A・S・拜厄特[13]很早便是泰瑞・普萊契的書迷，當時科幻和奇幻作品很少為報章雜誌書評所青睞。一九九〇年，當她興奮地在我坎特貝里書店購入新出版的《碟形宇宙》系列小說時，還開玩笑說：「我喜歡《碟形宇宙》，但可不能在倫敦被別人看到我在買這本書。」這種情況是我們現代教育體制的副產品：從喬叟、莎士比亞到狄更斯，大言不慚地以兼容並蓄為樂。維多利亞體制喜愛布賴登醫生[14]的英雄故事，他是一八四二年喀布爾（Kabul）大撤退唯一的生還者，只因騎馬脫逃時，帽子中藏著一本聖經，正好擋住了阿富汗追兵致命的一刀。直到年邁返回蘇格蘭高地後，布賴登才拆穿了（並非他本人所創造的）這則神話。讓他倖免於難的不是聖經，而是一本以刊載羅曼史和恐怖故事暢銷的《布萊克伍德雜誌》（*Blackwood's Magazine*）。

安撫人心是閱讀很重要的一部分，我們必須予以維護，否則終將成為狄爾德·林奇（Deirdre Lynch）教授的某些哈佛學生一樣。她曾感慨：

> 英文系的學生……經常低聲埋怨……他們必修的批判和理論訓練課程，是如何抹煞了當初引領他們投身這門科系的、對作家和閱讀的熱情。

發現一本安撫人心的書籍，往往就像墜入愛河，是一種難以忘懷的經驗。在二十出頭那幾年，我經常騎單車前往倫敦切爾西區（Chelsea）的泰特街（Tite Street），把沒有變速裝置的學生單車栓在愛德華時代[15]公寓區的鐵欄杆上。這條街充滿書香氣息：瑞克里芙·霍爾[16]和奧斯卡·王爾德就住在附近。我會搭乘古老的電梯前往頂層，當電梯徐徐接近，透過電梯門的護欄，可以瞥見約兩呎寬的平臺上一雙出自傑明街（Jermyn Street）屈克斯鞋行（Tricker's）的老舊手工皮鞋。我每次去造訪作家和旅行家威爾弗雷德·塞西格[17]，總是話題不斷，有時聊到三更半夜，窗外依稀可見泰晤士河上艾伯特橋（Albert Bridge）閃爍的燈火。

他經常被稱為維多利亞時代[18]最後一位探險家，但是他對內燃機的憎惡及對天賦世界觀的尊敬，使得年輕一輩的作家，例如萊維森．伍德[19]和羅利．施達維[20]賦予他一個新的封號：第一個嬉皮。雖然賽西格註定永遠以交好貝都因人和穿越阿拉伯魯卜哈利沙漠馳名，但他其實是個熱情的藏書人，所以我們談了很多關於書籍的話題。他擁有一本預購的《智慧的七柱》（*Seven Pillars of Wisdom*），封面是用一九一五年墜落於漢志（Hejaz）的一架土耳其飛機的螺旋槳木片製作而成，稀罕到是所有和我聊過的書商都未曾聽聞的。

賽西格會用細小平整的字體在一張索引卡上，寫下對他始終具有安撫意義的書籍。其中一本《慾望莊園》（*Brideshead Revisited*）是我首次聽說的作品。不過他特別註明：他在衣索比亞時便已熟悉該書作家伊夫林．沃[21]，那人「是個絕對血腥的人」，無法想像那種人竟能寫出如此絕妙的作品。賽西格在衣索比亞英勇對抗墨索里尼的軍隊，曾獲得傑出服務勳章（Distinguished Service Order），隨後服務於早期的空降特勤隊（Special Air Service）。據聞伊夫林．沃在報導義大利人入侵衣索比亞時，刻意顯擺地戴著一頂鬆垮帽子。「那頂鬼帽子。」賽西格不以為然地回想當時情景，雖然口中叨唸，但臉上卻隱含著笑意。

如今，身為書商——當時的我還不是，而只是一個主修歷史的熱血博士生——我深知《慾望莊園》對所有年齡層的男女都是一本具有安撫意義的書籍。伊夫林．沃這本描繪貴族生活的故事每週都有銷售紀錄，不只因為他的文筆令人陶醉，也因為他塑造了某種難以掌握的美，並讓那份美始終遙不可及，至少對我是如此。

最近還有位年輕女子來到我書店，跟我說：「我剛看完了《慾望莊園》。那本書實在很……不同，讓我感觸很深，我需要找本能延續這種情緒的書……你懂得，那種**真正深入你心的**。」

這是件困難的工作，因為這可謂直搗閱讀樂趣的核心：有些書是為了某些責任義務而讀，有些書則是你會不惜提早起床而讀，接近尾聲時又會放緩速度，不忍就此告別。對這位讀者而言，杜斯妥也夫斯基或狄更斯都不管用。納博科夫的奇特寫作動機則是她所能理解的。根據五〇年代聲音粗啞的電視專訪，納博科夫表示——他的說話速度很快，我必須反覆播放幾次才能捕捉他所使用的文字——他寫作不是為了感動人心或改變思想，而是「讓有文藝水準的讀者打從心底微泛哽咽」。他需要的是比較短篇、平鋪直敘、直指人心的作品。我想起幾本自己的私房書，比如巴拉德[22]的《撞車》（*Crash*）如何？不行——我對這本書的推介在富勒姆（Fulham）一間酒館曾引發一場拳腳糾紛（我可沒有參戰）。我們列出若干書籍：《我占領了城堡》、《梅岡城故事》、《射擊派對》（*The Shooting Party*）和《科學怪人》（*Frankenstein*）。我後來得知，多迪．史密斯[23]的第一部小說《我占領了城堡》深得她心，她不懂這本書為何沒有廣為流傳；後來也經常有人如此反應。

賽西格書單上還有一本埃里克．希普頓[24]的《在那座高山上》（*Upon that Mountain*）。好幾年間，賽西格提及這本書時，都說他早已遺失而且無法掌握其精髓云云。如今回想，或許他根本就不想掌握那本書的內涵吧。對他而言，那是他心底隱晦希冀的目標，正如他那位不合時宜戴著帽子的友人的巨著中所言：

> 牆壁中的一扇矮門，我知道已有其他人早我發現過那扇門，通往一個與世隔絕的迷人花園，其所處位置是無法從任何窗口俯瞰而察覺的。

「無法俯瞰而察覺」正是一本撫慰人心書本的力量來源。那是全然個人的，很少是文學得獎巨作或暢銷榜的作品，而是一個私人的發掘、頓悟，徐徐在自己從未察覺的心靈欲望中升溫而引爆。

對有些人而言，撫慰人心的安撫之書代表失落的美：《在那座高山上》便在描繪被否定的個人成就。賽西格經常談起所謂「寡婦製造者」的楠達德維山（Nanda Devi），一座擊退所有企圖、無法欺近的喜馬拉雅山岳；希普頓在書內敘述一次攀登楠達德維山失敗之旅。這點可以解釋這本書鮮少有人聽聞的原因，因為這不是「登頂」成功的歷史紀錄。

賽西格過世十七年後的今年，我在一家慈善商店找到一本英國潘恩出版社（Pan）的《在那座高山上》平裝本；特意將那本書陳列在賽西格簽名的《阿拉伯沙地》（*Arabian Sands*）旁。

每次我詢問他人，他們口中的安撫之書究竟憑哪一點吸引了他們，結果對方總三緘其口，後來我就不直接探問了。很多時候，就像戰時被俘的間諜只肯透露姓名、軍階和號碼，他們只告訴我書名和作者，或許再加上裝訂方式，是平裝或精裝本，隨即轉移話題，不願透露一絲奇妙的內心領域。他們很保護自己的心靈聖殿，因為安撫之書隸屬私人空間，將之訴諸言詞，就像駕駛直升機攀登楠達德維山一樣。

當我們逐漸成長，想像力便在深諳世故的外表下流失了一部分，只有在感受愛戀和死亡之際，或身處大自然，或蜷縮著抱著一本書時，才會再度浮出表面。希普頓在書中一開頭便寫道：

> 我想，每個孩子都會花許多時間做夢，比如關於樹木、或車輛或大海等的白日夢。有時候這些夢想會被淹沒，不過也有時候會殘留一部分，而對日後生活方式造成決定性的影響。

「對日後生活方式造成決定性的影響」：安撫之書能延續這樣的影響。難怪人們對自己的安撫之書總是三緘其口：貿然探詢便是侵犯了從他們幼時倖存至今、脆弱的心念流轉。小時候，我們對於人情世故無感，只是這些人情世故終有一天會汙染我們的心念。我們懷抱著《天方夜譚》（*The Arabian Nights*）那樣的幻想世界長大，並認為理所當然。

我生長於一個有八名子女的家庭，最小的妹妹莎拉（Sarah）童年時有一本安撫之書，她從未跟我提過，直到我問她時她才告訴我。是《老屋裡的孩子們》（*Children of the Old House*），描繪一大家人住在一幢破屋，將就度日，在重重困難中茁壯成長的故事。莎拉就是成長在類似的家庭中，日後她在倫敦大奧蒙德街醫院（Great Ormond Street Hospital）工作，開啟了投身兒童護理的職業生涯。我一再發現，人們幼時的安撫之書可以預見他們成長後的人生使命。這個事實的機率之高，超乎想像，但不是每個人都會意識到這一點。

這天早上，當我在坎特貝里咖啡店書寫這段文章時，一對年輕人背著背包，手持手杖進入店中。交談間，我問起他們童年時的安撫之書。同樣年方二十一的兩人，正從法國波爾多徒步前往愛爾蘭，一路搭帳篷，沒有固定行程。札卡里亞．法西（Zakaria Fassi）藉由閱讀一位法屬阿爾及利亞女作家法伊薩．奎恩（Faïza Guène）所寫的《男人不哭》（*Un homme, ça ne pleure pas*），對抗自己專橫的父親。他的女友莉莉亞．嘉玲（Lelia Galin）有個剃光頭的卡車司機父親，從小生長在一個「瘋狂的」家庭，她則是靠著一本無名的童話故事維持生活的正軌；故事裡有個食人怪獸，受到愛的薰陶而終於被馴服。他們安靜地談論這兩本書，態度虔誠，坦言自己以前從來沒有跟任何人聊過這件事。這兩本書對照出他們的內心感受，比任何交心的談話更足以解釋他們此刻奔往異鄉之舉。

最近在搭乘倫敦往坎特貝里的火車上，我跟一位名叫莎姆（Sam）的律師有一番對談，她也正好從老貝利（中央刑事法院）[25]搭車返家。

我：「妳小時候看過什麼安撫心情的書？」

莎姆：「喔，我喜歡彼得和珍（Peter and Jane）系列導讀書籍，以及狄更斯的《雙城記》（*A Tale of Two Cities*），《悲慘世界》（*Les Misérables*），還有……」

我（打斷了她，因為我意識到這是她事先預備的一套說詞）：「等等——我的意思是那種對妳小時候具有特別意義的書？」

莎姆：「喔，我真心喜歡的是一本小小精裝的《灰姑娘》（*Cinderella*）。」

《灰姑娘》，我心想，受到兩位繼姊和一位邪惡繼母的迫害，三股醜陋的力量，不啻莎姆一生的寫照。莎姆身為千里達（Trinidad）人、勞工階級和一名女子，卻成功闖入司法體制。她也同意，儘管灰姑娘是白人，王子沒有腦袋，但《灰姑娘》對她確實是一種解放。

同樣的情況也出現在幾年前紐約拍賣的一本《小火車做到了！》（*The Little Red Engine That Could*），那本書上殘留有孩童的鉛筆字跡和簽名：瑪麗蓮．夢露。

大約十一歲時，我的安撫之書是《時光花園》（*The Time Garden*）。那本書對我意義重大，但我從未對人透露過，也從未探究那本書為何對我如此親密。就像《在那座高山上》對賽西格一樣，我從未想過再重讀那本書，在此之前，也從未研究那本書為何對我這麼重要。書敘述一個小男孩在後花園灑滿陽光的磚石小徑上，碰到一隻蟾蜍，蟾蜍透過魔法讓他可以從事時光旅行。那是我幼時困處小屋時的熱切期盼：神祕、大自然、祕密花園、大智若愚的動物，還有穿越歷史的旅行。

幾年後，踏入青春期時，新的護身符改以《銀劍》（*The Silver Sword*）這本書的形式出現，這本迄今仍然廣為流傳的書敘述第二次世界大戰時一位老師的故事。他位於華沙貧民窟的住宅被炸彈炸毀，後來遇到一個無家可歸的男孩，那孩子把幾樣美麗的個人物品裝在一個鞋盒裡，其中包括一小柄因為某種原因而貯放的銀劍。我當初搜尋這本書時，還以為書名是《石中劍》（*The Sword in the Stone*）。現在我很清楚初中的恐怖經歷摧毀了我幻想世界中那幢具有象徵意義的屋子，幸好藉著鞋盒意象內所保存的圖騰物品，讓我得以隱密地依附在原本的幻想世界中。那柄迷你銀劍仍然保有亞瑟王傳奇色彩，雖然在書中，那柄小劍只是死於轟炸中的師母的裁紙刀。這本書在我幾個成長的孩子中一樣魔力未減（奧利弗〔Oliver〕說：「我喜歡那本劍的書。」；英迪亞〔India〕說：「我好想要那把劍！」），書店顧客也不乏愛好者。

我不知道在哪裡曾看過一則報導說某個英國女孩具有獨特的心靈，無法以任何類似注意力不足過動症（ADHD）的「失調」病症加以界定，人很聰明，卻不知何故始終受到某些事物、某種需求的干擾而無法專心。沒有一個醫生能夠解決她的問題，直到前往倫敦就診。醫生那天遲到，在候診室注意到她兩腳持續不斷輕敲著地面。輪到那女孩看診時，醫生說：「她是個舞者，如此而已。」那女孩後來成為柯芬園（Covent Garden）的一位芭蕾舞主角。她童年時看過哪些書？我實在好奇。

童年的白日夢會浮現於選讀的書籍，延續到成長之後。我們不需要法國思想家加斯東．巴舍拉告訴我們「孩子的白日夢是多麼寬廣，以及那些能擁有自己獨處的時刻，甚至感到無聊的孩子是多麼快樂」，但是我們可以感同身受地體恤他的吶喊：「每當生命複雜得令我失去每一吋自由時，我經常懷念起我那無聊至極的閣樓。」對他樂觀地堅持「在絕對的想像領域，我們年華老去卻青春常在」，我們也擊節稱讚。

安撫之書幫助我們度過尼采所謂「生存的恐怖」。蒙田在他的塔樓圖書室，將他最喜愛的書籍稱作「生命之旅中最美好的必需品」。有時候我們會把安撫之書當作護身符隨身攜帶：亞歷山大大帝總在長征途中攜帶著他的《荷馬史詩》——一本充滿懷舊情懷的書籍，而「荷馬」字面的意思便是渴望歸家。

許多戰士用自己最喜愛的書籍抵抗戰爭的恐懼。拿破崙在戰役中攜帶著歌德的《少年維特的煩惱》（*The Sorrows of Young Werther*），一項有趣的選擇，因為該書之所以聞名，在於描述生存恐懼導致自我毀滅的情節。或許拿破崙正需要這種有震懾作用的自殺想法，以平衡一下王者的傲慢心態，就像羅馬皇帝的做法，在勝利遊行車隊中，安置一個男孩站在他們身後不時低聲提醒「所有榮耀都稍縱即逝」（很難想像那男孩如何避免讓人覺得煩不勝煩）。

陸軍少將沃爾夫[26]在加拿大跟法軍奮戰之際，攜帶一本湯瑪斯．葛雷[27]所寫的《墓園哀歌》（*Elegy Written in a Country Churchyard*）。那本破損的書籍除了讓沃爾夫思念英格蘭外，其意義在於他以雙底線註記的部分所蘊含的暗示意味：「榮顯之徑條條通往墳墓。」他死於魁北克時，年僅三十二。第一次世界大戰時，阿拉伯的勞倫斯[28]在漫長的駱駝之旅中，閱讀阿里斯托芬[29]以古希臘文所寫的戲劇，提醒自己生命的荒謬。同樣具有緩和戰爭衝擊意味的，還有格拉斯哥的木匠詹姆士．莫里（James Murray），他在法蘭德斯的戰壕中作戰時，口袋裡裝著他最喜愛的德文版歌德作品。在戰爭中分享自己喜愛的作品是件很難想像的事，但是在西班牙對抗拿破崙最艱困的時日，上尉軍官弗格森[30]還堅持向華特．史考特[31]表示，他跟守候在戰線的孩子們朗讀了史考特的敘事詩《湖中女子》（*Lady of the Lake*）：「第三師那些渾小子最喜歡獵鹿那一段。」

比較具有可信度的前線情況是小說家斯湯達爾的紀錄，拿破崙從莫斯科悲慘撤退時，身為敗兵走卒中一員，他的慰藉，是一本從莫斯科一場大火中搶救出來的伏爾泰諷刺詩。他謹慎地藉著營火閱讀，結果被同夥嘲笑，認為此情此景未免太過文青：後來他把那本書留在大雪中。

比較令人欣喜的和平主義讀書人，是發現人體脈管系統的威廉．哈維[32]，參與刀鋒山之役[33]時，他在樹籬間讀書給兩個男孩聽，直到約翰．奧布里[34]在作品《簡明生活》（*Brief Lives*）中透露：「一顆子彈從他們附近擦飛而過，迫使他轉移陣地。」

這些具有安撫功能的書本從何而來？通常來自意外，而它的奇特來歷也增添了它的瑪那（mana）——一個無從翻譯的玻里尼西亞語詞，用以描繪一個物體所具有的法力（帕特里克．李．費莫[35]的綠皮旅行日記中便曾使用這個詞彙）。我們眾人不像亞歷山大大帝那麼幸運，有亞里斯多德為師，為他推薦荷馬史詩；我們通常只可能在圖書館或商店碰巧發現我們童年時的安撫之書。正如兒童雜誌編輯安妮．莫茲萊[36]一八七〇年所主張之言，一本「在（孩童）內心世界掀起巨浪的書本，絕不可能是由老師提供的；能形成這種影響的書籍是某種意外的產物。」就像瑪麗．沃德[37]在《大衛．葛里夫》（*The History of David Grieve*）一書中所描繪的，一個名叫大衛．葛里夫的小男孩，在食物櫃中發現一本古老的《失樂園》（*Paradise Lost*）：「他整個早上躺在羊圈的隱密角落拼命閱讀，綿延的詩文像有魔力般深深留下印記。」

有人推薦固然是好事，但是我們也渴望一場驚險刺激的發現，畢竟找到一本好書本身便是一件美事。「不知道為什麼，」《白鯨記》（*Moby Dick*）的作者便如此沉吟：「事後證明最體己的，往往是我們信手拈來的書。」桃樂絲．華茲渥斯[38]應該會深表同感。某天，她來到一間萊克蘭（Lakeland）旅館爐火熒熒的雅室，室外風狂雨驟。她哥哥威廉

> 立即走向窗戶一角堆放書籍的圖書區。他取出一本恩菲爾德[39]的《演講者》（*The Speaker*）和一卷康格里夫[40]的奇特作品。我們啜飲著溫暖的蘭姆酒和白開水——兩人都樂在其中。

如果有不懷好意的人監控你的閱讀行為，那麼那本書將更具吸引力。深受歡迎的保皇主義詩人亞伯拉罕．考利[41]幼時在母親房間內發現一本《仙后》（*The Faerie Queen*），日後「難以挽回地」成為一名詩人。維多利亞時代的奧古斯都．海爾[42]有一陣子很專注地從祖母的字紙簍裡拾回《匹克威克外傳》（*Pickwick Papers*）的連載篇幅。另一個維多利亞時代的男孩艾德蒙．戈斯[43]則對沒有地毯的儲藏室裡的一個帽盒產生奇特的好奇心。某天他終於不顧一切打開

盒子，裡面是：空的！只是盒子的襯裡是一部煽情小說的書頁墊成的。他就那樣「跪在光裸的地板上，心中充滿難以言喻的狂喜，還唯恐母親（突然進來）撞見我正閱讀其中最刺激的部分」。

為何孩子們都喜歡趁睡覺時間躲在被子裡用手電筒看書？我最近發現，我的五個孩子竟然會相互傳授這項技巧，就像分享求生技術一樣。在過去的年代，即使沒有手電筒，也是同樣浪漫：柯南．道爾貪看歷史小說，「就著即將燃燒殆盡的燭火……一直看到深夜」，而且清晰記得「犯罪的感覺大大增添了故事的趣味」。

推薦的微妙藝術

安撫之書可以在某些親密的朋友關係間相互分享，但這可是微妙的技術活，就像搔撓鱒魚或嫁接果樹一樣。如果你希望某人看中你衷心推薦的書，那麼必須秉持著無論對方接受與否，你都不會在乎的態度。過分熱切地推薦會給你友人帶來壓力，彷彿對方也必須找到一本同樣足以改變人生或影響深切的書，不然就顯得自己水準太低或對彼此友誼不夠尊重似的。我們都幹過這種事，最終那本借來的安撫之書只是躺在某個地方，默默散發著罪惡的光芒。

亨利．米勒這位以性與放蕩內容聞名的小說家，也對這個問題有所發抒。他記得一個親近的友人便用這種正確而微妙的方式誘使他閱讀赫曼．赫賽的《流浪者之歌》

（*Siddhartha*）：

那人非常技巧地把書放在我手中：對書本身幾乎什麼都沒說，只說是送我的。光是他送的書這點，便足以啟發我了。這本書來得正是時候。

這本書改變了許多人的生命。七〇年代這本書幫助了許多年輕人決定避開盲目競爭的無趣生活，爭取一些旅行的經驗。我便是其中之一：我決定到一家書店工作，經常來回短程旅行。我記得一九七五年搭乘蘇丹航空彗星型客機（Sudan Airways Comet）航行於尼羅河上游上空時，旁邊坐著一個一本正經的柏林人，就是那種懶得搭理別人的人。我的性格有某種弱點，總企圖和這種人搭訕，打破沉默，就像小鳥總是無望地衝撞玻璃一樣。所以索盡枯腸，試圖找個和德國似有關連的話題——我對德國的所有知識僅空泛地來自於《大壩剋星》（*The Dambusters*）一書，這顯然不是令人開心的開場白。然後我想起《流浪者之歌》，便搭訕道：「是啊，現在很多英國的年輕人都在看這本書——這本書改變了我們的觀點，」我滔滔不絕地說著，他抬起眼，視線緩緩從嘔吐袋指引移到安全帶警示燈，淡淡說了一句：「我想也是。」然後伸手拿起他那份已經過期一個月的《世界報》（*Die Welt*）。

如果四十年後，他身旁坐的是保羅．柯爾賀——《牧羊少年奇幻之旅》作者，全世界第三名暢銷小說家——柯爾賀肯定比我更能詮釋《流浪者之歌》一書：在最新一版《流浪者之歌》的引言中，他表示：「赫賽比我們這一代早了數十年便意識到，我們所有人都有必要爭取真正屬於、而且合該屬於我們的，我們自己的人生。」《牧羊少年奇幻之旅》是銜接《流浪者之歌》的安撫之書；我最近遇到一位女讀者，聲稱自己已經看過六遍。她知道一旦自己生命陡變，她還會再繼續看這本書。

來我書店買《流浪者之歌》的讀者，通常都是鎮定而又堅決：他們都以某種方式聽說了這本書——應該就像你對外星人描述巴布．狄倫早期歌曲一樣，有時候，他們購買此書是懷抱著一絲希望，獻給自己的愛侶。

米勒把他自己的安撫之書——巴爾札克一本鮮為人知的小說《塞拉菲達》（*Seraphita*）——介紹給朋友時，並沒有仿效當初別人誘使他閱讀《流浪者之歌》的策略。他的朋友沒有一個上鉤，即使他提到巴爾札克有一位學生，曾當街走向他，懇求能親吻他的手，感謝他開拓陰陽人題材。米勒太熱衷於推介他的安撫之書，只差沒有把《塞拉菲達》推薦給他的讀者，幸而他還理解這種事「多說不如少說」。

一旦論及「別具內涵經歷」的書本，推薦技巧的確是種藝術。米勒指出在推薦時，實際用詞並不重要，而是「伴隨言詞所傳遞的感覺」讓聽者警醒，願意聆聽安撫之書的真正評價。他的建議是要意識這種「心神馳往的共鳴感應」。我想他在某個章節的尾端提及愛德華多．聖地亞哥（Eduardo Santiago）所寫的《圓》（*The Round*）時，便散發出這種感應力。愛德華多．聖地亞哥其人既非漫遊社群軟體的紅人，也不是被送上電椅、惡名昭彰的謀殺犯，而是古巴一個不知名的神祕學者，甚至網路都查不到他任何資訊。米勒是這麼介紹他的：「我懷疑這世界上是否會有一百個人對這本書有興趣。」這句話不啻請君入甕的誘餌。如果一本安撫之書竟然偏離傳統，難以得手，光是這點就足以讓它更具吸引力了。

我自己的獨立書局有個相當內斂的店員，雖然相較之下，我的品味相形失色，但私下我其實很佩服他的文學品味。有一次，他審視一間無名美國大學出版社的出版目錄，然後終於抬起眼——讓我又氣又妒的是，他經常花好幾個鐘頭審視這些目錄——以一口坎布里亞（Cumbria）口音，安靜而熱切地自言自語：「啊……《深淵》（*The Pit*）終於再版了。」

我必須問清楚：「你在說什麼，喬治？」

「喔，馬丁，如果你肯關上那個鬼東西，我就告訴你，」——八〇年代我的確會在店裡播放很多世界音樂——「總之，那是什麼CD？不要告訴我：又是哪位鼻笛界的莫札特吧？」

我氣惱地爭辯，那是蒲隆地葫蘆和齊特琴合奏曲，帶有撒哈拉以南非洲（sub-Saharan）的風情，但是他根本不理我。我把音樂關掉。

「奧內蒂[44]？」他詢問地挑起右眉，一副史巴克[45]的德性。

我沒有聽說過奧內蒂，喬治一臉不屑地回到註記出版目錄的工作，口中嘟囔著：「那麼賽凡提斯獎[46]你也沒有聽過了。」

當然，我是沒有聽過。身為一名經理和一個人類，此項無知的指控可謂直戳心窩。我問道：「那到底是什麼鬼？」

喬治：「喔，那只是全世界第二大語系的主要文學獎項，不過你忙著看吉卜林[47]之流的作品，又怎會聽說過這種事？奧內蒂一九八〇年就得過這個獎。」

我：「嘿，就因為我有一次承認我在看《一心想當國王的人》（*The Man Who Would Be King*）——那也是你崇拜的艾略特所喜愛的——你就一直指控我是阿姆利則慘案[48]的凶手。」

沉默。

我的語氣馬上和緩下來：「好了，這個叫奧內蒂的究竟是誰？抱歉我從來沒有聽說過這個人。也抱歉我忙於生計。我只是得花時間找像樣的清潔工，以免一直收到抱怨信說廁所太髒，你還不用回那些信呢——這是我一邊賺大錢，一邊頭髮快掉光的原因。」

喬治搖著頭，翻閱亞利桑那州立大學出版社的目錄：「你這個愚昧的南方帝國主義者，胡安．卡洛斯．奧內蒂是……（他抬起視線，從我們工作區書桌掃向小說展示區）……是烏拉圭的托爾斯泰。」

從那次令人難忘的文學對話後，我便將奧內蒂奉為神明，就像米勒對愛德華多．聖地亞哥的推介一般。

無論是意外發現或難以取得，都會增添一本書的魅力，使其成為安撫之書。不過在某家特定的書店購買書籍，也會增加某本書的魅力，雖然毫無邏輯可言。比如，我們會購買一本當地的書籍，作為我們發現之旅具有安撫意義的紀念品。

我相信這是一種普遍現象。例如當我來到一個跟我家鄉肯特郡完全不同的地方，我發現自己會以一種嶄新的心態購買書籍，試圖攜回若干此次長途飄泊的精髓。檢視我的書架，便可以見到這類購買的蹤跡，一條中產階級版本的糖棍或一頂墨西哥帽，以及一些或許比較沒有用的：《馬爾島地理》（*The Geology of Mull*）、《北賽普勒斯的野生植物》（*Wild Plants of Northern Cyprus*）和《北威爾斯的鬼魂》（*Ghosts of North Wales*）。這些書籍明顯帶有地方色彩，在奧本（Oban）、凱里尼亞（Kyrenia）、普爾赫利（Pwllheli）三地所印製，給人不同的神祕感。一本書的實質外觀對其是否具有安撫性也有決定性的影響。在個人情緒脆弱的雨林中，感受如此豐富，一本書可因此成為護身符。

感官感受

安撫之書的意義是非常感官的。這點很難跟外人解釋：一本作為文字載具的書本，竟然以其氣味或感覺為人所喜。我在書店櫃檯工作的三十年間，聽到過太多有關時代不同的喟嘆——書籍已經死亡、弱智化、出版太多等等——但是顧客對書本的肢體表現卻從未改變。他們經常在購得書籍後擁抱剛買的書。而令人意外的，女性在購入書籍後也經常會親吻書本。

我徵詢過這些女子，據她們表示，對於比較感官性的衣著，她們反而不會如此。也許書本是通往蒼茫過去的窗口，因此值得一吻，以示對某物自然流露的敬愛。二〇一九年泰特現代藝術館（Tate Modern）一件裝置藝術產生的迴響，或許可以解釋這種美麗又神祕的行為。

冰島藝術家奧拉維爾．埃利亞松[49]，將格陵蘭冰層所取出一萬五千年的冰塊裝置在博物館外。令他意外的是，面對這些帶有歷史內涵的冰塊，許多女子都會上前親吻。

女子喜愛書籍本身的神祕歷史可謂淵源已久。米開朗基羅的精神導師維托麗婭．科隆納[50]，便曾親吻她的但丁（*Dante*），啟發某位被遺忘的維多利亞時代女子凱洛琳．費蘿絲（Caroline Fellows）創作出〈書之歌〉（*Book-Song*）：

> 維托麗婭突然將溫軟的雙唇親吻在書頁上，嘆息一聲，輕輕呢喃，她摯愛的書名。

一六〇〇年代，自大煩人的菲力普．索慕斯（Philipp Salmuth）在他六卷的醫學百科全書中，企圖把一個天真無邪的女孩當成一名病患來看待，那女孩「非常喜歡聞古老書籍的味道」。跟索慕斯相比，愛德華時代的性學家哈維洛克．艾利斯[51]也不遑多讓，聲稱女性「對於皮製品、皮面書籍等會表現出相當程度的性興奮」，每當女性有此行為他便瞠目而視，目光炙熱（艾利斯一直苦於性障礙，直到六十歲看到女人小解才產生性慾，因此對於女性的性慾或許不是最好的權威）。

性感並不拘限於縱情性事。學者瑪麗娜．華納[52]在倫敦的亞凱迪亞圖書館（Arcadian Library）發現一本古老的《天方夜譚》，她大為興奮。她對那本書是這麼描述的：

讓人強烈意識到書本的種種經歷……書殼因為觸摸而變軟，書頁破爛撕裂，有些地方經過修補和鑲邊，以防止書本四分五裂——這些書已經被閱讀蹂躪殆盡……散發著人類手上和呼吸的氣味。

十九世紀浪漫派文人和華納一樣，都欣賞書本的黃斑、歷程、觸感和氣味。鴿子小屋（Dove Cottage）的訪客對華茲渥斯少許堆放在煙囪旁壁龕間的書籍都頗感驚異。「那些書籍裝訂品質不佳，有些沒有裝訂，有些如同碎紙片」。曾經有人目睹柯勒律治親吻一本老舊的史賓諾沙[53]。一八二四年查爾斯．蘭姆[54]的一堆寶貝爛書則令一本正經的亨利．羅賓森[55]大驚失色：

拜訪（查爾斯）。他蒐集了一堆我所見過最大量的爛書……其髒無比，一般紳士肯定摸不下手……他喜愛這堆「破爛的舊書」，（而且）把所有新書一起扔掉，只保留那些他從小喜歡的垃圾。

這堆舊書之一是喬治．查普曼[56]翻譯的荷馬史詩，有人見過他親吻這本書。蘭姆在一篇文章中毫不羞赧地描述，他如何擁抱他的「午夜情侶」，那些書如何「和他翻滾，被他蹂躪」。受到維多利亞主義的影響，男性和書本的肉體接觸變得比較節制，男人被迫逐漸收斂自己，不隨意表露情感：有人見到薩克萊[57]拿著蘭姆的著作放在額頭「興奮地嘶吼：聖查爾斯！」——口頭的嘶吼，而不是親吻。蒸氣時代改變了印刷方式，新書的氣味形成一種趨勢，狄更斯喜歡書店隱隱飄散新鮮紙張的氣息，其後的喬治．吉辛[58]亦如是。我發現只有一個二十世紀的男子對書本表現出肉體的愛戀，不過一九二七年時，他的年歲也不小了。

當哈利．史密斯（Harry Smith）在拍賣會上購得一本上面有著雪萊寫給瑪麗．沃斯通克拉夫特[59]獻詞的《瑪布女王》（*Queen Mab*）時，一名年老的愛書人走向他，抹去盈眶的熱淚，詢問是否可以讓他親手握一握那本書。

就神經科學而言，嗅覺型的愛書人是健康的。眾所皆知，嗅覺是和記憶有最直接關聯的感官，不過其代表的意義絕不僅於此。如果大腦處理敘事的區塊受損，會由掌管語言和文字的區塊替補。這種病人會「很難理解文章的上下脈絡、直觀感受和暗喻」。他們「過度使用理性分析，失去體會故事敘述的能力」。伊恩．麥吉爾克里斯特[60]在《大師及其使者：分裂的大腦與西方世界的形成》（*The Master and His Emissary: The Divided Brain and the Making of the Western World*）便如此作結：嗅覺「將我們的世界奠基於直覺和身體」。根據馬契羅．史賓尼拉[61]發表於《國際神經科學雜誌》（*International Journal of Neuroscience*）的〈嗅覺辨識和同理心的關係〉（*A Relationship between Smell Identification and Empathy*）一文，便強調了嗅覺和心理完整性的連結。女性透過教養，比較著重「直覺和身體」，以及喜愛故事性的敘述方式，因此她們會去嗅聞、擁抱和親吻書籍便不足為奇了。特德・休斯[62]的詩集即將出版，希薇亞・普拉斯對此的反應是直覺的：「我幾乎等不及，」她這麼寫道：「巴不得把每一頁的文字都嗅入懷中！」這種嗅覺——法文裡的嗅字，*sentir*，有嗅和感覺雙重含義——多少可以詮釋佛洛伊德的哀嘆：無法理解女人究竟想要什麼。大衛・豪威斯[63]在《感官關係：感官在文化與社會理論的探討》（*Sensual Relations: Engaging the Senses in Culture and Social Theory*）（密西根大學出版社〔University of Michigan Press〕）一書中表示，佛洛伊德的作品中，鼻子「很明顯被遺漏了」。

總之，上述所有嗅聞書本的女性和浪漫主義者，並不需要雜物清理或性學的分析；他們只是透過書本的氣味，對生命中敘述性的文字，展現健康的喜愛之情。對於書本的感官是動物性的，正如我們決定在哪裡閱讀一樣。

蜷伏角

我爬到窗臺座椅：縮起兩腳，盤膝而坐，狀似土耳其人；然後，緊緊拉上紅色厚棉窗簾，宛如置身雙層保障的神龕。

——夏綠蒂・勃朗特《簡・愛》（*Jane Eyre*）

當我們打算抱著書窩在一角時，我們會去哪裡？迷失在書的世界，是種不可思議的能力，同樣地，我們選擇在哪裡看書也不容小覷。如果挑對地方，我們會忘記時間、忘記自己所處的房間、忘記自己的座椅，然後忘記我們自己。自學成功的極端分子威廉．科貝特[64]便曾回憶過這種經歷。他在里奇蒙（Richmond）一家書店櫥窗看到史威夫特[65]的《桶的故事》（*Tale of a Tub*），便把三便士飯錢用來買書，然後爬上邱園[66]一角的一座牆，在那裡：

> 我在一座乾草堆的陰影中一直看書，直到天黑，完全沒有想到晚餐或該上床睡覺了。當我伸手不見五指……便在草堆旁睡著了；醒來之後繼續看書，除了看書，其他事再也無法引起我的興趣。

還有一些這種沉迷書中世界的奇特故事。G．K．卻斯特頓在出租馬車內看書，對任何動盪渾然不覺，直到馬車騰空而起，然後墜回路面。而他弟弟塞西爾[67]經常站在擁擠的倫敦酒館看書，一手拿著啤酒，另一手拿著書，「不時發出咯咯笑聲」。倫敦大轟炸也無法嚇阻戴布兒太太（Mrs Dyble）看書，她是詹森博士[68]位於艦隊街（Fleet Street）的老屋管理人。當警報聲響起，每個人都躲進地窖，她卻逕自前往最喜歡的看書地點，也就是約翰遜編纂字典時所使用的閣樓房間。

這種「迷失自我」是我們意識流動的一種現象。科學對於這種游離狀態的說法莫衷一是。威廉．詹姆斯[69]約於一八九〇年時提出「意識流」概念，算是比較令人信服的說法。笛卡爾的心靈劇場論長久以來飽受批判，近代安東尼奧．達馬西奧[70]、丹尼爾．丹尼特[71]和量子物理學家們所提出的概念，都不認為意識可以機械化地分為互不相關的層級。的確，意識和潛意識的兩層概念已經過時。意識就像小溪，或者深河，而不是機器或任何雷達圖。

很明顯的，我們在意識的河流中跳躍潛伏，就像亞馬遜河豚一樣；好比我們習慣性地駕駛在一條熟悉的道路時，我們會「關機」；或當我們如做夢般任由思緒奔馳；或在言談間察覺到背景音樂的存在，或對飛機的噪音充耳不聞。維吉尼亞．吳爾芙對於人心的小說描述，比神經科學許多莫衷一是的用語流傳更久。在書中迷失自己，類似酗酒對於萊絲莉．賈米森[72]一樣，有時候，她稱之為「一種掙脫自我意識束縛的狀態」。

無論人們選擇如何稱呼這種尚未定名的「在書中迷失自己」的狀態，從其中出來就像重新回到地球，因此正如心靈玄學家和古典學者腓特烈．梅爾斯[73]回憶自己六歲時閱讀維吉爾（Virgil）的情況：「當時情景仍深深印在我腦海，包括牧師住宅的前廳，地面鋪設的明亮地毯，通往花園的玻璃門，以及從玻璃門流瀉而入的陽光。」

這種情形也發生在瑪裘莉．陶德（Marjory Todd）身上。她是萊姆豪斯（Limehouse）一個鍋爐製造商的女兒，一九二〇年時，帶著一本《咆哮山莊》（*Wuthering Heights*）在公園中：

我有過這種經驗：突然意識到自己的身分和目的，我想大部分青少年都有過這種經驗。

> 有些人也許是逐漸體會到；對我而言卻是實際掌握，直至此刻，我都還能夠清楚記得當時陽光斜射的確實角度、一叢松樹、粗糙光禿的草地，以及我腳邊的幾顆松果。（《蛇與階梯》〔*Snakes and Ladders*〕，一九六〇年）

我那今年快要十五歲的兒子告訴我，他是在坎特貝里的臥室看完《北極光》（*Northern Lights*）三部曲的。當時教堂鐘聲持續敲擊，但直到他看完最後一行，他才意識到鐘聲的存在。當時的房間、陽光和鐘聲，深深嵌印在他記憶中。

這種偶爾意識到自我的醒悟經驗發生在我們所有人身上，多半是在孩童時期。巴舍拉在《空間詩學》一書中稱之「浮現而出的存在感」（cogito of emergence）。這種情況會產生必然的推論，即如果我們會突然意識到自己的存在，那麼在沒有意識到的時刻，存在又是什麼？講到這裡，我們已經很接近沙特的存在主義了；沙特對理查德·休斯[74]在《牙買加的狂風》（*High Wind in Jamaica*）一書中所言之幼時「存在感」印象深刻。艾蜜莉（Emily）躺在船頭右側一個角落中，「心中突然閃現一個念頭，她是她」。艾蜜莉當時沒有在看書，但是看書的人卻經常有此體驗，在某個隱蔽的角落，忽然有所醒悟。

這種在角落發現自我的經驗不但微妙，也很難得。小說家和詩人意氣相投，是發掘這種神奇經驗之河的好手。一六八一年，安德魯·馬維爾[75]在他的花園中是這樣的：

心靈的海洋，各自流淌
徜徉在熟悉的天地
然而不期然間，它開創、超越、
凌駕其他世界，其他海域；
摧毀現有的一切
來到綠蔭裡的綠色意境。

馬維爾的超越論並不適用於每個人，但是每個人又確實能夠就在自己的家中變成不同的人，有著不同的覺識。當警察或郵差在前門呼叫，我們馬上變身為理想的公民，或神祕事物的接收者。在樓梯上我們介於不同的狀態，往下走展現公共形象，往上走重新回到自我。有時摧毀性的事件會驅使我們尋找一個新的家中地點，以期消化沒有被習慣制約的情感；當我聽說一位書商友人年紀輕輕就在蘇格蘭過世時，我突然丟開一切，呆站在後街的垃圾筒旁。一八二四年，約克郡一名女子安·李斯特[76]的表現更為極端。她會坐在窗臺座位看書，窗簾拉上，僅容閱讀所需的亮光射入，窗臺旁還有一幅高大的折疊窗簾，使她得以和屋子隔離，然後身穿兩件大外套，膝蓋上還蓋著一件睡袍。

與世隔絕

梵谷畫過很多鳥巢，曾經在書信中表示，希望自己的小屋能像鷦鷯的巢。這句話別有深意，因為鷦鷯的巢呈現圓球狀，平常很難發現鳥巢的入口。另一位極端的局外人卡西莫多[77]則在鐘樓一隅找到自己的角落，雨果稱之為他的「蛋，和巢」。巴斯特納克[78]有一個特別的偏好，將人造世界視為燕子的巢，係由附近河流裡的泥巴所建，正如我們從意識之流中建立我們虛無的家。

儘管情勢不佳，人們仍想方設法在特殊的環境中看書，此等不為人知的壯舉，可譬為突發奇想的務實主義。很多人只能在床上看書，因為屋子裡其他地方都用於工作，或者不夠溫馨。「Cosy」（溫馨）一詞實難翻譯，且語源不明，是從維京人流傳給蘇格蘭人再到我們，這兩個民族深深了解在惡劣天候中覓得溫暖一隅的可貴。兩地風皆大，因此深諳起風氣候的奧克尼（Orkney）人，形容風的單字便有八個之多。

《大自然的癒合力》（*Nature Cure*）一書，是理查德．馬比[79]在大蕭條殘破時代的回憶錄，他形容自己在家中遍尋適合的讀書角落，最後終於找到一張小角桌，旁邊點著一盞燈。這種執著的追求，如同動物本能：野兔在草原中找窩，覓得一處適合繁殖之處。（法蘭西斯．培根[80]只有困在南肯辛頓的公寓中才能畫出好畫：他需要「被關起來」，一位評論家如此認為。）人類其實比我們想像中更具有這種尋求合適角落的動物本能，尤其決定好好看書的時候。對於章魚的研究，讓我們思考意識是如何分布於肢幹的，亦即，我們準備看書時，會如何去安放我們的兩腿和手臂，又為何會這麼做。

（還有一個有趣的案例，假性隱遁，亦即為了政治原因佯裝沉溺於自身世界。一個僕役注意到湯瑪斯．克倫威爾[81]在其贊助者托馬斯．沃爾西[82]倒臺後，坐在埃舍爾宮〔Esher Palace〕窗臺，對著一本祈禱書大聲哽咽。根據埃蒙．達菲[83]評論，這是「傳統上表達虔誠的一種公開表演」。）回到真實面：伊拉斯謨[84]也和馬比有同樣的困擾；他第一位傳記作家寫道：雖然有座「很好的屋子」，他卻仍苦尋一處「能容納自己小小身軀的角落」。一旦考慮到閱讀時或許會發生什麼事，尋求一處讀書角落之事更是非同小可。經常會發生的，是一種化蛹成蝶的經驗——我們化身為一個不同的自己。我們蜷縮成一團在某處看書，脫離現實，然後浮出現實世界，蛻變成長。有一次，卡夫卡似乎確實感受到身體的蛻變。一九一三年，他寫信給他日後的女友菲麗絲，言及他在讀一首詩：「當時只感覺到一種持續不斷在體內流動的變化——就那樣兩眼圓睜，躺在沙發上受到輾壓！」

樓梯間的平臺和階梯也是吸引人的地方，可以躲開忙碌家務，而且給人一種無人管轄的候機室之感。華特．史考特的家是壯觀的豪宅，幾乎沒有什麼人，所以他經常蜷縮在通往圖書室的樓梯中央看書。

且不論伊拉斯謨和史考特在他們豪宅的閱讀問題，勞工階級的讀者想要找到理想的讀書地點才更是一項亟待克服的挑戰。

譯註

1 **Richard Church**，一八九三～一九七二年。英國作家、詩人和評論家。

2 **Gaston Bachelard**，一八八四～一九六二年。法國哲學家。最重要的著作是關於詩學及科學哲學的《空間詩學》。引入了「認識論障礙」和「認識論決裂」的概念，在法蘭西學院中受到尊敬，影響了許多新一代的哲學家。

3 **Robert von Ranke Graves**，一八九五～一九八五年。英國詩人、學者、小說家暨翻譯家，被譽為最優秀的英語愛情詩詩人。

4 **Jennifer Sheila Uglow**。一九四七年～。英國傳記作家、歷史學家、評論家和出版商。

5 **Elizabeth Cleghorn Gaskell**，一般稱 **Mrs Gaskell**，一八一〇～一八六五年。維多利亞時代的英國小說家，以哥德式的靈異小說聞名。

6 **Henry Fielding**，一七〇七～一七五四年。英國小說家，劇作家。代表作品《湯姆．瓊斯》對後世影響較大。

7 **Anthony Dymoke Powell**，一九〇五～二〇〇〇年。英國小說家。以其十二卷的作品《隨時間之樂起舞》而聞名。

8 **Tobias George Smollett**，一七二一～一七七一年。蘇格蘭詩人及作家。以創作惡漢小說出名，影響了一批小說家，其中包括查爾斯．狄更斯和喬治．歐威爾。

9 **James Boswell, 9th Laird of Auchinleck**，一七四〇～一七九五年。蘇格蘭出身的英國傳記、日記作家及律師。最有名的作品是《詹森傳》及《赫布里底群島之旅》等。

10 **Gilbert Keith Chesterton**，一八七四～一九三六年。英國作家、文學評論者以及神學家。

11 **Terence David John Pratchett**，一九四八～二〇一五年。暱稱 **Terry Pratchett**，英國知名作家，擅長文學作品為奇幻文學。其作品除了英語外，也翻譯成其他三十三種語言。

12 Jeeves，英國作家佩勒姆．格倫維爾．伍德豪斯所創作的一系列幽默短篇小說中的虛構角色。

13 Dame Antonia Susan Duffy，通常以 A. S. Byatt 之名為人所知，一九三六年～。英國小說家、詩人及布克獎得主。二〇〇八年《泰晤士報》將其評為一九四五年以來最偉大的五十位英國作家之一。

14 William Brydon，一八一一～一八七三年。第一次英阿戰爭期間在英國東印度公司軍中的外科助理醫生。

15 Edwardian，指一九〇一～一九一〇年英國國王愛德華七世在位時期，有時甚至延續至一九一四年。愛德華時代和之前的維多利亞時代中後期，皆被認為是大英帝國的黃金時代。

16 Radclyffe Hall，一八八〇～一九四三年。英國詩人與作家。

17 Sir Wilfred Patrick Thesiger，一九一〇～二〇〇三年。英國軍官、探險家和作家。

18 Victorian，時限經常被定義為一八三七～一九〇一年英國維多利亞女皇在位期間，前接喬治時代，後啟愛德華時代。維多利亞時代後期是英國工業革命和大英帝國的高峰，與愛德華時代一同被認為是大英帝國的黃金時代。

19 Levison James Wood，一九八二年～。英國陸軍軍官兼探險家。以在非洲，亞洲和中美洲的長途跋涉而聞名。

20 Roderick James Nugent "Rory" Stewart，一九七三年～。英國政治人物，羅利在父親擔任香港殖民地官員時在當地出生。成年後曾任外交官，離任後，耗費兩年時間在伊朗、阿富汗、巴基斯坦、印度及尼泊爾徒步旅行，著有《走過夾縫地帶》。

21 Arthur Evelyn St. John Waugh，一九〇三～一九六六年。英國作家，保守的羅馬天主教徒，常能犀利地表達自己的見解，被普遍認為是二十世紀傑出的文體家之一。

22 James Graham "J. G." Ballard，一九三〇～二〇〇九年。英國短篇小說作家及散文家。一直以來被認為是善寫世界末日或後世界末日的小說大師。

23 Dorothy Gladys "Dodie" Smith，一八九六～一九九〇年。英國女性兒童文學作家及劇作家，代表作包括《第一〇一隻斑點狗》和《我的祕密城堡》。《第一〇一隻斑點狗》後來由迪士尼動畫公司改編成動畫電影《一〇一忠狗》。

24 Eric Earle Shipton，一九〇七～一九七七年。英國的喜瑪拉雅登山家及冒險家。

25 Old Bailey，正式名稱是Central Criminal Court，為位於英國倫敦的法院，但一般都以所在街道稱為老貝利，負責處理英格蘭和威爾斯的重大刑事案件。此地曾是中世紀新門監獄的所在地。

26 General James Peter Wolfe，一七二七～一七五九年。英國陸軍軍官。因為擊敗法國軍隊、贏得亞伯拉罕平原戰役而廣為後世所知。後來又因為擊敗法國，攻陷魁北克，被稱為「魁北克英雄」、「魁北克征服者」與「加拿大征服者」。

27 Thomas Gray，一七一六～一七七一年。英國詩人及古典學家，曾任劍橋大學教授。一生只出版過十三首詩，代表作為《墓園哀歌》，一七五七年受封為桂冠詩人。

28 Lawrence of Arabia，全名Thomas Edward Lawrence，一八八八～一九三五年。常稱T. E. Lawrence，英國軍官，因在一九一六～一八年的阿拉伯起義中作為英國聯絡官的角色而出名。部分原因是美國旅行家兼記者洛維爾‧傑克森‧湯瑪斯所寫關於那場起義的轟動一時的報導文學，還有勞倫斯的自傳體記錄《智慧的七柱》。許多阿拉伯人因而將他看成民間英雄，許多英國人也將視為最偉大的戰爭英雄之一。

29 Aristophanes，約西元前四四八～三八〇年。古希臘喜劇作家，雅典公民。被視為古希臘喜劇最重要的代表。相傳寫有四十四部喜劇，但現存僅餘十一部。有「喜劇之父」之稱。

30 Sir Adam Ferguson，一七七〇～一八五四年。除了是蘇格蘭皇家副座外，也是位軍官，曾被俘，戰事結束後獲釋。

31 Walter Scott，一七七一～一八三二年。蘇格蘭著名歷史小說家及詩人。

32 William Harvey，一五七八～一六五七年。英國醫生，實驗生理學的創始人之一。他以實驗證實了動物體內的血液循環現象，並闡明了心臟在循環過程中的作用，著作《關於動物心臟與血液運動的解剖研究》和《動物的生殖》對生理學和胚胎學的發展也起了很大的作用。

33 Battle of Edgehill，發生於一六四二年。為第一次英國內戰，又稱為清教徒革命。

34 **John Aubrey**，一六二六～一六九七年。英國文物研究者，自然哲學家和作家，同時是考古學家的先驅。

35 **Patrick Leigh Fermor**，一九一五～二〇一一年。英國最著名的旅遊文學作家之一，同時也是詩人、史學家、建築與藝術鑑賞家。

36 **Anne Mozley**，一八〇九～一八九一年。英國作家和編輯。

37 **Mary Augusta Ward**，一八五一～一九二〇年。英國小說家，並致力於改善窮人的教育。

38 **Dorothy Mae Ann Wordsworth**，英國作家、詩人和日記作者。其弟即為浪漫主義詩人威廉・華茲渥斯。雖然沒有成為公共作家的野心，但是留下了許多信件、日記、地形描述、詩歌和其他作品。

39 **Enfield**，一七四一～一七九七年。英國一神論派的牧師。

40 **William Congreve**，一六七〇～一七二九年。英國王政復辟時期劇作家和詩人，以機智、充滿諷刺意味的對話和對當時風尚喜劇的影響而知名。

41 **Abraham Cowley**，一六一八～一六六七年。十七世紀英國首屈一指的詩人之一。

42 **Augustus John Cuthbert Hare**，一八三四～一九〇三年。是英國作家兼說唱歌手。

43 **Sir Edmund William Gosse**，一八四九～一九二八年。英國詩人，作家和評論家，自傳《父與子》被認為是英國傳記文學史上第一部現代派心理傳記。

44 **Juan Carlos Onetti**，一九〇九～一九九四年。烏拉圭作家。大學沒念完就不得不掙錢養家。曾任校對、編輯、路透社記者及該通訊社駐布宜諾斯艾利斯辦事處主任等職位。一九八〇年獲賽凡提斯獎。

45 **Spock**，美國科幻娛樂影視系列《星艦迷航記》固定班底，外星人。

46 **Premio Cervantes**，西班牙為表彰傑出的西班牙語作家而創設，特以小說《唐吉訶德》的作者賽凡提斯命名。

47 **Joseph Rudyard Kipling**，一八六五～一九三六年。生於印度孟買的英國作家及詩人。主要著作有兒童故事《叢林奇譚》、印度偵探小說《基姆》、詩集《營房謠》、短詩《如果》等，以及許多膾炙人口的短篇小說。

48 **Amritsar massacre**，一九一九年年四月十三日在英屬印度北部城市阿姆利則，因英國人指揮的軍隊向印度人民開槍而引發的屠殺事件。

49 冰島語Ólafur Elíasson，一九六七年。丹麥裔冰島籍藝術家，以雕塑和大型裝置藝術聞名。他善在作品中使用光、水等元素或調節空氣溫度以增強觀賞體驗。

50 Vittoria Colonna，一四九〇～一五四七年。文藝復興時期歐洲義大利最重要的女詩人之一。

51 Havelock Ellis，一八五九～一九三九年。英國醫生、性心理學家和研究人類性行為的社會改革者。

52 Marina Warner，一九四六年～。英國小說家、短篇小說作家、歷史學家和神話作家。以與女性主義和神話有關的許多非小說類書籍而聞名。

53 Spinoza，全名為Benedict de Spinoza，一六三二～一六七七年。荷蘭哲學家，西方近代哲學史重要的理性主義者。與笛卡兒和萊布尼茲齊名。

54 Charles Lamb，一七七五～一八三四年。英國作家。一八〇六年。蘭姆姐弟開始從莎士比亞戲劇中選擇二十個最為人們所熟知的，把它們改寫成敘事體的散文，即後來著名的《莎士比亞戲劇故事集》。

55 Henry Crabb Robinson，一七七五～一八六七年。英國律師，以日記著稱，曾參與了倫敦大學的創立。

56 George Chapman，約一五五九～一六三四年。英國劇作家、翻譯家及詩人。也是十七世紀形上學詩人的先驅。查普曼因翻譯荷馬的《伊利亞德》和《奧德賽》等作品而聞名。

57 William Makepeace Thackeray，一八一一～一八六三年。與狄更斯齊名的維多利亞時代的英國小說家，最著名的作品是《浮華世界》。

58 George Robert Gissing，一八五七～一九〇三年。英國小說家，一開始是自然主義的一員，後來成為維多利亞時代後期最傑出的現實主義作家之一。

59 Mary Wollstonecraft，一七五九～一七九七年。英國作家、哲學家和女權主義者。最知名的作品為《女權辯護》。

60 Iain McGilchrist，一九五三年～。英國精神科醫生及作家。

61 Marcello Spinella，一九七〇年～。美國心理學家。

62 Edward James Hughes，常稱 Ted Hughes，一九三〇～一九九八年。英國詩人和兒童文學作家。一九八四年被授予英國桂冠詩人稱號。與美國著名女詩人希薇亞・普拉斯的婚姻曾經非常轟動，但卻以悲劇結束，普拉斯的自殺使他備受指責，而他銷毀了妻子最後三年的日記，更使自殺事件撲朔迷離。

63 David Howes，加拿大康考迪亞大學人類學教授。

64 William Cobbett，一七六三～一八三五年。英國宣傳家、記者及國會議員。

65 Jonathan Swift，一六六七～一七四五年。英國－愛爾蘭神職人員、政治小冊作者、諷刺作家、作家、詩人和激進分子。以《格列佛遊記》和《桶的故事》等作品聞名於世。

66 正式名稱為 Royal Botanic Gardens, Kew，英國倫敦泰晤士河畔列治文區下屬一區，屬於倫敦郊區。

67 Cecil，一八七九～一九一八年。英國新聞工作者和政治評論員。

68 Samuel Johnson，一七〇九～一七八四年。常稱為 Dr. Johnson，英國歷史上最有名的文人之一，集文評家、詩人、散文家、傳記家於一身。前半生名聲不顯，直到他花了九年時間獨力編出的《詹森字典》為他贏得了聲譽及「博士」的頭銜。

69 William James，一八四二～一九一〇年。美國哲學家及心理學家。和查爾斯・桑德斯・皮爾士一起建立了實用主義，是十九世紀後半期的頂尖思想家，也是美國歷史上最富影響力的哲學家之一，被譽為「美國心理學之父」。

70 Antonio Damasio，一九四四年～。葡萄牙裔美國神經科學家。

71 Daniel Clement Dennett，一九四二年～。美國哲學家、作家及認知科學家。

72 Leslie Jamison，一九八三年～。美國小說家及散文家。

73 Frederic William Henry Myers，一八四三～一九〇一年。英國詩人、古典主義者及哲學家，也是心理研究學會的創始人。

74 Richard Hughes，一九〇〇～一九七六年。英國作家。

75 Andrew Marvell，一六二一～一六七八年。英國形而上詩歌，短篇小說，小說和戲劇的作家。

76 Anne Lister，一七九一～一八四〇年。英格蘭地主、日記作家、登山家及旅行家。李斯特因其清晰的自我認知和公開的女同性戀生活方式而經常被稱為「第一位現代女同性戀者」。

77 Quasimodo，法國作家雨果所著小說《鐘樓怪人》中的主角之一，天生駝背，相貌醜陋，平日裡擔任巴黎聖母院的敲鐘人一職。

78 Boris Pasternak，一八九〇～一九六〇年。蘇聯作家，以小說《齊瓦哥醫生》聞名於世。

79 Richard Thomas Mabey 一九四一年～。英國作家及廣播員，主要研究自然與文化之間的關係。

80 Francis Bacon，一九〇九～一九九二年。生於愛爾蘭的英國畫家，為同名英國哲學家的後代。作品以粗獷、犀利，具強烈暴力與噩夢般的圖像著稱。

81 Thomas Cromwell，約一四八五～一五四〇年。英國政治家，亨利八世的親信大臣，助其推行宗教和政治改革，對抗羅馬教廷，解散天主教修道院。

82 Thomas Wolsey，約一四七一～一五三〇年。亨利八世的重臣，深得信任，同時也是一位神職人員。權傾一時，對外聯合西班牙對抗法國；對內推行稅制、司法和宗教改革。

83 Eamon Duffy，一九四七年～。愛爾蘭歷史學家。

84 Desiderius Erasmus Roterodamus，一四六六～一五三六年。史學界通稱其為鹿特丹的伊拉斯謨，文藝復興時期尼德蘭（即今荷蘭和比利時）著名的人文主義思想家和神學家，為北方文藝復興的代表人物。

圖2

第二章 逆境中的閱讀

落在機器上的淚：做工的讀者

對於人類歷史上的許多工人來說，與書籍的遇合是如此困難，而休閒時間又是如此稀少，閱讀自然也就受到日常事情和生活方式的限制。對於康瓦爾的木匠喬治．史密斯[1]，數學書籍具有耐讀的效用。正如他在自傳中所回憶的那樣：「代數或幾何學的論文花費幾先令，卻可以讓我仔細地研讀一整年。」相較於書本的匱乏，其他的人時間更少，例如倫敦的皮匠暨未來的書商詹姆斯．拉金頓[2]。他設計了一套真正令人瞠目結舌的起居制度，依循此法，每晚只允許自己與同伴睡三個小時：

> 我們中有一人會熬夜工作到指定其他人醒來的時刻，而當所有的人都起來後，我的朋友約翰，也就是袮謙卑的僕人會接力為其他勞動者朗讀。

高地馬具挽帶製造商詹姆斯．米勒（James Miller）也信奉同樣的紀律，通常會在自己工作時找人讀書給他聽，而且每晚一定讀，經常還有「兩到三個聰明的鄰居」一起參與，所以他的兒子休[3]日後成為一位重要的作家、在地質學研究上大幅躍進，並為達爾文預先鋪了路，或許也就毫不足奇了。另有個早期的蘇格蘭讀者是位巡遊的石匠，教會他的馬兒認得常規路線，以便在騎馬時能夠閱讀。

獨創性讀者獎項必須授予十九世紀的史考特・詹姆斯・薩默維爾（Scott James Somerville）。他是一個流動工人，有十一個孩子，「衣衫襤褸」四個字是真正體現在他們的衣服上——由母親瑪莉用收集來的碎布拼縫在一起。夫妻倆那個八歲就開始打掃馬廄和清挖水溝的兒子亞歷山大，是一個心志堅定的讀者，日後不但會成為恩格斯[4]所欽佩的政治人物，並在自傳中寫出他的童年。一家人四處流浪，逐工作而居的小屋都沒有照明，為此詹姆斯總隨身攜帶一扇窗戶，嵌上玻璃，以便安裝在每次的住處上。

現在很難想像對於識字的窮人來說，照明會是什麼問題。許多工人不得不藉著月光來閱讀，因為用牛脂或羊脂製成的獸脂蠟燭通常太貴了，蠟燭是富人家的珍藏品。在某些能取得燈心草的地區，可將之浸入油脂中做成蠟燭，但是如同獸脂，這種燈會冒煙、有臭味，且需要不斷修剪。難怪在安妮女王[5]統治時期，聖詹姆士宮（St James's Palace）會有兩名男僕藉著公餘在市場擺攤販賣宮裡燃剩的蠟燭頭，生意做得風生水起，不久之後，就有了自己的事業：福南梅森[6]。

在書本貧乏的環境中，最不太像安撫之書的巨冊反倒可能成為具備安撫效果的書。磨坊工人湯瑪斯・伍德（Thomas Wood）上的學校裡，唯一的書是聖經，因此他以每週一分錢的代價加入技工學院[7]，並在那裡一頭栽入了查爾斯・羅林斯[8]共六大卷的《古代歷史》（*Ancient History*）。伍德年老後在《基斯利新聞》（*Keighley News*）留下紀錄，訴說羅林斯是如何「在我心中留下深刻印象，過了四十年未曾消失。」薩默塞特郡的農家男孩約翰・坎農（John

Cannon）利用去市場途中，溜進一位仁慈紳士家中，在裡頭讀了約瑟夫斯[9]的巨著《猶太古史》（*History of the Jews*），隨後又讀了亞里斯多德。

牧羊人與世隔絕的狀態非常適合閱讀。威爾特郡牧羊男孩埃德溫·惠特洛克（Edwin Whitlock）一邊牧羊，一邊把一八六七年的《郵局目錄》（*Post Office Directory*）「從封面讀到封底」，讓他得以跟附近鄰居死纏爛打，找到更多的書讀，到十五歲時，已經讀了狄更斯和史考特「大部分」的作品，以及一本十二卷的《英格蘭史》（*History of England*）。在蘇格蘭的克拉克曼南，牧羊人約翰·克里斯蒂（John Christie）不僅擁有一間有三百七十本書的圖書館，而且還擁有《旁觀者》（*The Spectator*）和《漫步者》（*The Rambler*）期刊的完整合輯。

與惠特洛克相比，煤礦工人簡直就是在煉獄般的條件下工作，也許正是因為這種地獄生活，他們才會打一開始就對自我教育做出驚人的投入，打造了「世界上任何地方的勞動階層所能創造出最偉大的文化機構網絡之一」（二〇一〇年的分析指出）。一份對許多礦工圖書館的研究發現，最早的一間成立於一七四一年，位於蘇格蘭的拉納克郡。圖書館內的書籍包含流行的寓言故事和可以提振礦工心情的「恐怖漫畫」。一位威爾斯礦工回憶說，羅賓漢[10]的所有故事是出借率最高的，又藉著口耳相傳，更備受喜愛。

在維多利亞和愛德華時代，有本書獨樹一幟，深深吸引了工人階級的讀者。哈里特·比徹·斯托[11]全面的席捲力和撞擊力道，不啻為哈波·李[12]的祖先。斯托的反奴隸制小說《湯姆叔叔的小屋》（*Uncle Tom's Cabin*）有我們這個眾多圖書獎項時代裡難以想像的影響力。一位北威爾斯礦工如此詮釋：「擾動我們的情緒，真的可以感覺到鞭子的每一下鞭打，都切削進血肉之內，包括精神與靈魂。」一迪恩森林的一位煤礦零售店主在日記中寫道他是如何「被深深打動」。丹地一戶貧困家庭的女兒伊麗莎白．布賴森[13]則驚呼：「哦，全部是事實啊！」並延伸自己的思考，表達出安撫之書的精髓：

霎時，從頁面閃出我們平日找不出的響亮字眼。那是個讓人激動興奮的時刻……「我是誰？這個我到底是什麼？」那是從三歲起，我就不斷探索、想要知道的。（《回望奇蹟》〔*Look Back in Wonder*〕）

一九三五年一本匿名寫就的「一個普通人」自傳，訴說工廠裡祕密閱讀斯托的書，是如何讓「無數鹹澀的淚水」濺落在他的「號碼機」上。

大男人主義對讀者是種危害，水手倫諾克斯．克爾[14]發現自己因閱讀而被質疑：

一有懷疑顯示，我就必須應對所有挑戰：明明不想，卻還是得對某個傢伙揮拳相向，或大吹大擂我的絞接技術——證明讀書並不會稍減我作為一名好水手的能力。

但是，克爾仍敏感地察覺到：

> 男人體認自我時，他們內心的隱密慾望會隨之浮現……掙脫出他們在公開場合表現出的玩世不恭。他們內心深處的創造力，開始期望自己不只是一名順從的勞工……背地裡，男人們更浪漫、更具有膽量和詩意。我聽說在我們船上最出口成「髒」的男人，對著一片漆黑和大海轟轟拍打船艏的聲音，背誦《所羅門之歌》……獨處時，男人會成為他應該的樣子，而非社會塑造的模樣。（《渴望年度：自傳》〔*The Eager Years: An Autobiography*〕）

普遍而言，因應工作的讀寫，似乎較能被容忍。斯溫頓（Swindon）一家火車工廠工人會讀奧維德、柏拉圖和莎芙[15]的原書，並在車床上用粉筆寫下希臘和拉丁字母。工頭一開始會叫他清理乾淨，但一待被告知那些是什麼時就會睜隻眼閉隻眼地放任過去。羅蘭・肯尼（Rowland Kenney）原本都偷偷閱讀，直到他的工頭有一天以「帶有蘭開夏郡（Lancashire）口音的有力聲音」朗誦了丁尼生[16]的〈食蓮人〉（*The Lotos-Eaters*），他才安心下來。「如果一個像他這樣平常愛打架、喝酒、滿口你去死的人」都會喜歡詩歌，那麼肯尼當然也可以公開閱讀。

諾丁漢郡的礦工喬治・湯姆林森（George Tomlinson）也有頗為感動人心的類似驚喜。他通常「離地面半哩」讀書，有次因為讀著一首戈德史密斯[17]的詩而翻倒幾節煤車，被工頭揍了一頓。但第二天，工頭卻借給他一堆自己的詩集，附上警告：「要是它們掉在髒兮兮的礦坑裡，我就讓你好看。」後來，湯姆林森在一個礦工同僚撿起他掉落的原書時畏縮不前。但同事只是說：「不妙，小伙子。你竟然想讀雪萊。」

有件事簡直令人難以置信：蘭開夏郡的礦工喬．基廷（Joe Keating）會在家讀希臘哲學到凌晨三點，緊接著極度耗力工作把礦渣從礦坑鏟出來。以下是他與一位我稱為C的同事在地底下的交談：

C嘆了一口氣說：「命運之書的隱匿，就是所有生物的天堂。」

JK：「你是在引用波普[18]的詩嗎？」

C：「是的，我對波普確實有共鳴。」

此後，基廷不再感到疏離，還組成了室內四重奏，演奏莫札特和舒伯特的音樂。工人階級的閱讀歷史是難以捉摸的，在傳記和書史中少有記載。他在紐約隨機一天的實際情形，比我們現今所知的都還要充實：一位非裔美國卡車司機向他介紹了《羅格特同義詞辭典》（*Roget's Thesaurus*），酒店服務員在引導路線時引用了布萊克和馬克思，一名雜技演員介紹他看伯頓[19]的《憂鬱的解剖》（*Anatomy of Melancholy*），還順便用濃重的布魯克林（Brooklyn）口音解釋了伯頓對塞繆爾．詹森的重大影響。

出人意料的是，直到二〇〇一年，當分析勞動階級的閱讀時，有時還是會以優越感來評論。一位學者在評論卓別林的閱讀習慣時，那範圍可是從叔本華和柏拉圖到惠特曼和愛倫．坡啊；卻一概稱其「混雜了哲學和通俗劇、高質文化和滑稽喜劇，表現出典型自學者囫圇吞棗的特性」。「混雜」一詞帶有一種文化優生學的寓意，暗指純種高等生物應避開「滑稽喜劇」。無數小說家、頂著博士學位的人，藉著這種折衷主義的立場，攀上崇高地位。

一般老百姓能夠直接取得書籍有時會令人感到威脅或是詫異。在東區（East End）生活的歷史學家托馬斯．伯克（Thomas Burke）便曾氣沖沖地說：「圓滑的西區（West End）小說家」低估同住在白教堂（Whitechapel）的街坊鄰居。一九三二年時他寫道：

> 我們某位「知識分子小說家」寫下一則訝異的紀錄，說在拜訪白教堂附近一戶人家時，那家的女兒們居然正在讀普魯斯特和契訶夫的一部喜劇。為什麼會有這等奇事？（《真正的東區》〔*The Real East End*〕）

伯克指出，貝斯納爾綠地圖書館（Bethnal Green Library）總是充滿鬧哄哄的當地人。在兩次世界大戰間，我父親（生於一九一三年）就是與他的警察養父在貝斯納爾綠地的赤貧當中長大的，儘管十四歲就離開了學校，他卻能夠廣泛地閱讀。

Q．D．利維斯[20]是另一位對自學啟蒙法抱持懷疑看法的學者。她渴望一個黃金時代，那時「群眾是從上得到娛樂，而不是特別迎合記者、電影製片人和流行的小說家。」

維吉尼亞．吳爾芙努力理解群眾的閱讀習慣：

我經常問我知識程度不高的友人……為什麼我們知識分子永遠不會買普通的書。對此，他們回覆——我無法模仿他們的談話方式——說他們自認是沒有受過教育的老百姓。（《維吉尼亞・吳爾芙文集》〔*The Collected Essays of Virginia Woolf*〕）

此刻，英國文學史上出現了一個有點瘋狂的理論，說現代主義者開始晦澀地寫作，以抵制那些正變得越來越自視甚高且侵害文學的勞工讀者。該理論繼續說，一旦老百姓開始閱讀艾略特和吳爾芙，並且——該死的——還讀懂了，就會孵化出後現代主義，重新驅逐寄生在學術界文學真理號上的勞工階層。後現代主義的「斯文加利」[21]雅克・德希達似乎是一個民主人物。他斷言低俗文化與高雅文化之間並沒有區別，這意味著瑪丹娜的音樂會和《哈姆雷特》一樣好，因為藝術是發生在聽眾或讀者的腦海中。但他自己豐厚到不可思議的散文卻讓知識分子群眾陷入困境。正如一位聽他演講的評論家所說，他更像是位表演藝術家，而非邏輯學家，喜歡賣弄文字並且享受非常法國式的自由聯想。他本人就未通過民主石蕊測試，因為學術界外的人根本讀不來他的東西。

艾茲拉・龐德驚人地坦率預言：「一種新的藝術貴族制」，其矇騙大眾的自私行徑和獨尊血統的貴族並無兩樣。畢竟，他正在處理的是「好比兔子競賽的大腦比賽……我們是巫醫和巫毒教的傳承人。長期以來，我們這些一直受到鄙視的藝術家將獲得控制權。」為了確保這份控制權，龐德的「意象派詩人」小組試圖為「意象派」一詞申請專利，以便將劣等的模仿者排除在外。那是一九一四年的事，大約是巴特錫（Battersea）一位郵差之子理查德．丘奇的童年時期：他在自傳《過橋》（*Over the Bridge*）中感嘆：「親近易讀的問題是，知識分子沒了收益。」幸好龐德的繼承者，也就是桂冠詩人泰德．休斯和西蒙．阿米蒂奇[22]仍堅決屬於「兔子」階層，認為作家的背景對於作家或讀者而言並非焦點。

在為這個段落畫上句號前，我無法不提麥考利[23]說過的一則有關於某個工人對一部「經典巨著」誠實反應的故事，闡明了「你不可能一直愚弄所有人」的箴言。十八世紀的一位義大利罪犯可以選擇當大帆船的奴隸，也可以選擇閱讀朱卡迪尼[24]二十卷的《義大利史》（*History of Italy*）。起先他選擇了書，但才看了幾章就改變了主意，成為「槳的奴隸」。

無產階級、平民百姓，或隨便大家要用什麼術語稱呼的非精英讀者，都得經過艱難奮戰，才得以接近書本，繼而爭取到閱讀這些書的自由和光明。他們得面對一整個可怕體制的敵人。女性讀者則更是無論哪個階層，都要面臨同樣獨特的障礙，這讓她們得運用智慧與計謀，以充滿啟發的方式、獨特的方式來戰勝這些障礙。

隱藏在枕墊後的奧維德：女性閱讀

除了那個書櫥外，父親所有的書朱莉亞（Julia）都可以拿來讀；這書櫥裝上了玻璃，而所有書的書名都朝內放，所以我們並不知道它們的名稱或內容，但沃爾德隆先生（Mr

> Waldron）說它們不適合我們看，朱莉亞總是帶著些許敬畏感看著它們。
>
> ——無名氏著《她將成為一個女教師：一則傳奇》（*She Would Be a Governess: A Tale*）

三十一歲就成為哈佛大學教授的莉亞·普萊斯[25]，是一位傑出的閱讀歷史學家。她「閱讀是女性內在獨特來源」的觀點似乎從我讀過的資料、女性顧客、書商和圖書館館員得到印證，也從大量有關「閱讀的女性」畫作中得到證實；光是葛文·約翰[26]就畫了十七張這樣的肖像。

儘管聖經沒有提到瑪利亞識字能讀，但一一〇〇年左右描繪「聖母領報」（Annunciation）的畫作中她經常在讀書。這是最奇特又最理所當然的檢驗。聖母領報是天使加百列下凡來告訴當時懷孕六個月的瑪利亞，她的孩子是無玷成胎的，受孕於上帝而非約瑟[27]，而且是彌賽亞，是被選中的天命之子（the Chosen One）。最早的畫像讓被長著翅膀的入侵者嚇到的瑪利亞忙著縫製或紡織；用書代替通常被確認是十二世紀文藝復興時期才有的事。彼時，閱讀（尤其是女性閱讀）已經成為公認的文化參考點、「趨勢」或文化傳播的過程，因此，這成為生動渲染「她收到天國令人震驚的消息」的方式。還有什麼更好的時間點更能好好處理這樣的消息呢？對於男人來說，女人讀書的形象既浪漫又充滿威脅性；是有危險潛藏的狀態。

女孩和婦女在閱讀方面必須面臨著特殊的挑戰：強加賦予的女性氣質概念、審查制度、丈夫、神職人員以及家務等等。男人被嚇壞了——這並非誇大其詞——怕她們從書本上得到性滿足，或藉著書本獲得政治或精神上的解放。不過或許最大的威脅是她們通過閱讀來自我教育。理由很清楚：多讀書＝少做家務，而且會減少對丈夫的熱愛，不再視他為智慧和喜悅的來源。更微妙的是，許多男人感到嫉妒：自己在外做牛做馬，從事枯竭靈魂的工作，對於休閒的閱讀當然會產生自然的嫉妒。

擁有書本的女性從很早就走進了歷史。羅馬學者梅拉尼亞[28]被描述為「彷彿在吃甜點」一樣遍覽群書，直到她決定放棄所有財產過著隱士生活。愛好書籍的惠特比修道院院長希爾達[29]，有在非斯（Fez）建立了世界上現存最古老的圖書館的法蒂瑪．費赫里[30]作為她阿拉伯世界的對應人物。她在伊斯蘭教中算不上是個特例：早期就有幾位女性創立了圖書館和教育機構。十二世紀一位女學者在開羅大學產生的影響之大，讓她的男同學形容她知道「一駱駝」的讀物。受過良好教育的婦女在伊斯蘭教中得到敬佩尊重，特別是由於穆罕默德的幾位妻子：成功的企業家赫蒂徹[31]和著名的學者艾伊莎[32]（先知著作）。更籠統地說，穆罕默德本人既會教育男人，也會教育女人，並熱情宣稱：「女人多麼出色啊……即便被羞辱也沒有削減她們學習的心。」在早期，婦女雖被禁止接受許多正規教育，卻被鼓勵在清真寺裡公開演講和教學。

十五世紀的波蘭對閱讀的女人敵意更甚。在一四八〇年代，克拉科夫一名女子女扮男裝進入大學。在整個學程中一直保持著偽裝，獲得優異的成績，並因其認真盡責而聞名。但就在畢業前不久，一個軍人揭穿了她，並將她送上了法庭。當法官問她為什麼要犯下欺騙之罪時，她簡單的回答感動了法官放了她，並在六百年後依然打動我們：「Amore studii」——只為熱愛學習。她選擇被送入女修道院——這些通常是受挫的女性讀者的祕密避難所——在那兒，她迅速升為院長，並把整個地方變成了一種愛書成狂的女孩和女人的學院。

一系列的快樂意外事件使威尼斯共和國培養了一位女英雄讀者。一三六八年時，四歲的克莉絲汀·德·皮桑[33]的父親被任命為法國國王[34]的占星家。她搬到巴黎的聖雅克街（Rue St Jacques），地理位置馬上帶來優勢：身在法國文學和書市核心地帶的她，可以進入擁有數千本書的皇家圖書館，也就是國家圖書館（Bibliothèque Nationale）的前身。這位心思敏銳的讀者在十五歲時結婚，育有三名小孩，她曾寫道如果不是命運突然產生大變動，她就只會是個待在家中不知名的全職母親。

二十三歲那年，就在她父親去世幾個月後，心愛的丈夫埃蒂安（Etienne）又被瘟疫奪走。陷入了爭奪遺產的法律糾紛中，為金錢所困的克莉絲汀善用了她廣泛閱讀所獲得良好結果，轉而依靠寫作來養活自己。在以情歌取得初步成功之後，她開始為貴族寫法國的絢麗歷史，提供附有訂製序言的客製化版本，聰明地提高了價格。這些書都是由當時最傑出的抄寫員和畫家親手打造。

務實的是，當勇敢的菲利普[35]這位贊助人去世後，她將自己受他所託書寫的手稿賣給了他同樣謙遜的兒子約翰[36]，折合為現代的幣制，大約有兩萬歐元。她是世上第一位以寫作維生的女人，寫作風格也變得越來越個人化。

她抨擊受人推崇的詩集《玫瑰傳奇》[37]，質疑此詩將女性描繪成誘惑者的負面形象，也寫了其他作品，包括兒子移居英格蘭後，對他生活種種建議的，加上她最著名的著作《婦女城》[38]。這部書顯露了她的偏好，敘述傳說中由女英雄建造的一座城市。書中所說的城市也就是這本書本身，每個章節都代表了偉大女性的基石條件，構成令人信服的論述，是座理想的知識型城市，沒有厭女症。這種超越性的手法意味著該書也可以稱為《婦女書之城》（*The City of the Book of Ladies*）。這激進的女性世界史，正面迎擊亞里斯多德關於女人是二流男人的觀點。她頌揚女性的脆弱性正是她們的祕密力量，同時也讚揚堅強的女性，尤其喜愛亞馬遜族[39]的女性，配上她們在戰鬥的插圖。

男女平等的歷史收錄在她的合輯著作《皇后之書》（*The Book of the Queen*）中，於一四一〇年贈送給法國的伊莎柏皇后[40]，並在一七五三年成為大英博物館的奠基收藏品之一。這本附有插圖的14×11吋無價羊皮紙選集於一九六二年用綠色皮革重新包覆，同時嵌入一頁頁的紙以保護圖片。雖然需要介紹信才能實際碰觸到它，但任何人都可自大英圖書館的網站翻閱它的數位化頁面。作為圖書館詢問度最高的書籍之一，它是被列入考慮全文電子化的早期館藏之一。

這本書滿滿隱含著克莉絲汀的個性：她出現在插圖中，好幾個地方還有她的親手筆跡。在混亂時代中，實體書的力量是《皇后之書》中的根本訊息。有幾張克莉絲汀在寫作或閱讀的圖畫，而一張她給兒子忠告的圖——他環起的雙臂曾被認為象徵冷漠，但如今已知是代表著接受。

牛津大學的夏洛特・庫珀（Charlotte Cooper）博士指出，克莉絲汀總是穿著一件特定的藍色連衣裙。有幾個傻瓜迫不急待地表達愛意，畫出了愛情的象徵，而在隨後她穿著藍衣的版本中，就刪除了她將所愛深深保留於心中的插圖。

大英圖書館內那份有著男女平等概念，以及男人會把政權搞得多麼亂七八糟的想法的手稿，是伊莎柏皇后的安撫之書。像克莉絲汀一樣，伊莎柏來自國外——一半義大利人、一半巴伐利亞人——並且同樣在十五歲時於巴黎結婚。兩個女人實際上都失去了丈夫；克莉絲汀輸給了瘟疫，而伊莎柏是輸給了瘋狂。伊莎柏身為皇后攝政王或代理君主，她丈夫瘋子查理[41]陷入嚴重的精神錯亂，謀殺了可靠的騎士，還確信自己是玻璃做的。這期間，伊莎柏努力維持國家的穩定。

《皇后之書》中最淒美的圖像是穿著樸素藍色連衣裙的克莉絲汀，將這本書交給伊莎柏，此時她身邊只有一條狗、兩個畢生侍奉她的德國侍女。當時各派爭權奪利，指控伊莎柏是個亂倫、毫無母愛的巴伐利亞淫婦；他們殘酷地從砍斷手開始，謀殺了她所謂的情人。即便是君主也需要安撫之書。伊莎柏成為壞女人的代名詞，薩德侯爵寫了一本關於她的可怕小說《巴伐利亞伊莎柏的祕密歷史》（*The Secret History of Isabel of Bavaria*），後來承認這本書缺乏事實根據。有關她一生的暗黑傳奇故事因著安德魯・朗[42]的《小皇后》（*The Little Queen*，一九〇八年）繼續在維多利亞時代的英格蘭流傳著一起發行。此時，她的名聲更加微妙，身為一位有文化的女性，苦苦掙扎著維持皇后地位，同時在仇恨女性的宮廷中支持著她的精神病患丈夫。

伊莎柏的書經歷了一段不平凡的歷程，繼續與傑出的女性讀者交流，然後才到達大英圖書館。在阿金庫爾[43]之後新的法國攝政王蘭開斯特的約翰[44]把它帶去了倫敦，但法國妻子婕奎塔[45]在四個地方留下銘記，還在其中兩頁上寫下了自己的座右銘。約翰一生被稱為「well-boked」——愛書人，但是那些銘記顯示他的妻子就像伊莎柏一樣喜歡此書。婕奎塔本身也陷入了派系鬥爭中，並被指控貪婪和淫蕩。理由是：她有十四個孩子，表現出幾乎不自然的生育能力。身為法國人，她是怎麼讓她的女兒把愛德華四世[46]勾引上床？在她的住處「發現」了一些他的鉛畫，讓她的敵人喜出望外，讓她被指控為女巫，但後來無罪開釋。婕奎塔所做的旁註，是這個傑出的強權政治倖存者與克莉絲汀．德．皮桑之間默默對話的有趣證據。

《皇后之書》遺贈給婕奎塔的兒子理查（Richard），然後被收入駐英國的法蘭德斯教廷外交官路易斯．德．布魯日[47]的圖書館。路易斯爭奪該書以增色他著名的藏書，其中有一百四十五件在全世界的圖書館中都得到了認證。他在第一頁上即華麗地寫下了自己的座右銘。

接下來，這本書出現在諾丁漢郡的維爾貝克修道院（Welbeck Abbey），那裡是保皇主義者亨利．卡文迪許[48]的住所（他湊巧是查爾斯王子[49]和卡蜜拉[50]夫妻最後的共同祖先）。儘管他用大大字母的稚氣筆觸在封面上塗鴉寫著：「新堡亨利公爵藏書，一六七六年。」但是書註定要落入克莉絲汀．德．皮桑想要的那種女人的手中。

亨利有一回發牢騷說他的妻子法蘭西絲（Frances）就是「在家族掌控占有太大份額，

（並且）期望一切都照她所願」。這對夫婦討論好如何分配遺產給五個女兒。這本書傳給了第三個女兒瑪格麗特．卡文迪許（Margaret Cavendish），然後再傳給了她的女兒海莉耶塔．卡文迪許[51]，她是一位偉大的讀者，用個人的筆記系統註釋了維爾貝克修道院的許多書籍。

海莉耶塔的獨立思想引起了一些人的惱怒。史威夫特的判斷很典型：「她長得健美、有品味，但頂著一頭紅髮」──也就是說，該死的太過好強了。在貴族生活時代中，她是個艱苦內向的書呆子。她的朋友瑪麗．沃特利．蒙塔古夫人[52]曾為了維護她跟其他人辯道：「她外表是不華麗光彩，卻比你這種讓人眼花撩亂的人擁有更深的內在。」對於歷史學家露西．沃斯利[53]而言，她簡直就是個精力極其旺盛的怪胎。海莉耶塔在一月某個寒冷的日子裡，從維爾貝克修道院的群書當中書寫，甚至感嘆她所必須履行的社會義務的限制，與許多女工讀者具有某種奇怪的結盟：「我像個退休的人住在這個先祖們活了這麼長時間的國家裡，卻必須和更多非我選擇的人士為伴。」

這本書的最後一位私人擁有者是海莉耶塔的女兒，另一位瑪格麗特，而在她手中，克莉絲汀如夢的偉大論述《婦女城》在三百年後似乎正奇異地實現了。這一位瑪格麗特是藍襪[54]的創始會員之一，這個非正式社團的名字取自於拒絕用母性或妻子職責來定義自己的知識分子婦女。她是一位開創性的科學家先鋒，受到啟蒙運動知識分子的追隨。當大多數在她這位子上的婦女花錢都是在買窗簾時，她買了波特蘭花瓶[55]（西元二〇年）；而在其他人心醉神迷於哥德式浪漫小說時，她更喜歡范妮．伯內[56]開創性的《塞西莉亞》（*Cecilia*）；在那個美化環境的園藝藝術風靡的時候，她研究了蜜蜂和野兔的生命週期；儘管大眾期望她在沙龍中端莊坐著，她卻和盧梭一起去了峰區（Peak District）徒步旅行，並堅持他把她家當作藏身處。

瑪格麗特圖書室的《皇后之書》最後終於來到大英博物館安息。德．皮桑的作品在二十世紀廣泛出版，西蒙．德．波娃將之引以為靈感。有個社團致力於每年為克莉絲汀舉行年度會議。她仍然在我們周遭：上週我在蘭開夏郡購買的二手《婦女城》書上有一個作為書籤的麥當勞小鹽包。她挑戰了性別期望，著一身藍色連衣裙讀書的明亮形象透過歲月的拱門中，至今依然照耀著我們。

克莉絲汀．德．皮桑的晚年呢？她退休到修道院，在那裡繼續平靜閱讀到六十多歲。當她聽到聖女貞德的首場勝利時，已經停止寫作的她可沒中止希望的寫下最後一首詩，就像預見了拉金[57]關於自身性覺醒歷史時刻的那行字：「性交始於一九六三年。」她大聲疾呼：「太陽於一四二九年又開始發光。」

克莉絲汀死後不久，一位以她模塑的法國女士進駐宮廷，即弗朗西斯國王[58]的妹妹格納瓦拉的瑪格麗特[59]，人稱「第一位現代女性」，無拘無束地廣泛閱讀，即便製作著她心愛錦織的同時，依然與一群讀者持續投入文學。索邦神學院[60]的神學家譴責了她閱讀後所產出碩果纍纍的詩歌——一位修士希望將她縫在麻袋裡扔進塞納河。但有更多眼光敏銳的評論家讚不絕口：伊莉莎白一世[61]幼時就翻譯了她的詩歌，伊拉斯謨稱她為偉大的哲學家，而達文西還待過她家。她有兩次倖免於死難的好運：就在亨利八世成為國王之前，有人曾提議把她嫁給他——他拒絕了——還有她的《七日談》（*Heptameron*），這本充滿誘惑和通姦，肯定會讓她入獄的故事集，直到死後才公開。

瑪格麗特在英國文藝復興時期的對應人物是安妮．克利福德夫人[62]，身高五呎的她留著一頭褐色長髮。累積了龐大的藏書量，但不同於我們許多人，她記得所有自己讀過的東西。約翰．多恩[63]喜歡與她交談，因為她「從宿命論到絲滑乳木果」，什麼都能談。

還有證據證明許多其他早期現代化貴族婦女擁有龐大個人藏書：一五八〇年，薩福克公爵夫人[64]就擁有「一櫃子的書」。安妮．索斯韋爾夫人[65]於一六三一年帶著「三大箱書」搬家。她沒有任何女性次等感：波希米亞和瑞典國王樂於和她書信往來，政治人物和詩人也喜歡與她為伴。身為敏銳的宗教辯論家，她說最大的異端邪說是：「女性的智慧稀少到只適合侍候男人。」她的一生應該拍成影片，但在那之前，她的紀念物就只有她的詩歌和在從倫敦市中心通往希思洛機場的阿克頓（Acton）荒地上的一塊小墓碑。

男性很早就開始憂慮閱讀的女性。艾德蒙．斯賓塞[66]的《仙后》現在通常只作為規定閱讀的書籍，但它在英格蘭伊莉莎白時代，可是莎士比亞的《維納斯與阿多尼斯》（*Venus and Adonis*）之後最具影響力的詩歌。斯賓塞是一個相當有權威性的人物，愛爾蘭至今仍因他主張當地是「國家有病之處」應該實行焦土政策，而備加憎恨。他害怕以女性為主題的印刷品橫行。他在《仙后》中寫的女怪物「令人討厭、骯髒又汙濁」。一半似乎是毒蛇，是性能力的死亡樣品。當一個騎士攻擊她時，她會吐出書本，顯示出狼吞虎嚥和消化不良的閱讀危險。

在接下來的一個世紀中，審查制度有所放鬆，書店和圖書館激增，但是女性閱讀的主要敵人離家更近：也就是她們的丈夫。儘管女人們大量吸收了遭到遺忘的驚人史詩作品，例如六十冊的《阿絲特蕾》（*L'Astree*）；儘管皮普斯並不覺得妻子在他休息後熬夜看完十冊的《卡桑德拉》（*Cassandra*）和五冊的《波列珊卓》（*Polexandre*），對他是一種挑戰，許多妻子仍不得不偽裝出文靜、無聊的樣子。謝里丹[67]在他的劇本《情敵》（*The Rivals*）中有趣地讓莉迪亞和她的女傭察覺到她們閱讀的範圍實在是太廣泛了：

> 來，親愛的露西，把這些書藏起來。快點、快點——把《百富勤鹹菜歷險記》（*Peregrine Pickle*）藏到馬桶下面——將《藍登傳》（*Roderick Random*）丟進壁櫥裡——把《無辜的通姦者》（*The Innocent Adulterer*）夾進《全人類的責任》（*The Whole Duty of Man*）——將《艾姆沃思勳爵》（*Lord Aimworth*）塞進沙發下——奧維德捲到枕墊後——《感情的男人》（*The Man of Feeling*）放進妳口袋裡，好了——現在把打開的《福代斯的講道》（*Fordyce's Sermons*）放在桌上。

甚至女性作家也警告她們的同性，不要逾矩閱讀。根據海絲特．查彭[68]一七七七年《寫給一位新婚女士的信》（*Letter to a Newly Married Lady*）中提到，妻子應該學著喜歡丈夫的讀書品味，因為她必須「眼觀四面、耳聽八方……他日漸的沉悶與厭煩。」每一位「海絲特．查彭」都會有位女性給予反彈，例如珍・克里爾[69]一七五三年好的不得了的《巧妙折磨的藝術論文》（*Essay on the Art of Ingeniously Tormenting*），就給了妻子一些打斷丈夫大聲朗讀的訣竅，好讓她們讀自己的書。這些技巧好到我必須承認連我都不想讓我的妻子看到。男人經常被打敗的故事出現在一八六三年的《麥克米倫雜誌》（*Macmillan's Magazine*）上的一篇文章裡，文中警告說：「與老公或主子不同的見解退隱到書後面是稀鬆平常的事。」

美國開國元勳亞歷山大・漢密爾頓[70]的妻子伊麗莎白（Elizabeth）將卡梅斯勳爵[71]的《評論要素》（*Elements of Criticism*）藏在椅墊下，以便被發現在看「炫學」的讀物時，隨時可以飛快抽出來頂替，也或許是想攫取某種刺激來與她預期的角色相抗衡？在《威爾德菲爾莊園的房客》（*The Tenant of Wildfell Hall*）中，安妮・勃朗蒂[72]就處裡了這個主題，描繪了一名丈夫只看報紙，卻阻止伴侶讀書。

麻煩的是，即使在女性閱讀獲得認可後，讀物還是必須具備教化性，通常是由丈夫選擇。維多利亞時代早期奇切斯特（Chichester）的一位紳士約翰・馬什（John Marsh）便曾無恥地說他「通常會在下午茶時間後女士們工作時，為她們朗讀一小時」。維多利亞時代的女權主義者哈里特・馬丁諾便曾氣沖沖地說女士們都「被預期在起居室裡優雅縫紉，得自制地準備好接待來訪者。而當訪客來時，會話通常還要自然而然地轉向剛剛放下的那本一定要仔細挑選過的書」。

盧加德夫人[73]非常渴望在極度保皇黨傾向的家庭中脫軌閱讀，所以總是定期爬到一棵蘋果樹上讀書：「上樹時是一個保皇黨和保守黨，下來是一個熱情的民主人士。」《泰晤士報》為此感嘆。卡萊爾[74]的妻子簡[75]相當喜歡自己在「切爾西聖者」（Sage of Chelsea）機構內閱讀小說所展現的不忠誠：「我覺得自己行為不當。」諷刺的是，她的書信現在可比先生的大部頭書籍擁有更多的讀者。

從某種意義上說，較低的階層比較少受到監視。簡．愛（Jane Eyre）只是一位女教師，但至少她可以躲進她窗簾後的窗臺位置上，而不是被看到在閱讀《福代斯的講道》或聽屋主朗讀。在家務雇員之中始終進行著比我們所知道的要多得多的大量祕密閱讀。伊迪絲．華頓[76]就曾描繪了一間大屋，儘管有著堂皇的圖書館，但除了一位女傭點著違禁蠟燭在床邊就著煢火看書之外，根本沒有任何人在讀書。

「美髮時間」對於那些沒有人大聲朗讀書給她們聽的有錢女士來說，被認為是無聊的折磨時刻，而受益於這樣的時間的，就是僕人了。一七四九年，一位女傭聽著《克拉麗莎》，「淚水竟灑落在她女主人的頭上」，以至於她不得不離開房間去讓自己平靜下來。她的主子也因為如此共鳴而給她一頂頭冠。一七五二年，一位不以為然的紳士進入倫敦的一所房子，發現「那家的女主人在客廳讀小說消磨了好幾小時，而她的女僕仿效主子，也在廚房裡這麼做」。老貝利街（中央刑事法院）的書籍竊盜紀錄幾乎都涉及女傭偷書。一七六一年，倫敦人瑪麗．蓋伊伍德（Mary Gaywood）進去她女僕的房間，發現了二十年來她陸陸續續偷的書，還有——這似乎才是讓她最生氣的——「我的奶油罐」。有些僕人在給圖書館除塵時，會偷藏書，可能是推斷如此一來，可減少書本被人忽略。到十九世紀中葉，比較開明的貴族會提供特殊的僕人圖書室，有那麼多典範巨著在眼前，就算他們會稍微疏忽僕役本分，主人家也都還能認可。

女工讀的書足以使某位牧師在一七一五年抱怨這年頭「連農村的擠奶女工都看得懂《伊利亞德》」。證據顯示除了神職人員外，隨著女工的閱讀蹣跚前行的，還有同事的持續性抵制。習慣利用休息時間閱讀的格拉斯哥「工廠女詩人」艾倫．約翰斯頓[77]便曾激起了無能為力的憤怒加上嫉妒：「我周圍的女孩先是不了解，然後納悶，之後就變嫉妒，並亂傳我的謠言……我深受她們的侮辱所苦。」

與非裔美國奴隸婦女相比，艾倫仍然算是輕鬆的。必須隨著自己故事的浮現，她們本身的閱讀史才得以揭露出來。哈里特．雅各布斯[78]的《奴隸女孩自攥生活中的事件》（*Incidents in the Life of a Slave Girl Written by Herself*，一八六一年）一直一枝獨秀到二〇〇二年，當時漢娜．克拉夫斯[79]的《最近逃離北卡羅納州的逃亡奴隸》（*A Fugitive Slave Lately Escaped from North Carolina*）儘管早在一八五〇年代就已經寫好，卻在那一年才以書本形式首次出版。克拉夫斯是在主子的圖書館中閱讀了《簡．愛》和《羅布．洛伊》（*Rob Roy*）。她對狄更斯《荒涼山莊》（*Bleak House*）的驚人了解，幫忙回溯其著作的敘事。這本書寫得太好了，一開始還被懷疑是廢奴主義者代筆的。根據研究女性閱讀歷史的翹楚貝琳達．傑克[80]的說法，這本書說明了「女奴隸廣泛閱讀並具備洞察力」，另一個動人的證據是一幀早期的照片，但見某個阿拉巴馬州的奴隸女孩正捧書而讀。

幾乎被人遺忘的漢娜．克拉夫斯有六位女性承繼在後，她們於一八九四年共同創立了「奧羅拉讀書會」（Aurora Reading Club），是世上最古老的非洲裔美國婦女讀書俱樂部，最近才舉行了慶祝一百二十年周年的聚會，還特別邀請了《自由之心》（*Twelve Years a Slave*）的作者所羅門．諾薩普[81]的直系後裔作為演講嘉賓。

有兩個令人難以置信的氛圍時刻，喚起了女性想要尋找自己的空間來靜謐閱讀的渴望——正是會溫暖克莉絲汀．德．皮桑的心的那種時刻。

愛蓮娜．巴特勒[82]和莎拉．龐森比[83]在威爾斯的幸福家庭中生活了四十年。她們身著男裝，帶著手槍私奔，兩人不尋常的生活方式吸引了包括從華茲渥斯到威靈頓[84]等仰慕的訪客，但一年中的大部分時間她們都隱居生活。一起閱讀是她們親密關係的核心；她們會在共同擁有的書上簽上名字字首。一七八一年的深秋愛蓮娜寫道：

> 讀盧梭給我的莎莉（譯註：Sally，Sarah的暱稱）聽……雨下了一整夜。關上百葉窗，燃一爐火，再點亮蠟燭，過了絕對遁世、感性和愉悅的一天。

至今你幾乎還可以聽到外面威爾斯的細雨和偶爾翻頁的聲音。

以下是大約一個世紀之後的另一次安靜的突破，發生在一八七四年一列義大利火車上。

從威尼斯到維洛那途中，兩個美國女孩令人震驚地重現藝術長老約翰·拉斯金[85]的原型。她們一進入車廂就拉下百葉窗，躺臥在坐墊上，拿出兩本備受喜愛的書：

她們準備了法國小說、檸檬和糖塊……小說是那種線裝書……頁角嚴密受損……因為女孩得弄濕手指，不時拉開黏住的書頁。

在人類史上真正的歷史性時刻，都是不經意地滑過：互相鍾情的第一眼、受孕的瞬間、您最後一次給某個孩子講故事、致命疾病紮根的時刻。歷史的里程碑和十字路口說的不僅是戰鬥和政權更替，也是這些悄無聲息的勝利。

情緒氾濫：淚眼迷濛和吶喊

對閱讀產生情緒反應的奇異歷史追蹤了我們的心理歷史。人類史上大半時間，故事都是大聲朗讀出來的。直到中世紀之後，沉默的閱讀才開始普及，部分原因是宗教促進了人們與上帝的個人關係。古希臘人和羅馬人身邊經常跟著某個特殊的奴隸，那奴隸唯一的責任就是大聲朗讀。西班牙思想家塞維利亞的伊西多爾[86]強烈推薦靜默閱讀，他說那會讓人記得更多內容。默默閱讀反映出自我意識的興起。就像繪畫發展了透視法一樣，人的雕塑變得不再那麼非寫實而更有個性，人類成了更有自我意識的個體。

印刷的興起大大推進私人閱讀：例如，一五六〇年後的四十年內，坎特貝里擁有書籍的家庭從百分之八上升到了百分之三十四，然後，坎特貝里和十九世紀的蒸汽驅動印刷工業及蒸汽火車連上了線。很快地，這座城市有了四個火車站，所有的乘客都在看書；設立了一所大學，然後又增加了兩所，再加上幾家書店，然後是A．S．拜厄特打破限制（譯註：參見第一章）；坎特貝里在一九九〇年開設了一家連鎖書店，至今售出了價值五千萬英鎊的書籍。

我們都讀了更多的書，但是除非找到真正的安撫之書和適切的閱讀角落，否則我們的感受可能還是不會多過早期的讀者。現代文化既可以帶來多樣化的見解，又可以產生一種類似群體的共識，心理多樣性和生物多樣性一樣值得保護。

過去，讀者自然的情緒反應令人深思。昔日與今天不同，男人幾乎和女人一樣容易受到感動，會公開因書而哭泣。十八世紀的詩人湯瑪斯．格雷回憶說，在劍橋時代，《奧特朗托城堡》（*The Castle of Otranto*）「使大學生哭泣而……甚至害怕上床睡覺的『夜晚』來臨」。一七四九年，科爾切斯特（Colchester）的一對姊妹，是「明智而有教養的女人」，卻在讀了《塞西莉亞》後被發現「哽咽到某天早上」，不得不等到從「眼睛紅、鼻子腫」中恢復過來才能吃午餐。

就連某一本德國小說的第三卷——（她沒有看過前兩卷）——也能喚醒「鬱悶的種子」，安．李斯特一八三〇年時「認為自己已經不再有的情緒」，她卻「大哭良久」。一八二〇年代的一位女士指出了這種失落的情感，記錄說某位朋友讀都沒讀，就把盧梭曾經惡名昭彰的感人《新愛洛伊斯》（*Julie, ou la nouvelle Héloïse*）丟到一旁：「如果她，同樣一個她是活在五十年前，必定會深深陶醉且迷惑不已，並且哭到難以自拔。」

天文學家約翰．赫歇爾爵士[87]記錄了一個他年輕時代在白金漢郡所見過的某位讀者幾乎令人難以置信的反應：一位鄉村鐵匠在某次聚會上朗誦了理查森[88]的《帕梅拉》（*Pamela*）的快樂結局，讓觀眾「大聲喊叫，牽動了教堂的琴鍵，還真的讓教區的鐘聲響起」。

狄更斯寫信給他嫂嫂的信中講到一個男人，參加了他在約克郡的讀書會，並朗讀了作品《董貝父子》（*Dombey and Son*）：

> 在毫不掩飾地哭了很久之後，他用雙手遮住了臉，把書放在他前頭座椅的靠背上，真的感動到全身顫抖。

塞繆爾．理查森的書信小說《克拉麗莎》，講述了一個年輕女子對美德的追求不斷受到家人阻撓，是幾十年來唯一一本最為催淚的書，前文已經說過有位女僕在梳著女主人的頭髮時潸然淚下。有位女士在給理查森的信中提到其影響：「在痛苦中，我會放下這本書，再拿起來，任淚水氾濫，擦乾眼淚，再讀一遍，不到三行，便又拋下那本書，大哭一場。」它在男性讀者中引起同樣的反應。一八五二年「一位年長的蘇格蘭醫生」因哭泣而不舒服到無法參加晚餐。一八五〇年，甚至連知識分子麥考利都「幾乎把眼珠子哭出來」。在帕摩爾街（Pall Mall）的雅典娜神廟俱樂部圖書館（Athenaeum Club library）他曾經遇到過薩克萊，兩人比較了「《克拉麗莎》效應」的註記。麥考利起身，開始走來走去，親自表演印度政府各成員對該書的反應，在演到首席大法官崩潰落淚時，他本人也開始為想起這段記憶而哭了起來。

托爾斯泰在大眾想像中是一位嚴肅的大鬍子神祕主義者，讀普希金[89]時卻像嬰兒一樣淚流不止。即便是莊重的克蘭默大主教[90]也是會被史詩感動得潸然淚下。一八七二年，時任大英博物館館長的喬治·史密斯閱讀《吉爾伽美什史詩》（*The Epic of Gilgamesh*）時深受感動，「開始扯開衣服，開心得大聲歡呼」。

儘管互相推薦書是人性化且溫暖的，但沒有透過任何媒介而自己發現，也可以賦予這本書極大的情感力量：多尼戈爾（Donegal）的挖土工人帕特·麥吉爾（Pat McGill，生於一八九〇年）書只念到十歲，直到一本上頭寫著詩歌的作業簿的某頁從一輛馬車車窗飄落出來之後，才攫住了他的注意力。之後他買了《悲慘世界》，邊讀邊抽泣。

到底是怎麼回事，顫抖喘息的約克郡人、哭泣的挖土工人、哽咽啜泣的首席大法官？

過去，公開展現情感不僅被大家接受，而且缺乏情感還會被認為是奇怪的。在歷史大部分時間裡，人們都知道只有狼人和吸血鬼不會哭泣，在情境喜劇《六人行》中，喬伊聽到錢德勒說他不哭，甚至看《小鹿斑比》（*Bambi*）也不會哭時，他說出的臺詞大家都會支持：「你根本是心如死灰了，兄弟！」

回溯到久久的過往，我發現無論是喜悅或悲傷的眼淚，對讀者來說從來都不是個問題。他們甚至會被第一部史詩所觸動：奧德賽回想起特洛伊淪陷時流下的眼淚，觸發荷馬開始說故事。在古典時期之後，聖經故事引發更多的反應是使人落淚，成為應許的象徵，許多雕像都流露出真實而神奇的眼淚。「來到巴比倫河邊，我們坐下來哭泣」[91]是許多改編歌曲引發共鳴的一句。

縱觀歷史，哭泣在整個十八世紀對感性的狂熱是獲得人們認可的。試想一下當時的整體氣氛：這是兩位重量級知識分子埃德蒙．伯克[92]和查爾斯．詹姆斯．福克斯[93]一起在下議院的席位上同時公開哭泣的時期；歌德和盧梭讓表達個人情感成為一種思想革命。而在英國，廣受歡迎的小說《感情的男人》講述的是一個人四處尋找並憐憫被壓迫的少數民族。法國大革命點燃的希望，在工業化時代隱約可見，浪漫主義運動推波助瀾，十九世紀的小說將我們的情感帶到了前所未有、難以想像的高度和深度。

閱讀有助於發展一種複雜的自我意識，但是隨著十九世紀的發展，情感的表現卻越來越難以接受。君主制度使我們的美德回到斯巴達式的想像，「堅忍卓絕」成了昂貴公學教育的一部分，並被武裝化：惠靈頓認為「在伊頓（Eton）公學運動場上贏得了滑鐵盧之戰」。維多利亞時代中期，嘲諷《感情的男人》的諷刺文學開始發表。而在一九五八年末，當安娜．尼格爾[94]在電視上忍不住淚流滿面時，媒體嚴厲責難這一集的《這是您的生活》（*This Is Your Life*），彷彿播出的是不折不扣的色情片似的。維多利亞時代晚期的堅忍卓絕一路統御到圓頂硬禮帽時代的盡頭。

令人驚訝的是，雖然哭泣現在已經成為真人實境秀電視節目的氾濫效果，儘管如今有電影讓我們哭泣，但如果我們找到安撫之書，並蜷縮在正確的角落，就像簡．愛在她窗臺座位上那樣，書本仍然可以打動我們。

相較於書籍的審查和匱乏，新的挑戰反而是要如何找到一本舒適的書，在我的書店裡，顧客經常談論這個話題——書太多了。這是遠在十七世紀，當湯瑪斯．布朗爵士[95]幻想要燒毀一座圖書館時就有的抱怨。約翰．拉斯金深感被書本淹沒，說在因此而造成的「沼澤」中，我們必須找到「上面有泉水和湖泊的小石島」。古騰堡發明活字印刷術後的頭五十年裡，就製造了比之前數千年更多的書籍。僅在英國，造紙產量就從一七一五年的兩千五百噸增加到一八五一年的七萬五千噸。

除了數量更多的書籍外，有話語權的評論家還隨時準備鄙視我們的閱讀習慣。在維多利亞時代，政治人物亨利．布勞姆[96]嘲笑「蒸汽智力社會」，哲學家弗雷德里克．哈里森[97]辱罵「雜亂無趣的垃圾讀物」，而保皇黨的《關鍵評論》（*Critical Review*）則指責書商是「文學上的那些皮條客」，書賣給「無法區分好壞之書的人。女性讀者的胃口尤其貪婪，而且在選擇讀物方面還不算精緻」。那些不辨菽麥的婦女糟糕透頂。

官方對「好文學」的分類仍然可以讓書店顧客對他們購買的書類感到羞愧。我想提醒他們，官方的分類標準是多麼善變無常——數百年來，小說均被視為次要的，狄更斯的東西更一度被視為垃圾，詹姆斯．龐德最終被收進「企鵝出版社現代經典」（Penguin Modern Classics）。有人想知道廣受歡迎，卻又嚴重遭到忽視的喬潔特．黑爾[98]是怎麼回事嗎？

對於社會上任何性別或階層的書迷來說，要獲得閱讀自由、達到探索自我的目的，一直都是漫長的努力。我們置身於什麼樣的建築：這樣的房間、閣樓和祕密通道只有我們自己大略知道。從我們最喜歡的閱讀場所的安全感，從手中這本書開始，可以發掘的東西可還多得很呢。

譯註

1 **George Smith**，一八四〇～一八七六年。英國亞述學的先驅者，最早發現並翻譯了最古老文學著作之一：《吉爾伽美什史詩》。

2 **James Lackington**，一七四六～一八一五年。英國書商，為鞋匠之子，十歲起就在街上賣餡餅和蛋糕，自學讀書，後以革新英國圖書貿易而聞名。

3 全名為**Hugh Miller**，一八〇二～一八五六年。蘇格蘭自學成才的地質學家和作家。

4 全名為**Friedrich Engels**，一八二〇～一八九五年。德國哲學家，馬克思主義的創始人之一。

5 **Queen Anne**，一六六五～一七一四年。一七〇二年三月八日起成為英格蘭、蘇格蘭和愛爾蘭女王。一七〇七年三月一日，英格蘭和蘇格蘭兩個王國合併為大不列顛王國，她以「大不列顛及愛爾蘭女王」的名義繼續統治，直至逝世。

6 **Fortnum and Mason**，簡稱「**Fortnum's**」，是英國倫敦皮卡迪利街著名食品商店和百貨公司，銷售高級食品和其他奢侈品。倫敦本店創立於一七〇七年，原址至今未變。

7 **Mechanics' Institute**，教育機構。最初是為了提供在職人員成人教育，特別是技術學科而設立，為工人階級提供了在酒吧賭博和飲酒以外的另一種消遣方式。

8 **Charles Rollins**，一六六一～一七四一年。法國歷史學家和教育家。

9 全名為**Titus Flavius Josephus**，三七～一〇〇年。一世紀著名的猶太歷史學家、軍官及辯論家。

10 **Robin Hood**，英國民間傳說中的俠盜。是一位劫富濟貧、行俠仗義的綠林英雄。傳說他住在諾丁罕雪伍德森林。

11 全名為**Harriet Elizabeth Beecher Stowe**，一八一一～一八九六年。美國作家及廢奴主義者。一生以寫作為生，發表了多部作品。其中最著名的作品《湯姆叔叔的小屋》甚至成為美國南北戰爭的導火線之一。

12 全名為**Nelle Harper Lee**，一九二六～二〇一六年。生於美國阿拉巴馬州門羅維爾，作家，其作品小說《梅岡城故事》於一九六〇年獲普立茲獎。二〇〇七年。李獲頒美國總統自由勳章以表揚在文學上的卓越成就。

13 全名為Elizabeth Horne Bain Bryson née Macdonald，一八八〇～約一九六九年。英國醫師及廣播員，也是旨在促進基督徒對兒童教育的「母親聯盟」重要成員之一。

14 全名為James Lennox Kerr，一八九九～一九六三年。蘇格蘭社會主義作家。以彼得．道利許為筆名撰寫的兒童故事而著稱。

15 Sappho，約西元前六三〇～五七〇年左右，古希臘抒情女詩人，一生寫過不少情詩、婚歌、頌神詩、銘辭等。著有詩集九卷，大部分已散軼，現僅存一首完篇、三首幾近完篇的詩作以及若干殘篇。

16 全名稱謂為Alfred Tennyson, 1st Baron Tennyson，一八〇九～一八九二年。華茲華斯之後的英國桂冠詩人。

17 全名為Oliver Goldsmith，一七二八～一七七四年。愛爾蘭詩人、作家與醫生。

18 全名為Alexander Pope，一六八八～一七四四年。十八世紀英國最偉大的詩人。

19 全名為Robert Burton，一五七七～一六四〇年。英國作家及牛津大學的研究員。

20 全名為Queenie Dorothy Leavis，一九〇六～一九八一年。英國文學評論家和散文家。

21 Svengali，是喬治．杜穆里埃一八九四年創作的小說《特里比》中的人物，象徵一個引誘、主掌和利用愛爾蘭少女特里比，使她成為著名的歌手。

22 全名為Simon Robert Armitage，一九六三年～。英國詩人、劇作家和小說家，於二〇一九年被授予桂冠詩人稱號，還是里茲大學的詩歌教授。

23 全名稱謂為Thomas Babington Macaulay, 1st Baron Macaulay，一八〇〇～一八五九年。第一代麥考利男爵。是英國詩人、歷史學家及輝格黨政治家，曾擔任軍務大臣和財政部主計長。

24 全名為Francesco Giuccardini，一四八三～一五四〇年。義大利歷史學家、政治家。馬基雅維利的友人和批評者。著有《義大利史》。

25 Leah Price，一九七〇年～。美國文學評論家，專長在於研究英國小說和「本書歷史」。現為羅格斯大學英語系的教授，之前則是哈佛大學有史以來最年輕的助理教授。

26 全名為**Gwendolen Mary John**，一八七六～一九三九年。威爾斯藝術家，其職業生涯大部分時間都在法國工作。畫作主要是匿名女保姆的肖像，以各種密切相關的色調呈現。

27 英文為**Joseph**，西元前九〇～三年。是《新約聖經》記載中耶穌的養父，聖母瑪利亞的丈夫，為大衛家族後裔。

28 全名稱謂為**Sancta Melania Maior**，三五〇～四一〇年。沙漠之母，對於君士坦丁大帝將基督教列為羅馬帝國合法宗教之後所興起的基督教禁慾運動，深具影響力。

29 **Hilda of Whitby**，六一四～六八〇年。盎格魯－撒克遜英格蘭基督教化的重要人物，曾在多家修道院擔任女修道院院長，因其睿智受到認可，國王甚至向她求教。為基督教聖人，也是惠特比修道院的創始人。

30 全名稱謂為**Fatimabint Muhammad Al-Fihriya Al-Qurashiya**，生卒年約為八〇〇～八八〇年。阿拉伯婦女，西元八五九年在摩洛哥非斯創立了阿爾－卡拉維因清真寺。

31 全名為**Khadijahbint Khuwaylid**，五五五～六一九年。穆罕默德第一位妻子，出生於古來部落阿布杜·烏札家族。其前夫為富商。在穆罕默德獲得真主啟示宣傳伊斯蘭教後，赫蒂徹成為第一位信仰者，故而被稱為「信士之母」。其所生女兒法蒂瑪為阿里之妻。

32 **Aisha**，六一四～六七八年。穆罕默德第三任妻子，亦被稱為「信士之母」。

33 **Christine de Pizan**，一三九七～一四三〇年。文藝復興時期歐洲威尼斯詩人，在文藝復興前的法國，維護婦女的事業，倡導年輕女孩接受平等教育的機會。

34 即法王查理五世。

35 **Philip the Bold**，法語為**PhilippeII'Hardi**，一三四二～一四〇四年。是瓦盧瓦勃艮第王朝的第一位勃艮第公爵，一三六三～一四〇四年在位。

36 **John the Fearless**，法語為**Jean sans Peur**，一三七一～一四一九年。勃艮第公爵。是法蘭德斯菲利普二世公爵的兒子。

37 Romance of the Rose，為十三世紀法國一部長篇敘事詩，長兩萬一千七百八十行，法國現存上百種手抄本，並常配有插圖。

38《The Book of the City of Ladies》，被譽為「文藝復興時期為女性的權利與地位勇敢吶喊的第一力作」，也是「代表女性性文學文本性質的開篇之作」。

39 Amazones，古希臘神話中一個由全部皆為女戰士構成的民族，占據著小亞細亞、佛里幾亞、色雷斯和敘利亞的許多地方。

40 Queen Isabeau，法語為Isabeaude Bavière，一三七一～一四三五年。比較普遍被稱巴伐利亞的伊莎柏，是維特爾斯巴赫王朝的公主，一三八五～一四二二年為法國國王查理六世的王后。查理七世的母親。

41 Charles the Mad，即查理六世，一三六八～一四二二年。亦有一稱為可愛的查理。是瓦盧瓦王朝第四位國王，一三八〇～一四二二年在位。由於他的精神疾病，讓法國再次陷入一片混亂，貴族之間衝突不斷，國內還發生反抗重稅的暴動。此時英格蘭國王亨利五世趁機於一四一五年重啟百年戰爭。

42 Andrew Lang，一八四四～一九一二年。蘇格蘭著名詩人、小說作家及文學評論家。對人類學亦有所貢獻，最為人熟知的是他收集民間故事及童話。

43 Agincourt，這邊指的應該是阿金庫爾戰役，發生於一四一五年十月二十五日，是英法百年戰爭中著名的以少勝多的戰役，為隨後在一四一九年收服了整個諾曼第奠定了基礎。

44 全名稱謂為John of Lancaster,1st Duke of Bedford，一三八九～一四三五年。英格蘭軍人和政治家，百年戰爭中英軍司令。亨利四世三子的他在一四一四年受封為第一任的貝德福德公爵。當兄長亨利五世在法國作戰時，三次代理朝政，並在亨利死後，成為幼王亨利六世的攝政王。

45 全名稱謂為Jacquetta of Luxembourg，一四一五／六～一四七二年。盧森堡皮埃爾一世的長女。英國玫瑰戰爭時期人物。先嫁亨利五世的弟弟法國攝政貝德福德公爵約翰為第二任妻子。約翰死後，再祕密嫁給公爵的管家理查．伍德維爾。

46 Edward IV，一四四二～一四八三年。英格蘭國王，一四六一～一四八三年在位。是玫瑰戰爭中約克家族的主要領導者。

47 Louisde Bruges，一四二二～一四九二年。法蘭德斯教廷的侍臣、藏書家、軍人和貴族。一四七二年，被英格蘭國王愛德華四世授予溫徹斯特伯爵頭銜。

48 Henry Cavendish，一六三〇～一六九一年。為泰恩河畔新堡第二任公爵。

49 全名稱謂為Prince Charles Prince Charles, The Prince of Wales，一九四八年～。現任英國王儲及威爾斯親王。

50 全名稱謂為Camilla, Duchess of Cornwall，一九四七年～。是英國王儲查爾斯王子在二〇〇五年以公證結婚方式所迎娶的第二任妻子，為免於和查爾斯王子第一任妻子頭銜混淆，不使用威爾斯王妃的頭銜，乃採用康瓦爾公爵夫人稱號。

51 全名稱謂為Henrietta Harley, Countess of Oxford and Countess Mortimer，一六九四～一七五五年。英國貴族，通過繼承將諾丁漢郡的維爾貝克修道院和劍橋郡的溫布爾霍爾帶給了牛津夫家。

52 Lady Mary Wortley Montagu，一六八九～一七六二年。英國貴族、作家和詩人。

53 Lucy Worsley，一九七三年～。英國歷史學家、作家、策展人和電視節目主持人。

54 Bluestockings，由伊麗莎白・蒙塔古及伊麗莎白・維西等人於一七五〇年代初創立，是一個文學討論小組，與傳統的非知識分子的女性活動相去甚遠。

55 Portland Vase，製作於西元一世紀左右的一支古羅馬寶石玻璃花瓶，一六〇〇／〇一間於羅馬發現，一八一〇年至今由大英博物館收藏即展出。其製作工藝對十八世紀的英國陶瓷製作者有所啟發。

56 真實名字Frances Burney，通稱Fanny Burney，一七五二～一八四〇年。婚後名為達布雷夫人，是英國諷刺小說家、書簡作家與劇作家。

57 全名為Philip Larkin，一九二二～一九八五年。二十世紀後半葉英國著名詩人、小說家和爵士樂評論家。

58 King Francis，即法蘭索瓦二世（François II），一五四四～一五六〇年。法國瓦盧瓦王朝國王，一五五九～

一五六〇年在位。

59 Marguerite de Navarre，一四九二～一五四九年。文藝復興時期歐洲法國貴族之一，為著名作家與文人的保護者。醉心於文化沙龍事業，同時亦為藝術家與作家大力提供贊助。在當時的法國以及歐洲均產生了極為重大的影響力。

60 Sorbonne，是法國大學的代稱。巴黎大學是世界上歷史最悠久的大學之一；二〇一九年巴黎第五大學和第七大學則合併為巴黎大學，繼承巴黎的名稱。

61 Elizabeth I，一五三三～一六〇三年。一五五八～一六〇三年任英格蘭和愛爾蘭女王，是都鐸王朝的第五位，也是最後一位君主。終生未婚，因此有「童貞女王」之稱，亦稱「榮光女王」和「賢明女王」。

62 Lady Anne Clifford，一五九〇～一六七六年。一六〇五年。通過令狀繼承了父親代貴族頭銜。

63 John Donne，一五七二～一六三一年。英國詹姆斯一世時期的玄學派詩人，作品包括十四行詩、愛情詩、宗教詩、拉丁譯本、雋語、輓歌、歌詞等。

64 全名為Katherine Brandon，通稱Duchess of Suffolk，一五一九～一五八〇年。英國貴婦，歷亨利八世、愛德華六世和伊莉莎白一世女王，都住在宮廷中。

65 全名為Anne Harris，後來被通稱為Lady Anne Southwell，一五七四～一六三六年。英國詩人。通俗書涵蓋各種作品，包括政治詩、十四行詩，偶爾的詩句和給朋友的信。

66 Edmund Spenser，一五五二～一五九九年。英國桂冠詩人。在英國文學史上，以向英女王伊莉莎白一世致敬的《仙后》占一席位，但在政治上卻因為往愛爾蘭殖民並摧毀其文化而惡名昭彰。

67 全名為Richard Brinsley Sheridan，一七五一～一八一六年。愛爾蘭作家。後來因積極參與政治活動，而放棄了戲劇創作的生活。創作中以《情敵》和《造謠學校》占有最重要的地位。

68 Hester Chapone，一七二七～一八〇一年。英國女性行為手冊作家。

69 Jane Collier，一七一四～一七五五年。英國小說家。

70 Alexander Hamilton，一七五五／五七年～一八〇四年。美國軍人、開國元勛、經濟學家、政治哲學家及美國憲法起草人之一、第一任美國財政部長。他是美國憲法重要的解釋者和推動者，也是國家金融體系、聯邦黨、美國海岸防衛隊和《紐約郵報》的創始人。

71 全名稱謂為Henry Home, Lord Kames，一六九六～一七八二年。蘇格蘭的法官、哲學家、作家、農業改良者，蘇格蘭啟蒙運動的主要人物。

72 Anne Brontë，一八二〇～一八四九年。英國小說家和詩人，是英國文學史上著名的勃朗特三姊妹之一。

73 全名稱謂為Dame Flora Louise Shaw，一般稱為Lady Lugard，一八五二～一九二九年。英國記者和作家。因創造了「奈及利亞」這個名詞而聞名。

74 全名為Thomas Carlyle，一七九五～一八八一年。蘇格蘭評論、諷刺作家及歷史學家。作品在維多利亞時代甚具影響力。

75 全名為Jane Welsh Carlyle，一八〇一～一八六六年。蘇格蘭作家。有生之年沒有發表任何作品，但大眾廣泛認為她是一位傑出的作家。

76 Edith Wharton，一八六二～一九三七年。美國女作家，作品有《高尚的嗜好》、《純真年代》、《四月裡的陣雨》、《馬恩河》、《戰地英雄》等書。

77 Ellen Johnston，一八三〇／三五～一八七四年。被稱為「工廠女孩」，是蘇格蘭織機織布工和詩人。她因自傳和後來對工人階級詩歌的重新評價而聞名。

78 Harriet Jacobs，一八一三～一八九七年。非洲裔美國人作家，其自傳《奴隸女孩生活中的事件》於一八六一年以化名琳達．布倫特出版，現已被視為美國經典之作。

79 本名Hannah Bond，Hannah Crafts為其筆名，約出生於一八三〇年代，卒年不詳，美國作家。一八五七年左右從北卡羅萊納州的奴隸制中逃脫，前往北方，定居在新澤西，可能與托馬斯．文森特結婚，並成為一名教師。

80 Belinda Jack，生年未公開，當代人，曾任牛津大學基督教堂法國文學和語言的研究員和導師、修辭學教授等等，也是一位作家。

81 **Solomon Northup**，美國黑人，一八〇八～一八六四／七五年。一八四一年，他在華盛頓被綁架，成為奴隸。著有自傳《自由之心》，二〇一三年這部自傳被改編為電影《自由之心》。

82 全名為**Eleanor Charlotte Butler**，一七三九～一八二九年。家族所在地是基爾肯尼城堡。但她在法國的一家修道院接受教育，所以慣說法語。

83 **Sarah Ponsonby**，一七五五～一八三一年。與愛蓮娜同為愛爾蘭上流社會的女性，兩家距離二十五公里左右，於一七六八年相識，夢想一起過著非常規的生活，而在十八世紀末和十九世紀初，其關係使同時代的人深深感到震驚和迷戀。

84 全名稱謂為**Arthur Wellesley，1st Duke of Wellington**，一七六九～一八五二年。英國軍事家、政治家及貴族，是歷代威靈頓公爵之始祖，所以日常提及「威靈頓公爵」時，一般都是指他。

85 **John Ruskin**，一八一九～一九〇〇年。英國維多利亞時代主要的藝術評論家之一，也是英國藝術與工藝美術運動的發起人之一，同時為藝術贊助家、製圖師、水彩畫家和傑出的社會思想家及慈善家。

86 全名稱謂為**San Isidoro de Sevilla**，約五六〇～六三六年。西班牙六世紀末至七世紀初的教會聖人及神學家。

87 全名稱謂為**Sir John Frederick William Herschel, 1st Baronet**，一七九二～一八七一年。出生於英國白金漢郡的斯勞，英國天文學家、數學家、化學家及攝影師。

88 全名為**Samuel Richardson**，一七八九～一七六一年。英國作家及印刷商。

89 全名為**Aleksandr Sergeyevich Pushkin**，一七九九～一八三七年。俄國詩人、劇作家、小說家、文學批評家、理論家、歷史學家及政論家。既是俄國浪漫主義的傑出代表，也是俄國現實主義文學的奠基人，經常被尊稱為「俄國詩歌的太陽」、「俄國文學之父」，和現代標準俄語的創始人。

90 全名為**Thomas Cranmer**，一四八九～一五五六年。第六十九任坎特貝里大主教，是末任天主教坎特貝里總教區總主教暨首任英格蘭聖公會的主教長。

91 典出《聖經》〈詩篇〉第一三七篇。

92 Edmund Burke，一七二九～一七九七年。愛爾蘭裔的英國的政治家、作家、演說家、政治理論家和哲學家。

93 Charles James Fox，一七四九～一八〇六年。英國輝格黨資深政治家，自十八世紀後期至十九世紀初年任下議院議員長達三十八年之久，是皮特擔任首相期間的主要對手。

94 Dame Florence Marjorie Wilcox，一九〇四～一九八六年。藝名為AnnaNeagle，英國的舞臺和電影演員、歌手和舞蹈家。她曾在英國電影界成功票房二十年，並於一九四九年被選為英國最受歡迎的影星。

95 Sir Thomas Browne，一六〇五～一六八二年。英格蘭王國的博學家及作家，巴洛克時期英語散文最偉大的大師之一。

96 Henry Peter Brougham，一七七八～一八六八年。第一任布勞姆勳爵。英國政治家，後成為上議院總理，並發揮了重要作用，通過了一八三二年的《改革法》和一八三三年《廢奴法案》。

97 Frederic Harrison，一八三一～一九二三年。英國的法學家和歷史學家。

98 Georgette Heyer，一九〇二～一九七四年。英國歷史羅曼史與推理小說作家。

144 THE BOY'S STANDARD.
Published Weekly. NOW READY. Price One Penny.
NOS. 1 AND 2 (TWENTY-FOUR PAGES), SPLENDIDLY ILLUSTRATED, IN HANDSOME WRAPPER.
SPRING HEELED JACK.
THE TERROR OF LONDON
The History of this Remarkable Being has been specially compiled, for this work only, by one of the Best Authors of the day, and our readers will find that he has undoubtedly succeeded in producing a Wonderful and Sensational Story, every page of which is replete with details of absorbing and thrilling interest.

圖3

第三章

廉價書的奇妙情感力

諾爾・寇威爾[1]曾觀察到「廉價音樂的感染力實在令人驚嘆」，其實書籍也是一樣：消遣性閱讀也有股神奇的魔力。我們很多人會對某些羞於啟齒的東西私下樂在其中。為什麼每年只能放鬆一次，縱情於「海灘休閒讀物」？或許我們花太多時間在閱讀我們「應該」讀的書籍上了。在三十年販書生涯中，我看過太多這種事：人們在購買安撫之書時會感到羞愧，而在布克獎[2]入圍書單中挑揀時則一臉沮喪，世間有種透過緩慢的集體歇斯底里過程才能取得一致看法、對最新風潮表示肯定的風氣，而其實，歷史上充斥著休・沃波爾[3]之流人物：一度受到高度評價，如今乏人問津。A・N・威爾遜[4]告訴我，有次他和艾莉絲・梅鐸[5]走在倫敦街上，艾莉絲指給他看掛在某間屋子上的「藍色牌匾」[6]，紀念當年一個名叫埃琳娜・費蘭特[7]的作家，如今那人已完全被遺忘，只剩下藍色匾額委員會毫無意義的表彰。不過我們仍然對布克獎入圍書單有種惟恐錯失的心理。人們很難坦誠以對，喜歡真心喜愛的東西。

歷久不衰的作家有一個人格特質，他們對素材有挑精揀肥的能力，能把握故事的本質：反映人性殊異之處。這就是為何童話和神話故事能夠不時闖入主流文化的原因，宛如人身牛頭怪物闖進一間高雅的餐廳。比如在我撰寫這篇文章的同時，瑪德琳・米勒[8]的《瑟茜》（*Circe*），史蒂芬・佛萊[9]的《神話》（*Mythos*），尼爾・蓋曼的《北歐神話》（*Norse Mythology*），以及漫威電影旋風，都逐漸成為主流。對於漫威所形成的旋風，有標題直呼「我們現在都成了怪咖」；不，事實上，我們一直就是怪咖，夢想著森林、半人半獸的動物、無形的存在、難以歸類的洛基[10]，以及混亂的家庭；現存高深的小說似乎還不夠多，無法滿足我們的集體潛意識。古代的故事經過幾個世紀的口傳雕塑與揉捏，服務我們龐大的心理需求，也因此好比《灰姑娘》便有三百九十五種版本。

當若干偉大作家，諸如石黑一雄和大衛．米切爾突然開始撰寫異想世界的故事，他們的出版商均感到不解，唯恐一旦和「科幻幻想」掛勾，便可能降格為廉價的夏多內白酒。然而安潔拉．卡特[11]和J．K．羅琳則不惜打破先例，自在地從神話和童話故事中取材。廣受敬重的小說家A．S．拜厄特很開心地改編《格林童話》(*Grimm's Fairy Tales*)，並追述：「小時候，我從來沒有真正喜歡過小孩間的真實故事——吵架、做菜、露營等。我喜歡的是魔法，不真實的，比真實更豐富。」她承認：「當我們仔細想想，其實很怪，從古到今，社會各階層的人都需要這種不真實的故事。」她觀察，這種故事依舊在網路上到處飆升。由於大多數成熟的書商都不太會照顧讀者對幻想類書籍的需求——這年頭，我們都佯裝成一個霍布斯主義[12]的理性主義者——我們的需要也只能靠著網路點擊來滿足。佛洛伊德會將此舉解釋為成就願望的幻想，榮格則會說，進入所有這些童話中的森林，只是集體潛意識的自然牽引，讓我們得以挺過尼采所謂的「生存之恐怖」。

所以為什麼要區分「小說類」和廉價書故事呢？早在一九二九年，俄國哲學家米哈伊爾．巴赫金[13]便認為，有謂小說「開始於」笛福[14]根本是胡說八道：小說早在「傳統文學歷史」之前便已經存在了。他指出，早期小說家，比如塞凡提斯和斯特恩[15]，作品都在戲謔性地模仿「比較低級」的文學型態：玩弄廉價書中的童話故事。他認為，「小說」(novel)只是一個名稱；而他所謂的「新意」（noveless）（也許在俄文裡聽起來格外帥氣）則是永恆的。他引用一個酷似奇科．馬克思[16]（連帽子也像）的巴斯克（Basque）哲學家米蓋爾．德．烏納穆諾[17]的話：「任何首創某一概念（『小說』）的人都是從現實掙脫的人。」巴赫金以其典型的大膽作風表示，蘇格拉底是頭一個知名的「小說家」或「新意」的實踐者，因為他主張「了解自己」的信念。因此，挨家挨戶兜售廉價書的人，就某一程度而言，同時在販售小說和心理治療。

有時，文學往前躍進，是因為有新的作者熱切擁抱歷久不衰的故事。比如狄蘭．湯瑪斯[18]喜愛閱讀西部故事；約翰．貝傑曼[19]是電視肥皂劇的忠實劇迷；安伯托．艾可特別喜歡《蜘蛛人》系列電影。赫茲利特曾令文學世界大吃一驚，因為他竟然寫了一篇有關拳擊的論文。喬叟令人著迷的，便是使用街頭語言營造的低級趣味。莎士比亞的街頭俚語更是維多利亞時代人的日常。在所有歷史歷程中，假道學和文化精英主義者均藉著上帝或良好品味的名義，試圖去除果酒內的果香。他們一再嘗試，一再失敗：歐威爾很了解這一點，無論較有教養的階級如何道貌岸然地嘲弄腥羶色，將之禁絕於晚宴話題之外，私底下卻都樂在其中。

他們提醒我們英國文明是多麼緊密地糾結在一起，以及多麼像是一家人，不過依舊抱持著過時的階級意識。如果你審視自己的內心，你是誰？唐吉訶德還是桑丘．潘薩[20]？幾乎可以肯定的，你兩者都是。你非正式的一面……剝除良善的儀態……如果說那不是你的一部分，就是純粹的謊言。（《評論集》〔*Essays*〕〈唐納德．麥吉爾的藝術〉〔*The Art of*

Donald McGill〕篇，二〇〇〇年）

從大約一五五〇年起的三百餘年間，直到十九世紀後期，無論貧富，幾百萬歐洲人都喜歡一種今日大都已經被銷毀的腥羶色書籍：廉價書。這種輕薄價廉的書籍，通常都附有插畫。廉價書是遍及全歐洲的現象：在法國稱為藍皮書，德國稱為民間書，西班牙和葡萄牙則稱之線裝紙。馬克·愛德華（Mark Edwards）研究一五二〇年代的德國，發現當地是「一個充斥六百萬『民間書』的市場」，並指出這種用完即丟作品的本質，是經過多人閱讀後，便在廚房或廁所再利用。我們很多人都隱約記得英國廉價書廣告詞：「一便士平板，兩便士彩色。」那些廉價書沒有書皮，使用最便宜的紙張，通常在淪為餡餅包裝紙或更糟糕的過程後，便回歸大自然。十七世紀時，約翰·德萊頓[21]形容倫敦充斥廉價書，那些書註定成為「餡餅的烈士、屁股的遺跡」。遲至一九二〇年代，迪恩森林礦工女兒唯一的讀物，便是廁所內破破爛爛的書。廉價書幾近絕跡的另一個理由，是這些書本飽受品味裁決者（主要是男性）的嘲弄或忽略，因此圖書管理員看不出有收藏的理由。

這些廉價書都在講述鬼故事、犯罪故事、騎士的追夢、睡著的公主、不幸的情侶、不端的行為，以及奇蹟和奇事等。正如今日的社交媒體，他們也許沒有道德、反對宗教信仰、煽動群眾，但他們不只是沒有教養而已：他們之間傳遞著世界新聞、盜版詩文、刪減版小說、失落的鄉野傳奇和很多有用的訊息。

各階層的人都會看廉價書，皮普斯收集了兩百一十五本廉價書。塞繆．詹森（譯註：即塞繆爾．詹森簡稱）六十三歲時，依然隨身攜帶一本《帕默林》（*Palmerin*）作為安撫之書。至於博斯韋爾，則視一間廉價書印刷廠猶如聖壇——位於倫敦齊普賽街（Cheapside）教堂弓地（Bow Churchyard）的迪西印刷廠（Dicey's）——心情不好便再度走訪。在印刷廠裡，他被淹沒在「一種尋找自我的浪漫情懷中，那裡有我昔日的最愛……《傑克與巨人》（*Jack and the Giant*）……《哥譚七智者》（*The Seven Wise Men of Gotham*）」，童年的魔法如洪水般湧入他心田，正如我們所有人在不期然間的感觸——那時，我們的想像力是真實的，我們所幻想的自我藏身在我們日常之後。博斯韋爾離開時，買了二十幾本廉價書。

即使哲學家埃德蒙．伯克也在下議院中半嚴肅地承認，他最喜歡的研究是「《帕默林》和《唐貝利安尼》（*Don Bellianis*）的古老騎士故事」。威廉．莫里斯[22]也並未完全放棄「閱讀一便士一本的書中那些天真粗俗的鬼故事」的樂趣。在諾福克區（Norfolk）名譽部長（High Sheriff）的住家，尼古拉斯．勒．斯特蘭奇爵士[23]還記得「一名貴婦女經常利用這種書增加情趣；上帝愛我，我也同樣愛賣書小販」。

至於比較貧困的人們，比如約翰．班揚[24]懺悔自己喜歡廉價書更甚於聖經是「有罪」的；詩人約翰．克萊爾[25]，身居卑微的鄉村住家，「非常喜歡街上叫賣一本一便士的那種迷信故事」。他節省每一便士去買書，認為「這些書在農民記憶中就和聖經一樣普遍」。他最喜歡的是《七睡仙》（*the Seven Sleepers*）、《國王與鞋匠》（*The King and the Cobbler*）、《傑克與魔豆》和《羅賓漢》。《羅賓漢》出現在大多數小販的存貨中，吸引人之處在於森林的原始魅力，以及大多數人對中央政府的疏離感（有些人或許至今依舊有這種感覺）。

維多利亞時代的倫敦東區佬沃特・蘇斯蓋特（Walter Southgate）最喜愛描述迪克・特平[26]和水牛比爾[27]故事的廉價書，但也記得那些書「被我幾個老師沒收了，他們都是中產階級背景的人士」。蘇斯蓋特是具有先見的後現代主義者，他反思，這些故事和笛福、史考特和狄更斯作品的屬性是相似的。另一個東區佬喬治・艾孔（George Acorn）「博覽群書，從『一便士血腥小說』到喬治・艾略特[28]」，對他們的寫作型態抱持同樣欣賞的態度。他能言善辯地指出《金銀島》（今日已視為古典小說）是「一般常見的一便士血腥小說版的海盜故事，加上一道偉大的光環而已」。廉價書不乏成就偉大作品的鳳毛麟角，是古典文學吸取太多便足以成癮的入門毒品。

除了腥羶色的故事外，廉價書經常是「偉大」小說的濃縮版。在《魯濱遜漂流記》出版後一個月內，《摩爾・弗蘭德斯》（*Moll Flanders*）或《格列佛遊記》便正式出版，坊間也販售許多盜版或濃縮的版本。十八世紀殘存的《魯濱遜漂流記》中，高達百分之七十五均是廉價書的濃縮版本，「迫使我們不得不質疑，」歷史學家艾比蓋兒・威廉斯（Abigail Williams）說：「笛福那時代『真正的』魯濱遜內容究竟為何。」這個觀點適用於所有古典作品。威廉斯還指出：「許多證據指出紳士階層的人也會閱讀廉價書，因此在出版文化中，一般人和精英分子之間的區隔是不可能成立的。」事實上，古典作品的廉價書版本對社會各階層的吸引力，不啻暗示對這些小說如何深植當代人的心智，文學批評家的研究是有嚴重瑕疵的。

對廉價書最完整的研究，乃一八八二年約翰．艾希頓（John Ashton）的著作，長達五百頁，雖然已經絕版，但光是書名就有有豐富的原始資料：

《森林中的巫婆》（*The Witch of the Woods*）

《浮士德博士的神奇歷史》（*Strange History of Dr Faustus*）

《夢與鼴鼠》（*Dreams and Moles*）

《情人的爭執》（*The Lovers' Quarrel*）

《約翰．曼德維爾的旅行》（*The Travels of John Mandeville*）

《盲人與死神的對話》（*A Dialogue between the Blind and Death*）

廉價書大部分都沒有編目，迄今仍出現在各地；這些書絕不是以倫敦為中心。沒有出版商的遙遠城鎮，比如牛頓斯圖爾特（Newton Stewart）或赫克瑟姆（Hexham）都有廉價書出版者利用磨損改造的鉛字，在密室中印行，由兒童從事手工著色。直到最近才有流行文化的歷史學家著手研究，只是舉步維艱。比如在蘇格蘭，據稱有將近二萬筆廉價書書目，但愛丁堡國家圖書館（Edinburgh's National Library）只勉強蒐集了四千本。有謂蘇格蘭最不朽的作家羅伯特．路易斯．史蒂文森是在廉價書書堆中長大的，那些滋養他童年的書籍，就如同今日不時遭到蔑視與嘲諷的圖像小說、日本漫畫，或伊妮德・布萊頓[29]的作品（「去讀一本像樣的書，乖孩子！」）。甚至史蒂文森自己也寫廉價書，以對那類書籍表示敬意。狄更斯在童年時期都閱讀「一便士恐怖故事」，然後「把自己嚇得半死」。他最後一本未完成的作品《艾德溫・德魯德之謎》（*The Mystery of Edwin Drood*）儼然又回到他幼年所閱讀的恐怖故事領域；柯勒律治幼年時所閱讀的《天方夜譚》廉價書，導致他噩夢連連，結果被父親付之一炬；歌德將購自流動書販「印刷紙張拙劣，字跡模糊不情」的故事書，如《蛇女梅露西娜》（*Melusina the Snake Woman*）等，視為他哲學發展不可或缺的讀物；卻斯特頓捍衛這些腥羶色的故事，說它們具有「驚人的瑣碎細節」，涵蓋「偉大文學」所有主題，滋補其養分。

奇特的是，南卡羅萊納大學——而非英國的某一部門——設有中心，專門研究這些生命短暫的作品。據其估計，十八世紀的英國每年大約銷售四百萬本這類作品，而當時的人口僅有七百萬人。

如今，廉價書開始在文化史中占有榮耀的地位。它們在窮人間提升了識字率和閱讀時間，幫助社會變遷和小說的發展。一八六〇年左右，藉蒸氣運轉的印刷機取代了家庭工業的廉價書商，之後廉價書也轉型為「一便士恐怖小說」和「一先令聳動小說」。而這些書籍又為日後便宜的平裝書奠定了基礎。廉價書的精神也體現於圖像小說這種在今日已贏得文學獎項的藝術型態。

譯註

1 Noël Coward，一八九九～一九七三年。英國演員、劇作家及流行音樂作曲家。

2 全名為Booker Prize，一九六九年～。此獎原只授與大英國協、愛爾蘭、南非（及後來包括辛巴威）的公民。獲獎者通常會得到國際上的聲望和成功，對書本的銷售具有重要意義。自二〇一四年起，只要該書以英文寫作並曾在英國出版即可參賽。

3 Hugh Walpole，一八八四～一九四一年。英國小說家。

4 全名為Andrew Norman Wilson，一九五〇年～。英國作家和報紙專欄作家，以其批判性的傳記，小說和通俗史著作而聞名。

5 全名為Jean Iris Murdoch，一九一九～一九九九年。生於愛爾蘭的英國作家及哲學家。

6 blue plaque，英國一種安置在公共場合的永久標記，以紀念某地與某知名事件或人物之間的關聯。

7 Elena Ferrante，匿名義大利小說家，自稱一九四三年出生於那不勒斯，代表作品為「那不勒斯四部曲」。自一九九二年發表作品至今，一直堅持匿名，並且從未在公開場合露面。

8 Madeline Miller，一九七八年～。美國小說家。

9 Stephen Fry，一九五七年～。英國演員、喜劇演員、作家及電視主持人。

10 Loki，美國《漫威漫畫》系列中的超級反派。

11 Angela Carter，一九四〇～一九九二年。英國女性主義作家。書寫風格以融合魔幻寫實、歌德式與女性主義著稱。

12 Hobbesian，由湯瑪士・霍布斯的英國政治哲學家提倡的學說，主張人生而自私、以自己為中心、應追求自己的利益，是一種利己、自我主義。

13 全名為Mikhail Mikhailovich Bakhtin，一八九五～一九七五年。俄國現代文學理論與文學批評重要理論家。

14 全名為Daniel Defoe，一六六〇～一七三一年。英國小說家、新聞記者、小冊子作者，甚至是為政治間諜。以代表作《魯賓遜漂流記》聞名於世，因為魯賓遜成為與困難抗爭的典型，所以他也被視作英國小說的開創者之一。

15 ：全名為Laurence Sterne，一七一三～一七六八年。英國感傷主義小說家。

16 全名為Leonard Joseph "Chico" Marx，一八八七～一九六一年。美國喜劇演員、音樂家、演員及電影明星。

17 Miguel de Unamuno，一八六四～一九三六年。西班牙著名作家及哲學家。

18 Dylan Thomas，一九一四～一九五三年。雖以英文寫作，卻普遍被視為最重要的威爾斯詩人之一及作家。

19 John Betjeman，一九〇六～一九八四年。英國詩人、作家，維多利亞協會的創始人之一，致力於保護維多利亞式建築。

20 Sancho Panza，唐吉訶德的忠實隨從，是個頭腦簡單、老實善良的人。

21 John Dryden，一六三一～一七〇〇年。英國著名詩人、文學家、文學批評家及翻譯家。他被當做是王政復辟時期的主要詩人，以至於這一段文學史甚至被稱為德萊頓時代。

22 William Morris，一八三四～一八九六年。小說家和詩人，英國藝術與工藝美術運動的領導人之一，也是英國社會主義運動的早期發起者之一。

23 Sir Nicholas le Strange，一五一一～一五八〇年。諾福克區的英國國會議員。

24 John Bunyan，一六二八～一六八八年。英格蘭基督教作家及布道家，著作《天路歷程》可說是最著名的基督教寓言文學出版物。

25 John Clare，一七九三～一八六四年。英國詩人，是一名農場工人的兒子，被稱為英國有史以來最偉大的工人階級詩人。

26 Dick Turpin，本名Richard Turpin，一七〇五～一七三九年。英國的攔路強盜，因偷馬而被處決，但死後事蹟被浪漫化。

27 全名稱謂為William Frederick "Buffalo Bill" Cody，一八四六～一九一七年。南北戰爭軍人、陸軍偵查隊隊長、驛馬快遞騎士、農場經營人、邊境拓墾人、美洲野牛獵手和馬戲表演者，是美國西部開拓時期最具傳奇色彩的人物之一。

28 George Eliot，一八一九～一八八〇年。是英國小說家瑪麗·安妮·艾凡斯的筆名。作品包括《佛羅斯河畔上的磨坊》和《米德爾馬契》等。

29 全名為Enid Mary Blyton，一八九九～一九七三年。英國四〇年代著名的兒童文學家，作品以奇幻冒險類型為主。

圖4

第四章

「嗨——嗬，風雨無阻」：走賣書販

許多大公司零售商走回頭路，重新尋求傳統市場的人情溫暖和交流。正如所有藝術都盡可能具備音樂性，所有商店業者也都嚮往昔日攤販的即時性。連鎖商傳達出一種劇院感是來自商學院的概念，現在成為一種吸引大眾光顧連鎖商店的手法。

零售商場是無法被規範的，必須透過戶外商家自然形成。連鎖商的行銷手段，比如櫥窗展示、特價優惠、某種特別的招攬方式——這些全都是古老戶外小販從攤位或貨籃買賣所延續下來的結果。生意買賣與眾多人際交流發生在露天市場。巨石陣除了是祭祀的地方，也是一處龐大的市場。倫敦戶外的博羅市場（Borough Market）已經有超過一千年的歷史。戶外攤販是最原始的商店：租金低廉、眼明手快，和過路客打交道的方式是商店望塵莫及的。他們不需要求諸於大賣場的戲劇感：他們的日常便需要即興表演。

《星際大戰》（*Star Wars*）中的莫斯．埃斯帕[1]街頭市場，充滿星際間的怪異現象，但完全具有可信度，因為各地市場也同樣如此，給人一種渾沌和具有各種可能性的感覺，一個充滿機會，可以從中尋寶或躲藏之處，就像阿拉丁（Aladdin）可以藏身的露天市場，以及《銀翼殺手》中戴克（Deckard）購買非法複製人皮膚鱗片的市集。市場各種聲音使得社會生意盎然。套句俄羅斯文學理論家巴赫金的話，露天市場「正足以對抗工商社會造作的獨白聲響」。因此，約翰．奧斯本[2]革命性戲劇《憤怒的回顧》（*Look Back in Anger*）中，孤僻的年輕主角合當經營一家市場攤位，而非在某個商店從事室內工作。

市場是人性的舞臺，是說故事人快樂的狩獵場。巴赫金這麼說：

民間文化是較低階層的文化，是對所有負擔沉重者一項有益身心的解毒劑。在市場和廣場，人們妙語如珠，毫無敬意地拙劣模仿詩人、學者、僧侶和騎士。階級制度在這裡蕩然無存，舉目所見只有三大主角——壞蛋、笨蛋和傻瓜——構成一部小說的開端。

我在撰寫這段文章時，正好在英國廣播公司第四頻道聽到一個完全相反的論調。東英吉利大學創意寫作系系主任，面對有人質疑其部門設立的目的，辯解道：「大學文學系是文學類型的監護人，這是從事出版的商業界和一般市場中所做不到的。」文學類型的監護人？這是什麼意思？好的故事如果沒有經過學術界的歸類，便會無疾而終？親愛的讀者，如果你手上的書竟淪落到如此詭辯之境，請扔入正確的紙類回收筒。

作品經常受到審查的巴赫金，在歐洲另一頭有個跟他同樣喜愛市場的心靈知己——德國猶太人華特．班雅明。他在逃離納粹時自殺而亡，留下一箱有關巴黎文化和商業的筆記，日後，那些筆記出版為一本雜七雜八、無法歸類的千頁作品《拱廊街計畫》（*Arcades Project*）。一九二六年，他曾接受柏林電臺訪問，談及柏林的戶外街頭商業。那段錄音已經遺失，但是手稿被蓋世太保沒收，然後落入俄國軍隊手中，一九六〇年轉給東德，直到一九八三年才開放閱覽。那段訪談在二〇一四年終於在英國出版。

街頭市場不是很刺激，帶有節慶氣氛嗎？即使最普遍的週末市集也帶有一點東方市場

> 的魔力，諸如撒馬爾罕（Samarkand）市集。市場中的談話和貨物的易手，都是豐富而華麗的。（賣方和買方）就像分享同一舞臺的兩個演員。書販本身，也會出現在他所販售的許多書本中，當然不是英雄，而是狡猾的老人、警告者或挑逗者。推車小販對人們翻閱書本之舉處之泰然，他知道這些人早上出門時，絕對沒有料想到自己會在推車上買書。

我有一次在坎特貝里大街攤位上賣了一本新的《哈利波特》，這跟我坐在書店中賣書的感覺不同，就像海泳的人不會在水溫過熱的市立游泳池游泳一樣。

我和史蒂文．貝寇夫[3]曾在坎特貝里水石書店舉辦了一場新書發表會，體現出市場劇院感和古老傳統的一面。東區佬貝寇夫是一個非常動作派和挑釁型的演員，在《〇〇七》系列電影中出演過著名的壞蛋，他對群眾接受他書本的緩慢速度逐漸感到不耐，於是起身，像市場小販企圖售出當天攤位上最後一份水果似的，滔滔不絕展開推銷術，很快地，群眾紛紛聚集，賣掉一堆的書。

從印刷術萌芽到大約一九〇〇年，這些巡遊商人或叫賣書販，不需要許可證便可到處走賣。一六九六年通過的國會法案企圖加以規範時，只有英格蘭部分小販支付四英鎊申請許可，因此當年購買許可證的兩千五百名小販還只是所有書販的一小部分。其實許多書販沒有固定居所，所以本來就沒有資格申請許可證。就連那兩千五百人當中，也只有五百人的住所填在倫敦。

維多利亞時期的叫賣書販在亨利．梅休[4]的《倫敦勞工和倫敦窮人》（*London Labour and the London Poor*，一八五一年）一書中描繪得淋漓盡致。身為家中十七個孩子中的一個，梅休十幾歲時便在一艘東印度帆船（East Indiaman）上擔任見習軍官，其後在歐洲度過顛簸的幾年以逃避債主。返回倫敦後，他跟人合作發行《膨奇》（*Punch*）雜誌大獲成功，該雜誌在讚揚社會各階層之時也語出譏諷。梅休的四大卷巨著，有如史詩般記錄倫敦的生活，也見證他對人性的熱愛。其中包含許多無價的演說紀錄，始終是歷史學家的寶藏。

根據梅休的記述，書販經常聚集於繁忙的大街，如老肯特路（Old Kent Road）、斯多克紐溫頓高街（Stoke Newington High Street）或商業路（Commercial Road）。廉價書印刷商聚集的河岸街（Strand）（通往西南部的道路）以及史密斯菲德（Smithfield）地區（便於銜接通往北部的道路），證明倫敦在外銷廉價書給鄉間書販所扮演的角色。

遊走書販及其供應商長達好幾世紀都守在這些交通幹道上。喬叟有一陣子住在一座名為奧爾德斯門（Aldersgate）的城門上方的房間。彼得．阿克羅伊德[5]指出，喬叟當時應該注意到每天會有不同的人川流不息經過他窗戶下方，我們也可想像當時的聲音背景，不時夾雜窗外飄入的非拉丁語的叫賣聲。據了解，十七世紀時，老倫敦橋（London Bridge）上至少有四家廉價書出版商和販賣商，當時倫敦橋是一條大街，是通往多佛的要道，上面還有住家。下列是其中一家書商約西亞．布萊爾（Josiah Blare）的廣告：

書商，位於倫敦橋窺視鏡招牌處（Sign of the Looking-Glass），供應各種歷史書籍、小書和敘事詩，給鄉間商販或其他人等。

在我們想像中，這些橋上的位址應該很小，但是位於「倫敦橋三本聖經」（Three Bibles）招牌處的廉價書商約翰·泰厄斯（John Tyus）卻貯存了九萬本書，書本蔓延樓梯，塞滿閣樓。其中包括三百七十五本《華威蓋伊的故事》（*The Tale of Guy of Warwick*），每本兩便士。

除了主要幹道外，一名書販告訴梅休：「你覺得哪裡可以稱之為通道，我們就在那裡，你經常會看到我們旁邊有賣花的攤子和販賣單張敘事詩的小販。」他們也販售各式各樣的書籍：西版《唐吉訶德》、零散的書冊、古典作品和廉價書等。

梅休還記錄下列不同的叫賣內容，如果你願意把它唸出來，像他所聽到的「速度很快，滑過每個單字」，你便可聽到狄更斯時代倫敦的聲音：

> 拜倫！拜倫爵士最新和最好的詩文。六便士！六便士！八便士！我接受一先令（譯註：十二便士）以下的競標。一位爵士的詩文，八便士——成交！古柏[6]先生的是您的了——古柏！出廠時標價三先令六便士，正如書背後所印的。比拜倫更優異——庫珀的《任務》（*Task*）。沒有人出價？謝謝您，先生。一先令六便士——是您的了。先生接下來，楊[7]——楊的《關於生，死和不朽的夜思》（*Night-Thoughts on Life, Death, &*

Immortality）——偉大的題材。倫敦版，標價三先令六便士。快點出價！——最後一個出價——兩先令——成交！

有名小販記得兩個常客：散文家查爾斯・蘭姆，「一位溫和口吃的男士」，還有一名隨軍牧師，曾經和納爾遜[8]，在「勝利號」戰船上服役過，是「一位個性愉悅的老紳士，滿頭白髮，面色紅潤，喜歡跟別人聊些書本的東西」。

這些游牧性的書販在歷史中的角色，可以從他們販售激進書籍的人數得知。一名老書販回憶彼得盧屠殺時代[9]，湯瑪斯・潘恩[10]的《人的權利》（*Rights of Man*）賣得很好，不過他是偷偷賣的，上面蓋著反革命的小冊子。他還提及幾個法庭審理的案子，而一旦有大案子開審，中央刑事法院的外牆都會臨時冒出不少書攤；國會開議時，西敏廳（Westminster Hall）外圍的情況也一樣。

空白的大牆壁提供臨時攤販擺攤機會，荒地也不例外。主教門（Bishopsgate）西側、倫敦市牆（London Wall）正北方的摩爾菲德（Moorfields），是一片荒涼的濕地，沃爾布魯克河（Walbrook River）從其右側流過，然後重新注入地下。當地行政情況的異常也有助書販的發展：那裡不是由市政當局管轄，而是由芬斯伯里受祿牧師（Prebendary of Finsbury）管理，正如其法律名稱摩爾菲德自由邦（Liberty of Moorfields）所顯示。倫敦大火後流離失所的難民在當地紮營居住；日後雖經過排水處理，但仍只是倫敦一處荒地，曾用以排除積水的地下洞穴甚至成為罪犯的地下庇護所。一六八〇年，摩爾菲德南緣設立伯利恆精神病院／貝德蘭姆醫院（Bethlehem Hospital for the Insane——Bedlam）後，更使當地增添幾許異世界的氛圍。醫院入口處有兩尊巨型雕像：《憂鬱》（*Melancholia*）和《狂躁》（*Mania*）（目前存放於倫敦博物館）。警察經常造訪當地，以壓制「學徒失控的聚會」，戈登暴動[11]中的很多場暴亂便發生於當地，那裡是倫敦歹徒經常買賣贓物、搶劫、偷竊和「雞姦」的地點，儼然是漢普斯特德荒野（Hampstead Heath）和白教堂區的結合。

書販盤據摩爾菲德大部分攤販區，尤其是沿著貝德蘭姆醫院的長條空白牆壁。貝德蘭姆「瘋人院」如同西敏寺大教堂和動物園，都是吸引遊客的景點，確保有人潮。書販一則被當地沒有規範的氛圍所吸引，再則他們來自小英國區（Little Britain）稍微靠東的古老販書中心——今日仍有一條小英國街——唯一沒有被倫敦大火所吞噬的書販街。他們依然秉持著街頭書販葷素不忌的特色，十七世紀末一名來荒原逛書攤者，發現現代化學之父羅伯特．波以耳所曾擁有的專業多語言藏書，「就這麼隨意陳列著」。十八世紀結束之際，摩爾菲德旁一處隆起乾燥的街道，芬斯伯里人行道（Finsbury Pavement）上，一個身材瘦小，喜愛書本，註定只有二十五歲生命的男孩，就住在天鵝和裙環客棧（Swan and Hoop Inn）內。相信當時年輕的約翰．濟慈，也曾逛過附近的書攤。

一八一二年時摩爾菲德荒地已經遍是建築；芬斯伯里馬戲團占有該地部分地區。隨著時間推移，比較規律化的倫敦排除了許多街道上的商販，不過書商找到一處新的綿長地帶，沒有規範的牆壁取代了貝德蘭姆醫院的外牆。一八六九年，聖保羅大教堂（St. Paul's Cathedral）附近開闢了一條新的大街：法林頓路（Farringdon Road）。不遠處的東側築起了一道很長的牆，用以隔開一條新的鐵道。這裡形成的書市，姑且不論其販售內容，至少在形態上是倫敦唯一可以媲美巴黎塞納河沿岸絕妙書攤之處。一位之前販賣熱栗子，名叫詹姆斯·達布斯（James Dabbs）的商販是最成功的書商之一，擁有五輛流動售貨車，販賣過數千本書。這些書商販售古老的手抄本，以及和印刷術同樣古老的書籍。報人瑪麗·貝妮黛塔（Mary Benedetta）描繪一九三八年時流連當地的購書人：

> 雨點從書攤的帆布蓋滴落在他們肩膀，但是他們沒有注意到。時間對他們而言沒有任何意義，全都迷失在古老書籍浪漫和魅力的魔咒中。

狄更斯在《孤雛淚》（*Oliver Twist*）中用布朗羅先生表現出逛法林頓路書攤的人：

> 他從書攤上拿起一本書，站在那裡就開始閱讀起來，如同坐在自己書房中的扶手椅上一樣專心……從他出神的模樣可知，他完全無視於書攤、街道或男孩們，一言以蔽之，除了書本身外，他什麼都沒有注意到；只專注於看書。

這種出神狀態，使得《孤雛淚》中的扒手機靈鬼（the Dodger）得以竊取布朗羅先生的手帕，返回不遠處藏紅花山巷（Saffron Hill）中費金（Fagin）的賊窩——那條巷子今日依舊存在。

一九五〇年代，我父親就在附近的史密斯菲德市場工作，午餐時間經常到法林頓路逛書攤。他有八個孩子，收入不多，妻子每次見他購回難以負擔的古老書籍時總面露難色，他也頗為擔憂，但是當他發現艾格妮絲．斯特里克蘭[12]原版紅布封面的三卷《英國女王傳》（*Lives of the Queens of England*，一八四八年）時，仍不免大為動心，雖然回去工作，但那套書卻始終縈繞心頭，終於還是打電話給《工人日報》（*Daily Worker*）（即日後的共產黨報紙《晨星報》〔*Morning Star*〕），因為他們的辦公室就在市場對面，請問他們是否有人願意過街，幫他預付那部書的訂金？他們同意了，今日那套書仍由我兄弟保管。

那書市的常客還包括約翰．貝傑曼，千里達傳奇人物C．L．R．詹姆斯[13]，及斯派克．米利根[14]，但是地方議會對攤位的租費——早期並不收費——逐漸增加。一九九四年，最後一名攤位主人喬治．傑佛瑞（George Jeffrey）也撒手人寰，他終生以販書為業，只有在安恆戰役[15]擔任傘兵期間中斷過。我還記得傑佛瑞的攤位，那是個極其豐富的寶庫，由手持熱水瓶，身著藍色工作服的傑佛瑞縱覽全局。一名閒逛者在那裡找到一冊湯瑪斯．摩爾的手抄本（日後以四萬兩千英鎊售出），另一位在某本書中發現了拜倫的手寫書信。心理地理學家伊恩．辛克萊爾[16]在不遠處的肯頓走廊（Camden Passage）經營一個書攤，他前來瀏覽堆放在柏油路面，比較沒有價值的書本——二十五便士一本，搜尋比較特殊的二十世紀小說，結果找到超現實主義者大衛．加斯科因[17]的珍本書《一天的開啟》（*Opening Day*）。傑佛瑞會從倫敦拍賣場，比如蘇富比拍賣會（Sotheby's）拿取經常是數以千計、人家不要的書籍；又從各公家與私人圖書館買書；當以詩文聞名的書店塔樓書局（Turret Books）關門時，也購入他們全部的庫存品。他將大部分存書寄放於低價倉庫，以持續供應攤位所需。他父親和祖父過去也在法林頓路賣書，所以喬治和狄更斯的倫敦以及《孤雛淚》的世界是有實際關係的。

神奇的是，倫敦的露天販書精神再度獲得生機，這回是移到南岸（South Bank）。可見人愛逛市場的天性。南岸書市今日依然每週七天，日日無休，生意盎然，位於愉悅的河岸步道區，上方是滑鐵盧大橋（Waterloo Bridge）。一名主要書販加雷斯．湯瑪斯（Gareth Thomas）表示，他絕對不會走入室內，尋求坐辦公室的工作。

在倫敦之外，人潮始終很難駐足於流動書販之處。不過東英吉利死刑場往往吸引大量人潮（不然那裡還有什麼其他娛樂？），長達數世紀之久，因此流動書販也聚集在那裡。市集是另一吸引人潮之處。工業革命前，長期作為英格蘭第二大城的諾里奇擁有位於英格蘭地方的第二大市場，還有一名特別為「書商、鄉間巡遊書販和叫賣小販」印製書本行銷廣告的印刷商（一七〇六年）。諾里奇市場今日依舊欣欣向榮，不過昔日它只是城內諸多市場中的一個。根據傑洛德出版公司一八二二年年鑑（Jarrold's Almanac for 1822）的紀錄，諾里奇和沙福郡境內每年竟然會舉辦有二百零四場之多的市集。

如今已遭遺忘的斯陶爾布里奇市集（Stourbridge Fair），位於靠近劍橋的康河（River

Cam）河濱，在都鐸王朝[18]和漢諾威王朝[19]期間或許是全世界最大的市集。那裡乃原始版的「浮華世界」（Vanity Fair），幾乎什麼東西都有賣，是明尼蘇達州美國購物中心（Mall of America）的先驅。斯陶爾布里奇以情色事件和自由放蕩惡名昭彰。正如倫敦的摩爾菲德，斯陶爾布里奇市集，亦即口語中的「廝混瞎搞（Stir-bitch）市集」，因為沒有規範的約束，因此吸引書販的聚集。下層階級日常生活的紀錄者內德・沃德[20]，提及一個「綠帽區（Cuckolds Row），有許多書商雲集」（大概書本可以撫慰綠帽男吧）。二十年後，根據市集規劃，該區重新定名為優雅的「書商區」（Booksellers Row）。一名常客艾德・米林頓（Ed Millington）一七〇〇年記錄一段書販連珠炮似的推銷內容：

> 各位看官，這裡為你介紹一個老作家，從他的皮夾克可以判斷他是古人，書中包括許多萬事通的學者，但是這位學問淵博的作家，透過他的智慧，發現他其實什麼都不懂。我且定價為兩先令，預付三便士。什麼？沒有人要？……呸，太可惜了！各位有識之士總不至於這麼低估這位作家吧？他的價值絕對比被拿去製作炸藥包（書頁再利用的一種常用方式）還值錢吧？沒有人願意預付三便士嗎？我告訴你，你在這本書學到的東西絕對可以讓兩所大學頭痛的。

由於缺乏存貨清單和保存意願，有關斯陶爾布里奇市集書籍庫存的所有細節均在歷史中遺失，不過根據丹尼爾・笛福所言，該市集比古老的法蘭克福市集（Frankfurt Fair）規模更大。牛頓便是在斯陶爾布里奇市集購得歐幾里得的著作，來自學數學（他日後還回來購買稜柱，以驗證光帶）。我們可以推斷，由於鄰近劍橋大學，因此斯陶爾布里奇市集書商在文化上的意義遠大於他們從主流歷史中缺席的遺憾。牛頓是劍橋大學的邊緣人，跟其他同學毫無聯繫；他往前推展了知識的邊界，也必然是一位自學者。

露天市集很適合缺乏人際關係的自學怪傑，因為市集友善可親，存貨中包括各種散失不全的套書、手抄本，以及《冬天的故事》（*The Winter's Tale*）中莎士比亞所喜愛的書販奧托呂科斯所謂「被忽略的細節」。位於皮卡迪利（Piccadilly）的哈查爾茲書店（Hatchards），我知道人們會僅因其太過奢華而卻步——它曾供應書本給女王。我在坎特貝里水石書店也仍然可以見到父母竊竊私語的情景，彷彿把書店當成教堂。書攤和叫賣小販則沒有這種階級障礙。

蘇格蘭是地表認可自學制度最偉大的民族之一，不管是出於必要或出於本性。這種傾向，以及許多社區都地處偏遠，使得當地的巡遊書商深受重視，其中兩名甚至出版自己的回憶錄。就像古老的塞納河書販，巡遊書販的穿著也很浮誇，藉以施展魅力，將書中故事的神奇角色具體呈現出來，就像小丑和默劇藝人刻意裝扮，展示另一個具有詩性智慧的自己。比如一八七〇年一名典型蘇格蘭高地書籍小販「老多維特」（Old Dauvit）的造型：「總是穿著一身寬大的藍色禮服大衣，搭配大型金屬鈕扣，戴著一頂寬大的無邊呢帽，紅色帽頂，脖子上圍著一條綠色和黃色印度領巾。」多維特正如大多蘇格蘭鄉間小販從不敲門，直接走入他所拜訪的小農場；無論如何，他都希望能在那裡借宿一晚。他的到來經常是：

老老實實地躬身為禮，口中連聲恭維，比如：「我不用問也知道，你今天很好，因為你整個人都洋溢著健康的神采。」或者見到那家女兒在場：「多麼漂亮的女孩，我在高地還沒有見過一個能比得上妳的。」

如果農夫進來，多維特會說：「我從沒有見過一個農場比得上你的。」雖然這些話明顯在阿諛奉承，但多維特依然到處受到歡迎，真的是個「舞臺上的演員」，就像班雅明筆下柏林市場的商販。那些小農也知道，多維特會帶來遠近新居留地情節豐富的閒話；他的來訪就像打開臉書（或此刻任何已然取代臉書的新社群網站）。

通常流動小販在推銷和展示自己的商品後——多維特的習得蘭（Shetland）緊身褲、毛線睡帽、飾帶、飾針和《天方夜譚》之類書籍都賣得很好——便可在牛棚休憩一夜，「和乳牛抵足而眠」。這點對他們而言特別辛苦，因為許多巡遊商販都是肢障人士，不適合體力勞動或當兵入伍；蘇格蘭高地便有一個知名的駝背書商。

令人驚訝的是蘇格蘭至少有五個流動商販組織，各具有響亮的名稱，比如「洛錫安三郡商販兄弟會」（The Fraternity of Chapmen in the Three Lothians）；不過在一八三七年聚會中，該會會員哀傷陳詞，一如《老爸上戰場》（*Dad's Army*）中高地士兵佛雷澤（Frazer）的心情：

由於最近開了太多家零售商店，令人敬重的巡遊商販逐漸式微，我們兄弟會的老成員也快速墜入墳塚。

可恨的商店啊！這個處心積慮的組織推舉出一個君主，經營一個寡婦基金會。

格拉斯哥附近佩斯利（Paisley）某位磨坊工人亞歷山大．威爾遜[21]，因為寫了一首諷刺詩嘲諷苛刻的雇主，結果被打入大牢，那首詩還被當眾焚毀。獲釋後，他成為一名巡遊商人，在一首詩中描述他的生活：

我背負著跟您桌子一樣大小的袋子
吃著鍋底的稀粥，在馬廄裡過夜

某次碰上大雪覆蓋的斜坡，他不得不割斷袋子求生，然後又花了一刻鐘，提心吊膽取回袋子。一七九四年，他拋棄蘇格蘭前往賓夕法尼亞州，這位努力不懈的自學者寫了九冊關於美洲鳥類的作品，贏得「美洲鳥類學之父」的頭銜。

蘇格蘭西南部加羅威（Galloway）的威廉．尼科爾森[22]於馬車書販的工作遇到瓶頸。他在回憶錄中沉吟道：「也許應該勉力開家商店，」但是，如此一來，他真的想要「像植物一樣安靜地守在櫃檯後面嗎」？

威廉・馬吉（William Magee）的《一名書商一八一九到二〇年間巡遊高地北部的回憶錄》（*Recollections of a Tour through the North Highlands in 1819-20 by an Itinerant Bookseller*）（愛丁堡：一八三〇年，由作者出版）中，極其罕見地記錄了流動書商的暢銷書單，顯示蘇格蘭草根階層強烈的民族主義：拉姆齊[23]的《溫柔的牧羊人》（*The Gentle Shepherd*）、《唐納・嘉吉的一生和預言》（*The Life and Prophecies of Donald Cargill*）、《亞歷山大・佩登的一生》（*The Life of Alexander Peden*）、《波拿巴的簡短回憶錄》（*A Brief Memoir of Bonaparte*）和若干「夢幻之書」。正如勞倫・李[24]一九三〇年代在西班牙靠著演奏小提琴獲得留宿機會，流動商販也經常藉由音樂增加拜訪機會。馬吉具有能夠同時演奏兩架猶太豎琴的罕見才藝；亞歷山大・威爾遜有副好嗓子；威廉・尼科爾森則靠演奏風笛吸引買者——不過，他坦然描繪出一幅迷人的情景：在遙遠的休憩之處，他吹風笛只是「為了教化我周遭的小鳥和野獸」。

身無分文的佃農其實擁有一項價值不菲的財富：女人間引人注目的美麗頭髮。這是一項經常用來以物易物的商品，賣給城市的假髮師傅，妝點蒼白的都會淑女。這項交易本身頗有出自神話或童話故事的感覺。因為心性神祕的高地人相信先知、療癒師、海豹人和鬼神，而廉價書文學中的故事，比如《天方夜譚》和《格林童話》，正反映出他們的世界，一如伊恩・麥克伊旺和埃琳娜・費蘭特的小說，反映出我們比較理性化，夸夸其談的社會。

大約一七五〇到一八五〇年間，高地清洗事件[25]趕走了書販的許多顧客，而從一八五〇年開始，所有流動商人都必須依法取得執照。販書行業移到市鎮和市集，不過廉價書仍然在亞伯丁印行，直到第一次世界大戰為止。

令人心酸的是，《鄧迪廣告人》（*Dundee Advertiser*）週刊一位自稱「A．史考特（A. Scot）」的無名記者報導，一九一三年他「在一條荒僻的蘇格蘭道路」遇見一名曾經從事流動商販的人，文中表示：「他已經不到處跑生意了。在接近年底的時候，你總會偶爾碰到一個這類古怪的生意人。」然後，對方開始賣弄他陽奉陰違的販書技巧，一種戲劇化的買賣手法：

> 他轉向自己飽經風霜的箱子，看見由繩子縫補的束帶。他揭開裡面的商品（棉花，緞帶、紙張和鵝毛筆筆尖），打開暗格，揭示出底層或暗格，他斜睨了我一眼，眨一下眼睛，狡猾地暗示「你懂的」。我馬上跪到他旁邊。他有《洛錫安佬湯姆的滑稽冒險》（*The Comical Adventures of Lothian Tom*），「不過買的人不多，可惡！」然後兩眼閃爍著回憶的光澤，「記得以前我可以賣上十幾本。」和洛錫安佬湯姆一樣好賣的還有《當代最偉大的蘇格蘭人，喬治．布肯南的豐功偉業》（*The Exploits of George Buchanan the Greatest Scot of his Age*），以及有趣的《巴克黑文小鎮歷史》（*History of Buckhaven*），是諷刺法夫鎮（Fife）的。看到這些廉價書的感覺很奇特。這些書沒沒無聞，只對收集者有意義，而收集的目的不是出於喜愛，也不是出於金錢。華特．史考特有幾本視為寶貝的這種書。今日的收集家還包括凱爾．哈第[26]（工黨〔Labour Party〕的共同創始人）。

世界各地對於流動書商的隱晦歷史都正逐步揭開。尼德蘭烏特勒支大學歷史與文化研究所（Utrecht Research Institute for History and Culture）的杰羅恩・薩爾曼（Jeroen Salman）教授，對荷蘭書販有新的見解，並領導「大眾印刷文化歐洲區研究計畫」（EDPOP：Europe Dimensions of Popular Print Culture）。我雖然無法負擔他二〇一七年出版的荷蘭書販報導（一百一十七英鎊），不過他有關書販的二〇〇七年會議紀錄，卻顯示出那些兜售書販不啻英國巡遊書販的精神兄弟。

薩爾曼教授推翻原有迷思，即所謂荷蘭的書店行業圓熟，因此兜售書本的小販是多餘的。根據稅捐紀錄、刑事案件，以及拿破崙時期的職業審核報告，薩爾曼認為「巡遊販書……即使在荷蘭共和國……對印刷品的散布其實扮演了關鍵性的角色」。一七六五年，阿姆斯特丹書商同業公會埋怨「今日市場攤販的數目幾乎和書店不相上下」，薩爾曼並舉證說明萊頓和烏特勒支也面臨相同的情況。

阿姆斯特丹有一名出版商專門印製廉價書和顛覆性的作品：一七一五年，梵・艾格蒙（Van Egmont）商行以荷蘭語發行《奧蒙德公爵的行為》（*The Behaviour of the Duke of Ormond*）。有幾名小販因為販售這本非法作品而遭到處決，據他們表示，梵・艾格蒙經常供應非法書籍給巡遊商販。薩爾蒙認為，了解這種小販行業，會增進我們對歐洲文化如何變革的整體概念。

與此相呼應者，迪爾梅德・麥克庫洛赫[27]八百頁厚的《宗教改革：歐洲家族的分裂，一四九〇～一七〇〇年》（*Reformation: Europe's House Divided, 1490-1700*，二〇〇三年），將非正統文學視為馬丁・路德爆炸性思想在村落和農民階層引爆的原因之一。這位剛烈牧師的作品單單在一五二三年便出現三百九十種不同版本，到一五二五年更印製超過三百萬本小冊子。這些小冊子價格便宜，經常附有圖片：《有關僧侶的起源》（*On the Origin of Monks*）中便有一個插圖：魔鬼像大便一樣拉出多位僧侶。這種對抗天主教的印刷全盛狀態的草根性，該如何描述？萊比錫歷史學家弗朗茲・劉[28]創造了「wildwuches」一詞，意為野火燎原，正如整片叢林或廢棄花園的火勢。二〇一六年耶魯大學的卡洛斯・艾瑞[29]也同樣鮮明地將反天主教的非正統文學比作「地毯式轟炸」，對於這種態勢，教宗西斯篤五世[30]遲至一五八七年才匆促成立梵蒂岡印刷廠（Vatican Printing Press），但已失去先機。

巡遊西班牙和葡萄牙的書販，行囊中也混雜著宗教革命和民間故事，而且——還有一項強而有力的發展——販賣以半島方言創作的文學作品：加泰隆尼亞語、卡斯提爾語和加利西亞語。牛津大學三一學院西班牙文研究員克萊夫・格里芬（Clive Griffin），是伊比利半島廉價書研究的先驅。西班牙宗教法庭曾經以火刑處決過若干書販，或是他們的柳條芻像。格里芬便透過法庭紀錄，搜索那些西班牙書販隱晦的足跡。那些書販在學術或人口聞名遐邇的地點，如薩拉曼卡和塞維亞等地，以及梅迪納德爾坎波（Medina del Campo）的大型市集；梅迪納德爾坎波曾是西班牙踏入現代之前的經濟中心，但如今已沒沒無聞。其中一名書販包塞爾（Borceller）會多種語言，也許來自里昂（Lyons）。一生來回德國、法國和伊比利半島，他所散播的宗教改革作品使他受到宗教法庭的審訊。另一名里昂人皮埃爾・阿達貝爾（Pierre d'Altabel），則因為在葡萄牙販賣讚美詩（Psalms）——教宗明令禁止——譯本而惹上麻煩。覺察到這一點後，他轉而在葡萄牙郊區販賣信仰虔誠的時禱書[31]，結果生意興隆，因為一般人相信隨身攜帶這種書有護身符的作用。流動書販經常改名換姓以逃避偵查。一名比利時叫賣書販乾脆取了一個最大眾化的名字：佩德羅・佛朗明哥（Pedro Flamenco），後來卻因另一名書販懷疑他和自己妻子有染，一五七〇年他在托雷多附近一座村落的旅館和對方大打出手，意外在歷史中留名；很悲慘，他們兩人後來均因販賣煽動性書刊，在火刑柱上被燒死。

更多有關西班牙流動商販所攜貨品的細節，來自死於瓦拉多利德（Valladolid）附近一位無名書販的存貨。除了一匹驢子外，他還遺留數本《馬格洛訥市集》（*The Fair Maguelonne*），敘述一段普羅旺斯戀情，是布拉姆斯一套組歌的靈感來源；以及若干聖人生平事蹟，數本敘事歌謠，與一部有關希臘城邦王阿加曼農（Agamemnon）的劇本。皮普斯熱中收藏廉價書，發現西班牙是最佳的搜貨獵場：他在加的斯（Cadiz）和塞維亞斬獲七十五本廉價書，都是關於傳統西班牙語文的詩文和歌謠。伊比利半島的書販經常吟唱民謠，是一種銷售手法。

西班牙在傳統上會輸出廉價書和敘事歌謠到南美殖民地，一名澳洲旅人彼得・羅伯（Peter Robb）便曾體會到某種詭異的時空錯亂感，記錄在他的作品《巴西死亡事件》（*A Death in Brazil*，二〇〇五年）中。在古殖民風的巴西城鎮勒西菲（Recife），他看到一名男子將吉他接在汽車電池，演唱一首歌謠，周遭陳列著相關故事書和歌謠集。羅伯買了一本書，裡頭敘說一個女孩變成一條蛇。實在令人難以置信，一名巴西印刷商居然還在印製水中女神美露莘（Melusine）的故事，從十五世紀開始，這個故事便已遍及歐洲印刷界，其根源則來自神話。華特．史考特爵士曾經聽過蘇格蘭書販唱過這首歌，其後作家歌德加以修訂，孟德爾頌為之譜曲，今日則更出現在電玩遊戲中。

雖然流動書商似乎已經絕跡，但是其近親市場攤販，卻在世界各地蓬勃發展。孟買靠近弗洛拉噴泉（Flora Fountain）的寬大人行道，擁有這世上最為燦爛而混亂的街頭書市。在一處中央地區，靠近一個嘈雜的交叉路口，成堆書本堆疊，搖搖欲墜，有如曼哈頓的天際線。辦公室員工來買《蘋果橘子經濟學》（*Freakonomics*），學生來買杜斯妥也夫斯基的作品，背包客用看過的舊書換取新書。當地一名記者驚異地描述前來逛書攤的那些人，說他們似乎「迷失在一個油墨和頁數的世界，營造出他們自己圖書館的靜謐氛圍」；就像《孤雛淚》裡的布朗羅先生，只是晚了一百五十年，而且位於地球的另一邊。

我一九八一年研究旁遮普邦歷史時，在德里的達里亞根（Daryaganj）書市遇到錫克族的救星，庫什萬特．辛格[32]。他挺過印巴分治（Partition）的紛亂，寫了一本小說《前往巴基斯坦的火車》（*Train to Pakistan*）描述那段恐怖的時期。他是這座五十年歷史書市的忠實顧客，曾是反對活動的中心人物，成功阻止了德里議會關閉這座市場的企圖，活動一直鬧到最高法院。今天達里亞根有兩百五十家書攤。印度所有城市都有街頭書攤，從居民喜愛閱讀的加爾各答城沿著大學街（College Street）一路下去，就是他們最大的聚集地。

緬甸仰光的賢比霧路（Theinbyu Road）書市，至今仍有七十個攤位；歐威爾和聶魯達曾經流連於此。十九世紀，開羅書商沿著艾斯巴凱雅花園（Azbakeya Garden）外牆找到一片中間地帶，如今那裡的書市依舊生意蓬勃，有一百三十個木製攤位。書市因為販售盜版書，如《火與怒》（*Fire and Fury*）這本有關反川普的回憶錄，引起官方的不滿。我真希望自己當時手腳快些，多買個幾本，因為出版後，水石書店坎特貝里分店很快便銷售一空，很多顧客都空手而返。伊斯坦堡的露天書市，愉悅地座落於巴耶濟德清真寺（Beyazit Mosque）的庭院，歷史可追溯到拜占庭時期。巴格達穆太奈比街（Mutanabbi Street）每週五開張的書市，自從二○○七年汽車炸彈爆炸案殺死二十七人後，如今已成為行人專用區。

露天書商面對重重風霜雨露：當局的規定和特許的管制、拘捕、甚至火刑伺候。但是五百年來，他們一直向過路人和偏遠的社區推銷書籍。他們在宗教改革、啟蒙運動和許多革命中雖然都是未寫下的角色，但也許同樣重要的是，他們為一個紛擾不斷的世界提供了安撫人心的書籍，運用各式各樣戲劇化的技巧推銷貨品：服裝、幽默感、言詞和音樂。他們便利的服務很單純：正如莎士比亞筆下的丑角奧托呂科斯所說的：「我了解這門生意，」這一行只「需要一隻睜開的眼睛，一隻敏銳的耳朵，和一隻靈活的手」。

譯註

1 Mos Espa，《星際大戰》中的一個虛構的太空港鎮，位於塔圖因行星上，是天行者路克的故鄉，也被角色歐比–旺・肯諾比形容為「敗類和壞蛋的卑鄙蜂巢」。

2 John Osborne，一九二九～一九九四年。英國的劇作家、編劇及演員，以他對社會和政治規範挑釁的散文和強烈的批評立場而聞名。

3 Steven Berkoff，一九三七年～。英國演員，作家，劇作家，劇院從業者和劇院導演。

4 Henry Mayhew，一八一二～一八八七年。英國新聞記者及劇作家，倡導改革。

5 Peter Ackroyd，一九四九年～。英國傳記作家、小說家和評論家，對倫敦的歷史和文化特別感興趣。

6 正式全名為William Cowper，慣稱Coop'r，一七三一～一八〇〇年。英國詩人和聖詩作者。是彼時最受歡迎的詩人之一，通過描繪日常生活和英國鄉村場景，改變了十八世紀自然詩的方向，在許多方面，也是浪漫主義詩歌的先行者之一。

7 全名為Edward Young，一六八三～一七六五年。英國詩人、評論家、哲學家和神學家，作品《夜思》最聞名。

8 全名為Horatio Nelson，一七五八～一八〇五年。英國著名海軍將領及軍事家。

9 Peterloo Massacre，一八一九年八月十六日英格蘭曼徹斯特發生的鎮壓示威事件。

10 Thomas Paine，一七三七～一八〇九年。英裔美國思想家、作家、政治活動家、理論家、激進民主主義者。

11 Gordon Riots，發生於一七八〇年的反天主教暴動。

12 Agnes Strickland，一七九六～一八七四年。英國歷史作家和詩人。最為人印象深刻的作品即《英國女王傳》。

13 全名為Cyril Lionel Robert James，慣稱C. L. R. James，一九〇一～一九八九年。千里達歷史學家、新聞工作者和馬克思主義者。作品在研究下階層方面十分重要，是後殖民文學的先驅。

14 Spike Milligan，一九一八～二〇〇二年。英國–愛爾蘭演員、喜劇演員、作家、詩人和劇作家。

15 Battle of Arnhem，一九四四年九月盟軍與納粹德國在荷蘭安恆及其周圍進行的一場戰役。

16 Iain Sinclair，一九四三年～。威爾斯作家和電影製作人。

17 David Gascoyne，一九一六～二〇〇一年。英國詩人。作品多與超現實主義運動相關。

18 Tudor，一四八五～一六〇三年。統治英格蘭和其屬土的王朝。首位君主是德赫巴斯國的亨利．都鐸，順利登上英王大位後，是為亨利七世，到第六任的伊麗莎白一世女皇，因是終生不嫁的「童貞女王」，都鐸王室隨著她的駕崩而絕嗣，進入了斯圖亞特王朝。

19 Hanoverian，一六九二～一八〇七年統治漢諾威選侯國、一八一四～一八六六年統治諾威王國，一七一四～一九〇一年統治英國，一九一三～一九一八年統治布蘭茲維公國的王室。若以英國為主，那漢諾威王朝起自漢諾威選帝侯恩斯特．奧古斯特，終於漢諾威國王喬治五世，前後歷經八位君主，包含第六任的維多利亞女皇。

20 Ned Ward，也名為Edward Ward，一六六七～一七三一年。英國諷刺作家和稅吏。最著名的作品為《倫敦諜影》，為描述倫敦場景的完整調查。

21 Alexander Wilson，一七六六～一八一三年。蘇格蘭裔美國詩人、鳥類學家、博物學家和插畫家。喬治．奧德認定他為「美國鳥類學之父」，是奧杜邦之前最偉大的美國鳥類學家。

22 William Nicholson，一七八二～一八四九年。蘇格蘭詩人。寫作特色是獨特地運用了他的蘇格蘭語，許多作品都以歌曲的形式出現。

23 全名為Allan Ramsay，一六八六～一七五八年。蘇格蘭詩人、劇作家、出版商及圖書館員，也是愛丁堡啟蒙運動的先驅。

24 全名為Laurence Edward Alan Lee，慣稱Laurie Lee，一九一四～一九九七年。英國詩人、小說家和編劇。

25 Highland Clearance，蘇格蘭歷史上發生的大量佃農從高地和群島被驅逐的事件。

26 Keir Hardie，一八五六～一九一五年。蘇格蘭工會領導人和政治人物，也是英國工黨創始人。

27 Diarmaid MacCulloch，一九五一年～。英國歷史學家和學者，專門研究教會史和基督教史。

28 Franz Lau，一九〇七～一九七三年。德國教會歷史學家。

29 全名為Carlos M. N. Eire，一九五〇年～。古巴裔美國歷史和宗教研究教授，尤其專長中世紀晚期和近代早期歐洲的歷史。

30 Sixtus V，一五二〇～一五九〇年。一五八五年當選教宗。在位期間恢復了教宗國的治安，著力恢復聖座的財政，並慷慨投資公共事業。

31 Book of Hours，時禱書是中世紀基督教徒的祈禱書。每一本時禱書手稿都是獨特的，但是大多數都包含類似的文本，即祈禱和詩篇集合，而且通常有適當的裝飾，奉獻給基督教。

32 Khushwant Singh，一九一五～二〇一四年。印度錫克族作家、律師、外交官、新聞記者及政治人物。

圖5

第五章　圖書館之夢

做學生時，我曾在倫敦大學亞非學院的圖書館裡睡著。前一晚熬夜完成一篇論文，而十九世紀初的蘇丹是絕佳的催眠劑。我面朝下趴在桌子上；至今仍記得那柔軟人造皮革的感覺。在圖書館裡醒來是我一生最棒的時光之一，因為從沉睡中醒來，整個人會是在迷濛的狀態。那不明確的狀態，既不是清醒也不是熟睡，是與宇宙之靈奇異地連結著，男夢魔、女夢魔這些神話人物證明了這一點。像牛頓和貝多芬這種沉思者，也會從半夢半醒間得到靈感。

睡醒時，對這多元文化的亞非學院圖書館，我感受到的是亞歷山大圖書館，那是一種在無垠的空間裡迷失方向的真實感觸。對榮格而言，圖書館與潛意識的連結，體現在他夢到一位剛過世的友人：夢裡他的友人引導他看到位於書架頂部一本標題模糊的紅色書。夢後醒來的那個早晨，榮格去拜訪朋友的未亡人，而且首次踏入朋友的圖書室。而就在書架頂端，還真的有本紅色書，書名是《死者的遺產》（*The Legacy of the Dead*），榮格在這書名的明顯意涵裡得到安慰，知道朋友的工作將會以某種方式傳續下去。

如果沒有進入宇宙圖書館，做夢時我們會進入哪裡？如此無限的圖書館就像是大腦一般，其特點是迷宮的走道，有發射出的突觸隱約發出細碎的爆裂聲，神話中的生物出現又消失，一切既是無限的，又隱約相關：《羊男的迷宮》遇上《大師與瑪格麗特》（*The Master and Margarita*）。有趣的是，兩位迷宮作家，豪爾赫．路易斯．波赫士與W．G．澤巴爾德[1]，不僅是典型具有包容性的國際主義者——一位是失明的多國語言學者，一位是德國的流亡者——他們也都寫過有關圖書館的故事，引起廣大迴響。波赫士的《巴別圖書館》（*Library of Babel*）這本書自成一個宇宙，而澤巴爾德《奧斯特里斯》（*Austerlitz*）裡的法國國家圖書館，是位於於一場大屠殺的遺址上。我曾見過有人經歷這種無限感的洗禮：一位資深的西伯利亞學者，奧嘉．卡麗迪蒂[2]上樓到活動場所，那時她正要去我四層樓的書店演講，眼淚就開始從臉上流下來。她有些困難地回答我懇切的詢問：「是這些書……這麼多，全部免費閱讀……每一個。」我想，「每一個」指的是作者和顧客、書以及宇宙。這種對每個人事物深度連結的情感是神祕又難以言喻的，但是可以在文字中得到。在某間圖書館裡呼氣是一回事，在另一間吸氣是另一回事，然後再次呼氣，又會有嶄新的感受。

如果不是因為我們有從中發現珍貴事物的潛在能力的話，這種無限感可能會排山倒海而來，將我們淹沒。這給了我們在無垠圖書館恣意探索的機會。在圖書館或書店似乎只能偶然發現珍貴事物，但是我書店的顧客時常表示這是自然的瀏覽方式。為什麼？我最近讀到一篇精神分析學的期刊文章，裡面提到人類的潛意識是狡猾的，我們不會想要用這來形容自己的個性，卻適用於圖書館裡的我們。無意識地瀏覽在某種程度上似乎就是有意識地瀏覽。在書籍眾多的倉庫裡卸下腦中計算的部分，對於有著潛意識和意識，擁有如同書庫、上方樓層、閣樓、樹屋和不常拜訪的小茅屋等眾多區塊的大腦來說是很自然的。圖書館的書堆反映出未探勘的自我。

就像自由潛水和自由攀登，自由瀏覽是不受正式干預控制的活動；回應過度控制和商業化的世界。瀏覽圖書館之於瀏覽網路（被運算法則耍弄），猶如自由攀登之於領隊帶團。

在萊絲莉・賈米森的回憶錄《餘波》（*The Aftermath*）裡，一位肯塔基州右翼戒毒「機構」的警衛對於一位受到最高戒備的囚犯是這麼講的，「或許他有一些違法行為，曾做了一些壞的選擇，但是我們仍然相信他是可控的。」這個社會有時候就是希望我們「可控」，是從眾傾向的受害者，紐西蘭人稱之為「毀滅機器」。在圖書館裡，你可以隨機逃避進任何走道，探索其他生存之道，暫時不被程式化，也不會被追蹤。你甚至可能會出現想符合社會期待的想法，這也多虧了你親身進入圖書館。你可能會在觀看像是《薩杜莎》（*Zardoz*）、《超世紀碟殺案》（*Soylent Green*）、《攔截時空禁區》（*Logan's Run*）這種科幻影片時，突然想到在圖書館中破解社會祕密控制機制。

圖書館裡幾乎可預期的居民都是不被程式化的怪人，就像礁岩上許多奇怪的生物一樣。我在七〇年代時，曾在諾丁丘（Notting Hill）一間小型的哥彭路（Golborne Road）公共圖書館工作。那是位於當時充滿暴力、貧困的特雷利克塔（Trellick Tower）底下的一個避風港。所有的窗戶都圍上重重的欄杆，有些時候當人們跑進來躲避刀傷攻擊時，感覺就像身處在電影《殲滅十三區》（*Assault on Precinct 13*）中，有一次來的人甚至真的已經被刺傷了。那地方也是流浪漢和獨特心靈的避難所。

進駐在紐約公共圖書館，德・昆西[3]生平傳記的作家弗朗西絲・威爾遜[4]在二〇一八年的《文學評論》（*Literary Review*）中生動地讚揚了這個觀點，她說任何進到紐約公共圖書館的人，不論是誰、不論他們做什麼，書本總有一種特性，可以將之神聖化：

有位婦女每天會來，她會先將採買的東西放在目錄室桌上，然後拿出她的編織來。另一位是預定了佛洛伊德的二十四本著作，然後用六個小時玩「糖果傳奇」（Candy Crush）。另一位戴著毛呢帽、滿身大汗的男人在解決西洋棋問題。有天早上我經過洗手間時，碰巧遇到一個裸體的男人，如海豚般在洗手臺周圍濺起閃耀水花。這種偶遇一點兒都沒有令人不悅。彷彿他就是亞當，在圖書館的伊甸園，自我意識尚未被創造出來。

在下一期的《文學評論》上出現回應，一位教授一本正經地提出說他對「糖果傳奇」褻瀆研究空間感到絕望。

不過，威爾遜的觀點會得到認可，而非教授的看法：紐約公共圖書館可能是世界上最獨特的公立圖書館；紐約市會讓它如此保持下去，而電影、書本和電玩遊戲也將會繼續以圖書館作為背景的趨勢。它在電影裡出現的頻率是那麼地高，以至於有間攝影棚乾脆保留一棟永久的紐約圖書館實體模型。

一九三二年修建的倫敦大學議會大樓圖書館（Senate House Library of London University）有一座史達林主義的紀念碑，在一九八四年拍攝的電影《一九八四》（*1984*），以及由大衛・鮑伊主演的吸血鬼電影《千年血后》（*The Hunger*）裡都有出現。作為孤單的七〇年代畢業生，我曾在氣宇不凡的塔樓上層工作到很晚，小巧四方的深窗呈現的是人口稠密的倫敦夜景，由高處望去顯得寧靜。塔樓周圍的風聲是唯一的喧鬧，從柏克郡一路呼嘯穿越過高爾街

（Gower Street），那悲傷的哀鳴聲似乎是在對著一間特別的側屋說話，裡頭是滿口胡說八道的幽靈獵人，哈利・普萊斯[5]捐贈的圖書室（我懷疑這所大學從來沒有想要他的書）。

喔，但是那風：它使得這圖書館感覺像是艘海上的船，這或許是拿圖書館做隱喻最佳的一個。在這新的大英圖書館裡的大部分區域，在人們整天工作的一排排書桌裡，你會感覺到一種甲板下方彼此理解的溫暖。在乾淨寬敞、配有黃銅把手與厚重門的廁所裡，營造出一種航海時聽見的聲音：手部烘乾機的轟鳴聲就像陣陣強風，而閱讀同伴間，用多種語言彼此稍作交談時，發出的猛然拍打撞擊聲，喚起的景象就像是「裴廓德號」[6]上混在一起尋求未知終點的水手們。

無論對我們的意義是什麼，我們都會充滿想像力地渴求圖書館。我們知道自己不僅僅是現在在這裡的這個有名有姓的人而已。我們是偉大想像力的產物，說著多種語言。難怪我們渴望看故事書，並且需要週期性的遊蕩，就像澳洲原住民的「短期叢林流浪生活」一樣。我們知道樹木經由在地底的菌根互相連結與支持，生態系統研究或神經科學的每一次突破，更是在在顯示我們相互依存。

我們用想像力朝彼此接近，越過海洋、穿過世紀。我們在圖書館裡感覺自我更完整，因為我們心懷「沒有人是孤島」的感受。圖書館是連結的夢。夢想著構思能夠全部實現。保羅・福賽爾[7]的《偉大的戰爭與現代記憶》（*The Great War and Modern Memory*）顯示了我們曾經如何恐怖地在小說和散文中預示並召喚了即將來臨的戰火。物理學家保羅・戴維斯[8]用量子術語解釋：由於無限的平行宇宙，想像中的所有一切都可能是真實的，而且經常想像的念頭，在數學上來說更有可能成真。所以，在幻想一個世界性的圖書館上千年之後，我們在網路呈現了乙太體的亞歷山大圖書館。

古代圖書館

對很多人類來說，特別是在西方，亞歷山大圖書館一直是圖書館的創始神話，在這棟建築裡，我們存放了大量的圖書館知識。眾所周知，它在一場災難性的大火中被羅馬人，或阿拉伯人、猶太人所燒毀，歸罪給誰取決於西方人的感受。二〇一九年由瑞秋・懷茲[9]主演的電影《風暴佳人》（*Agora*），是我們長久以來對那圖書館的哀悼與頌讚的一部分。關於荷馬在夢中引導亞歷山大大帝為亞歷山大城選擇位址的故事，為這圖書館增添迷人的魅力。它代表了古代智慧庫的理念，是最早的圖書館（ur-library）。

令人驚訝的是這圖書館可能不是以它原本被想像的形態存在，再加上已被燒毀，也就沒有證據可循了。真正在古代蘇美吾珥（Ur）的圖書館——好幾千片出土的泥板——比亞歷山大圖書館更堪稱為最早的圖書館。有人可能會說吾珥圖書館就是最早的圖書館。無疑地，亞歷山大城有一間偉大的知識學院，而且它是一座大都會城市，一個埃及與古典地中海知識文化的大熔爐，但是它的圖書館神話的影響力，要遠遠大於其歷史。

這座圖書館這樣的歷史增添了它的魅力。正如英國古典學者伊迪絲・霍爾在二〇一五年所寫的，「神話比真實更有生產性」。

亞歷山大圖書館是令人振奮的新鮮空氣：這是一個向四面八方散播出去的知識廳堂，和《米德爾瑪奇》裡枯燥的老學究愛德華・卡索邦牧師（Reverend Edward Casaubon）那間致力於探索基督教聯合所有神話的合一父權理論的圖書館，恰恰完全相反。這圖書館的收藏兼具了自由性與全球性、多樣化與全面性，更為我們樹立典範。如果我們有更多關於它的資料，設立它的理念可能就會被窄化並為人所用了。它甚至可能是並不為人所知的，就像中世紀阿拉伯人在當今西班牙哥多華建立，擁有六十萬冊藏書的非凡圖書館；或者是那間在西元前八五九年，由女性法蒂瑪・費赫里在摩洛哥費茲所創立，目前最古老且還在運作的圖書館。

我們所有人都需要一間全面多樣化的圖書館。伊斯蘭世界有智慧宮（House of Wisdom），這傳奇的圖書館是由哈里發[10]哈倫・拉希德[11]創建，他就是《一千零一夜》裡的主角。有什麼能比一間由書中角色所創建的圖書館更加吸引人的？這間圖書館真的存在於哈倫的時代，那是伊斯蘭的黃金時期，如同擁有亞歷山大圖書館的巴格達，當時是一個閃閃發亮的前衛國際主義學習中心。一句極佳的阿拉伯諺語暗示了這一點：「在開羅寫的著作在貝魯特出版，但是在巴格達閱讀。」

到底是不是哈倫親自建立了智慧宮，這在文化上的意義而言，並沒有他原來就是會做這類事情的事實來得重要。同理，有一次我聽到兩位歷史學家在爭論，到底邱吉爾有沒有命令部隊開槍射擊威爾斯托尼潘迪（Tonypandy）罷工的礦工，而那位反邱吉爾的人只說了：「聽好，我才不在乎他有沒有做這件事……但這就是他會幹的那種事。」就結束了爭論。同樣，當攝政時代[12]東方主義者約翰．馬爾柯姆[13]旅行到波斯去寫其歷史時，沒多久就發現當地人所告訴他的東西全混和了事實與傳說。不僅如此，還發現他們根本不在乎這種差異；在舊伊朗時代，歷史重要的是鼓舞人心集體意識中的效用。G．K．卻斯特頓為神話的歷史性提出了奇特的想法：「傳說比事實更有歷史性，因為他是一千個人的故事，不是一個人的。」所以，閃邊吧，智慧宮真正的創建者可能是哈里發麥蒙[14]，讓我們暫時忽略中古世紀巴格達其他三十六個主要的圖書館，就把神話如焚香的氣味一樣吸進來吧！

巴格達的智慧宮不僅象徵著一個在黃金地點的黃金時代，還跟那幾乎是它副本的亞歷山大圖書館一樣，也在一場神話級的大災難中畫下句點：蒙古人在一二五八年將它摧毀，所以編年史家們說：「底格里斯河被墨水染黑。」

然而那神話對什葉派穆斯林而言沒有什麼用處，他們因為遭受許多的迫害而怪罪遜尼派的哈倫，所以像變魔術般，在十一世紀開羅變出他們自己的亞歷山大文學科學倉庫，也是法蒂瑪王朝[15]的榮耀：「知識之家」（House of Knowledge）。由那位有著令人難忘的金色斑點藍眼睛的阿布．阿里．曼蘇爾[16]所建立的這座圖書館，在十一世紀後期柏柏人（Berber）軍隊擊敗了法蒂瑪王朝時，迎來了不可避免的結果。

當然，在任何特定時間，所有這些被羅馬人、阿拉伯人、猶太人、蒙古人或柏柏人等

「野蠻人」毀滅的故事，某種程度上是誇大的歷史。正如同伊迪絲・霍爾和巴勒斯坦的愛德華・薩伊德[17]這兩位作家告訴我們的，在很大程度上，「文明」的可信度要靠捏造「野蠻人」的存在，而且如果他們燒毀你那半神話式的圖書館，更會為你的文明增添魅力。

與這些最終被半獸人摧毀的倉庫神話相比，歷史上圖書館的實際情況更具異國情調。在古代世界相當長的一段時間，它們是用來供奉女神而不是服務政治。

圖書館裡的女神

古代圖書館普遍皆奉獻給女神，和日後男性創造的圖書館形成鮮明的對比。正如人們會以防止獨裁統治來正當化君主制度一樣，奉獻給女神也限制了圖書館成為國家權力工具的常年問題。在古代，相較於男性神祇，女神較常與智慧連在一起，諸如：印度的妙音天女（Saraswati）、希臘的雅典娜、羅馬的米娜瓦（Minerva）。彷佛人類隱約領悟了一個事實，歷經整個男性統治和男性哲學家掌握的時代，女性終究擅長和平，男性則擅長戰爭：女性或許還是有些功能的。

在西元前七世紀，亞述原本有幾位圖書館女神，不過這個事實被亞述巴尼拔王[18]權力指標的知名亞述巴尼拔圖書館（Library of Ashurbanipal）所刻意遮蔽，該圖書館內遍布歌頌他的碑文。還有一個更有趣的圖書館位於亞述帝國故都蘇丹佩（Sultantepe），亦即今日土耳其境內。這座圖書館內有醫藥作品、詩集、以及若干版本的《吉爾迦美什史詩》，也兼為奉獻伊什塔爾（Ishtar）女神的廟宇。當巴比倫士兵攻擊該建築群時，圖書館的泥板均堆積在伊什塔爾的祭壇上，成為最後的祭品。

同樣不為人知的是伊拉克古城烏魯克（Uruk），大約建於西元前三千年，規模相當於三千年後羅馬帝國的一半。遲至西元前三百年，該市中心仍矗立著兩座巨大的圖書館——都是供奉伊什塔爾女神的廟宇。數百片在那邊出土的泥板碑文，從歷經一次世界大戰後首次非法盜挖，乃至二十世紀後期德國的挖掘，如今緩緩翻譯出來，並展示在一專門網站。

古希臘帕加馬圖書館（Library of Pergamum）的主要閱讀室，也位於今土耳其境內，豎立一座宏偉的智慧女神雅典娜的雕像（殘餘基座將近三平方公尺）——此舉頗為貼切，因為該圖書館的實際掌權人似乎便是一位名叫弗萊維亞（Flavia）的貴族女士。

浴場和書籍

古代圖書館多半不只有主管的女神，同時也是休閒娛樂場所。許多古希臘和古羅馬圖書館坐落於公共浴場，亦即大眾休閒中心之中，如同湯尼·魯克（Tony Rook）在《不列顛的羅馬浴場》（*Roman Baths in Britain*，二〇〇二年）一書中所說：「它經常是羅馬帝國社會與運動生活的焦點。」羅馬龐大的卡拉卡拉（Caracalla）浴場包括一間大型公共圖書館，區分為希臘廳和羅馬廳。

公共浴場經常也是寺廟，部分因為其附屬之泉水，以及羅馬人對女水神的狂熱。塞內卡[19]在信中便生動喚起對羅馬浴場的記憶——不只是一個沐浴的地方，也是喧鬧的建築群：

> 各種聲音不絕於耳：肌肉男運動與猛力推拉的哼哈，以及釋放重壓時的短促嘶氣。如果正好有人在按摩，我會聽到手部拍擊肩膀，或呆板或中空的聲音……一位球手為自己的得分歡呼……還有一個喜歡一邊洗澡一邊欣賞自己聲音的傢伙，再加上那些喜歡跳進浴池濺起大片水花的人……外加酒販和販賣香腸、糕餅、熱食的小販，各以其獨特宏亮的聲音，叫賣自己的商品。

當我的坎特貝里書店底層被發現是一座羅馬浴場時，不啻凸顯心理地理學的一個驚人實例。一位重要考古學者告訴我，哲學書籍區旁那個大型基座，顯示上頭曾矗立一座祭祀雕像；我的書店或許也曾經是一個寺廟圖書館，就像袖珍版的帕加馬圖書館。地下室後方樓梯一處終年潮濕的水痕亦顯示泉水的存在，也許正如附近勒林斯頓的聖泉，曾吸引羅馬人前來此地。

在法國沙桑翁（Chassenon）的羅馬浴場，民眾可以前來睡覺，再讓當地專家為他們解夢。而一九九一年，在知道這件事之前，我在坎特貝里水石書店地下室——學術區樓層，也曾有過沙桑翁式的經驗。那段日子我的工作漫長艱難，可是我從一位商業大師那裡學到一個信念，一旦工作效率下降，寧可小睡，也不要苦撐，如此比較合乎自然。我在浴場上方懸掛一個吊床——那裡是一處很順手的儲藏室——就在那裡午休。在吊床打盹時，我可以聽見歷史圖書區立柱牆透過來的對話聲，往往和鮮活夢境殘留的影像融合在一起。在書本和浴場記憶的環繞中，似乎會產生一種有如嗑藥的幻境。有一次，我迷迷糊糊地回答牆壁後一名顧客的提問：我猜他們一定以為碰到了靈異事件。

古代圖書館所呈現的畫面，有如節點式的公共空間，那裡既喧鬧又神聖，由女神主導商業化的多采多姿。我們緩緩進化，重新擁抱古老時代那種比較開放式的圖書館，將圖書館視為公共集會廣場，而不是與世隔絕的堡壘。現代世界兩個最佳的開放式圖書館——紐約公共圖書館與大英圖書館——就充滿圖書範圍外的活動，從講座、音樂會，到電影放映或展覽，比如互動式的耽美動漫展，有數以百計的人們以自創的漫畫人物裝扮出席。

印刷時代的圖書館

古代圖書館的喧嚣，逐步轉換為文藝復興時期的架構，中間則穿插中古世紀占主要地位的皇家和修道院圖書館。然而，瑞士阿爾卑斯山阿德蒙特（Admont）修道院的修士，始終抗拒文藝復興的時代精神。一四八三年一名威尼斯教授，安東尼奧・格拉奇亞迪（Antonio

Graziadei）出任修道院院長時，曾引進具有前瞻性的書籍和古老典籍——有些迄今仍保存在那裡，標示為他的增購品。曾擔任哈布斯堡（Habsburg）皇帝的家庭教師的他，也曾在巴黎讀書；由於作風過於傾向城市人，乃至無法統領阿爾卑斯山的死硬派傳統主義者。那些修士們指控他揮金如土，再加上無法忍受冰封的山谷與環伺的敵意，於是他悄悄離開去了義大利。「那些混帳修士」——套句哈洛德．品特[20]劇作裡流氓的用詞——卻尾隨而至，將他關進監牢——當然，每個修道院都有監牢——他因「憂傷悲慘」而死於牢內。

當文藝復興精神橫掃義大利圖書館時，圖書館成為權力傳播中心：馬基維利[21]是許多在圖書館朗讀自己著作的作者之一。令人意外者，英國聖安德魯斯大學著名的歷史學家安德魯．彼得格里[22]竟發聲支持這種生動活潑、有包容性的圖書館。他說：「文藝復興時期的圖書館是個嘈雜的地方——是個用來對話與表演，而非讀書與沉思的地方。」據他表示，直到十七世紀，圖書館才開始「經過漫長的沉淪，陷入沉靜，呈現出十九、二十世紀的新貌，有如陵墓般的圖書館，寂靜的陳列室中擺滿不計其數從未讀過的書籍」。他認為圖書館「陷入黯淡和無關緊要之境」，對於圖書館成立的理想毫無助益。他也對當今許多大圖書館不願把舊書交給讀者的做法感到憤怒：「這當然是最荒唐的舉動。」舊書除非真的毀損，否則只有經手翻閱才能蒙受其益。畢竟，透過與手的互動才能產生奇妙的斑點。他動人地描述參觀一間現代法國「創意空間」多媒體圖書館的經歷：

> 我生涯裡最愉快的閱讀經驗之一，便是浸淫於這些圖書館之內。在這裡，十六世紀的書籍經常送往公眾閱讀區，幼童在其間蹣跚其行，而退伍老兵就坐在一旁閱覽當天報紙。其中一位退休人士好心在我桌旁停下來，向我保證他手中那本附有插圖的雜誌比我面前那本純文字書本更能啟發人心。

文藝復興時期的圖書館雖然精彩，但數目太少，在十八世紀和十九世紀才突然暴增許多親民的圖書館。這是英國多達千餘按件計費（pay-as-you-borrow）流通圖書館（Circulating library）的黃金時代，透過活躍的商業運作和廣泛的社會基礎，從巴斯到馬蓋特、普利茅斯和亞伯丁，遍布全國，更反映歐洲與北美洲的情形。

流通圖書館經由廣告，確實吸引人們前來，享受對話與討論的樂趣。坦布里奇韋爾斯圖書館（The Tunbridge Wells Library）在一七八〇年廣告中，承諾提供一個「跨越偏見」的空間，歡迎婦女的加入，而不像大多數的咖啡館排斥女性。一首有關巴斯的匿名詩讓我們體會到利克圖書館（Leake Library）的活力：

> 來吧，隨著五彩繽紛的人群，來到渡假勝地
> 在利克優美寬敞的空間，消磨一小時

這些流通圖書館，亦即從書店衍生而出的私人營業，是眾多女性以及十八世紀歐洲和北美地區勞工階級與中產階級得以廣泛取得書本的開端。此舉不啻為所有階級掃除障礙，得以堂堂闖入文化領域，而所憑藉的那些免費提供借閱的公共圖書館，也多拜工業革命之賜。

在英國，這種租借模式為史密斯公司所採用，一八六〇年設立了一間租借圖書室，直到一九六一年被其長期對手博姿公司（Boots the Chemist）所取代。博姿的綠色盾牌標誌仍可在若干舊書的封面看到，在其營業史中，它的客源多半都是社會最貧窮的人；發跡於利用現金購買大量存貨，以削減價格，與一般訂貨的傳統藥妝行競爭。在普及大眾教育方面，他們的圖書室也就默默扮演著不被注意的角色。一八九八年，圖書室在傑西．鮑特爵士（Sir Jesse Boot）的妻子，亦即書商之女佛羅倫斯（Florence）的無私奉獻下開始經營（她也徹底改革了公司的員工福利）。圖書室員工盡忠職守，參加專門的文學考試。博姿的四百五十間商店都附設有圖書室，裡頭通常有沙發、盆栽植物，甚至是特別設計的彩繪玻璃窗。直至公共圖書館法（Public Libraries Act）規定所有地方議會都必須提供免費圖書館之後，博姿的圖書室才於一九六六年關閉。博姿的圖書室一九三八年的全年書籍借閱量高達令人咋舌的三千五百萬本，已足以成為民族心靈的一部分，因此，一九四〇年約翰．貝傑曼刻意將博姿的書籍與民主、適當的排水系統並列，作為英國文明的特色。

貝傑曼欣喜地將圖書室與民主並列。在現代，這似乎是很合理的事，但是圖書室也有其邪惡的一面。假如知識就是力量，圖書館員，尤其是編目者，便具有在幕後操縱的力量，滲入網路系統，巧妙引導社會風向。

書籍分類

華盛頓的國會圖書館（Library of Congress）是史上最大的圖書館，建立初衷無可挑剔。第一任（譯註：資料顯示應該是第六任）圖書管理員安斯沃思．斯波福[23]，是內戰時的戰地記者和反奴隸運動者，由總統亞伯拉罕．林肯所任命。他掌管圖書館三十年，一八九七年退休，在他監管下，圖書館呈指數性成長，其任內，圖書館進駐宏偉的傑佛遜大樓，頂端呈圓頂設計，就若干持反對意見的政客而言，儼然與國會大廈呈敵對之勢。這種敵對不僅是象徵性的，因為超越其他圖書館，國會圖書館儼然成為國家權力的工具。

國會圖書館的編目者，在為思想激進者與性少數族群定名和編目的同時，也表達與宣揚了自己的觀點，這些觀點是當時大多數人的觀點，和一八九〇年在圖書館正面以九座男性白人雕像做裝飾的決定有異曲同工之妙。

當然，圖書館需要組織才易於存取，但奇怪的是，大部分人在家裡並不會分門別類地整理書籍。我們通常用顏色、樣式或用途來做整理。我個人就偏向把不同種類的安撫之書放在一起。在家中，我們大多數人不會和拉斯金一樣，用鋸子把所有書本鋸成相同高度。

圖書館分類就像語言本身，既能促成真正的聯繫，也會加以限制。圖書館亦反映了大學科系的區分，但是這些區分過度簡化，所秉持的世界觀比我們的思維還要僵化。大學本身在不斷更改院系名稱時就體認到了這一點。維根斯坦[24]對語言的侷限性感到極其惱火，甚至認為詩經常比散文更能表現思維。詩文可以是華麗的、文字的、概念的，乃至可謂橫陳在你和山岳之間。二〇一一年小說家馬克思・波特[25]曾為《懷特評論》（*White Review*）採訪愛麗絲・奧斯瓦爾德[26]。在我書寫本文之際，奧斯瓦爾德似乎正逐漸被視為英國在世最優秀的詩人。採訪中她提及荷馬是個能不經思索，即時描繪一片樹葉的詩人，還引述泰德・休斯的一段話——那段話我始終查不到出處，可令人震驚的是，後來在蘇格蘭寒冷荒原一家旅館的沙發上，我竟然發現那本刊載採訪內容的《懷特評論》，當時白雪皚皚，覆蓋了所有地標：「休斯說……如果焚毀一間圖書館，語言依稀會倖存下來。我喜歡那句話。那種勇氣。」

圖書館需要系統規劃，但是規劃之舉有時候卻又會像語言般同樣侷限了美感，就如同肯塔基圖書館管理學教授梅莉莎・阿德勒（Melissa Adler）所說：「讓我們想像早期，尚未受到任何分類機制的掌控，尚未任由語言滲透我們的性別觀的日子。」畢竟先有生命才有語言，先有圖書館才有編目者。編目就是加以侷限和界定：性少數者早已遭到國會圖書館編目者的暴力對待。從一八九八年到一九七二年，「性變態」的目錄包括同性戀和現在主流的各種性向。接替這個目錄的「性偏差」也帶有批判性，二〇〇七年再以病態化的術語「性錯亂」（Paraphilias）取代，因其語意模糊而產生隔閡，有效隱藏了它所框錄的書目。

這種舊式編目方式已經遍布全球超過一世紀：七萬兩千座圖書館仍然仿效國會圖書館的

分類方式。其觸及範圍可以遠溯到過往：圖書館索引卡的時代，國會圖書館每年販售六萬張預印的索引卡給全球的圖書館。

因此，HQ71到HQ76的分類目錄，便藉此從傑弗遜大樓遍及世界各地，包括名稱怪異的子目錄「女人，特殊」，納入性罪犯和女同性戀等書目。HQ71-76目錄的運用很有彈性，從戀童癖、亂倫，乃至雙性戀、同性戀，以及如今再也不會引人側目也不違法的戀物癖。

今日的圖書館已經重新整理過大部分內容，但只在性平運動的壓力下勉力而為，而且不盡完美：例如一些關於性取向的書籍仍列於RC620，亦即「悖德精神病」（moral insanity）書區。

國會圖書館的維安傳統由來已久。聯邦調查局的J・埃德加・胡佛[27]認為「性變態的犯罪者」對美國的威脅比組織犯罪還嚴重，因此在一九三七年宣布「反性犯罪者戰爭」，堪稱反恐戰爭的先驅。胡佛的言詞給予共產主義者和性變態者的威脅，不啻侵入、滲透、影響和清洗的行話。就像很多道德十字軍，他充滿激情的維安行為，部分是由他本身的心魔所驅使。

坊間廣泛流傳胡佛變裝癖好的指控並無根據，但他的性向則似乎毋庸置疑。《蘇菲的抉擇》（*Sophie's Choice*）作者威廉・斯泰隆[28]這位可靠的目擊者，就曾目睹胡佛為他多年好友克萊德・托爾森[29]塗抹腳指甲油，此舉肯定需要好好加以「編目」。

國會圖書館並沒有免於胡佛的道德改革之舉，他當時權傾朝野——尼克森總統[30]便承認他沒有開除胡佛，就是害怕他的報復。圖書館內限制閱覽的「三角洲館藏」（Delta Collection）。在胡佛任內不斷擴增，收藏品不只包括《穿裘皮的維納斯》（*Venus in Furs*）、

《蘿莉塔》和《尤里西斯》等作品，還有節育、異性性行為等方面的書籍，以及大量顛覆性文宣。對胡佛來說，他既不信服佛洛伊德的觀察：「我們都是變態」，也不苟同莎士比亞筆下哈姆雷特的論點：「如果每個人都罪有應得，那麼哪個人不該挨打？」

當海關人員把越來越多的書籍送繳圖書館的「三角洲館藏」，管理者不禁陷入編目的困境。他在一九五六年的日記裡，質疑為何要花時間去整理「這麼大量未經淨化處理的穢物」。甚至逐漸認為，一把火燒掉這些「變態」書刊才是根本之道——此舉同時適用於政治和性向方面的穢物。整個國家都需要清理。單單在一九六三年五月，他們就填滿了一百二十三個「焚毀袋」。

工作人員也需要清理：一個聽起來頗具歐威爾式[31]作風的國會圖書館忠誠審查委員會成立，以搜尋政治和性向的變態者。所有員工均收到一份八十九號標準表格，以作為醫療史問卷的一部分，上面問到：「你是否曾經有過同性傾向，或者現在有此傾向？」一九五〇年委員會以「性變態」指控十五名倒楣的國會圖書館員工。大部分的人在壓力之下辭職，其餘的則被默默解僱。

一九五三年，「三角洲館藏」傳出竊盜案。因為該館藏一直鎖在庫房，因此行竊者必定是相關職員。此外，《明朝色情版畫》（*Erotic Prints of the Ming Dynasty*）也有數頁被割下。人事主管認為這些竊盜案是「一個性變態者所為」。聯邦調查局鎖定菲力普・梅爾文（Philip Melvin）展開調查，因為他似乎「極為激動」，而更具決定性的是胡佛的鷹犬認為他表現出

「娘娘腔的特質」。可憐的梅爾文，他只是個縮微膠片管理員，抗議自己常常受到刁難，因為其他人要逼他離開「三角洲館藏」，而早在一九四八年，忠誠審查委員會便曾釐清他身心健全，但是他的抗議無效。聯邦調查局有關梅爾文的調查紀錄經過大量編輯，其中顯示，他們似乎不只是懷疑梅爾文的「娘娘腔」，也懷疑他是共產黨員。

聯邦調查局在兩次搜索梅爾文的公寓卻查無實據後，宣布結案。遲至一九六二年，另一位圖書館雇員奈文．費瑟（Nevin Feather），被懷疑有變態行為：圖書館人事主管要他簽署一份公證文件，聲明他與傳言相反，並且不喜歡與同性口交。

今日，圖書館人事部門終於不必再花時間追究口交，並且在所屬職員兩性平權運動團體的積極推動下，做了許多改變。國會圖書館仍然扮演一個政府單位——實際上也確實有一個隧道直通國會大廈——但是如今它所代表的是一個更為寬泛的政治平臺；二〇一六年，它甚至取消「非法外籍人士」的類別，認為其含有貶損之意。由於共和黨人的強烈抗議，有史以來，眾議院首次命令更改圖書分類標記，並恢復了外籍人士的類別。

啟人疑竇的杜威[32]

深受喜愛的杜威十進位圖書分類法從未受到國會圖書館的青睞，但是它始終是全球最成功的圖書館分類系統，至今仍為一百三十五個國家所採用。杜威分類法很早便走紅；杜威從一八八八年到一九〇六年擔任紐約州立圖書館館長，同時期有一大部分的時間，也是美國圖書館協會的主席。不過杜威分類法是時代的產物，因此同性戀遲至一九九六年才完全從「社會問題」類別完全移除，而非基督教信仰體系也始終壓縮在小小空間。杜威的泛歐洲中心主義引導荷蘭和美國的部分圖書館走向更具彈性與更細緻的體系，亦即更接近一般書店的整理方式。但「杜威完了」是最近一期荷蘭圖書館期刊內一篇文章的簡要標題。

如果關於杜威系統創始者的真相廣為人知，那麼棄杜威系統而去的情況也許還會更為快速。恰如其分，我手邊那本破爛不堪的杜威傳記原為前巴拿馬市圖書館藏書，標題頁上正好蓋有「**報廢**」紅色粗體註銷章。杜威因為其系統的重大成就必定受到仰慕；早在一五七七年，馬德里皇家圖書管理員阿里亞斯・蒙塔托（Arias Montana），便曾試圖利用六十四個主題區和手寫標籤，製作一套如此萬用的系統。可是由於太過龐雜，只有蒙塔托自己看得懂。當國王書記官安東尼奧・葛拉西安（Antonio Gracian）試圖找一本書時，他只聯想到「海希奧德[33]筆下的天地之母混沌（Chaos）」，只是蒙塔托只專注於苦修，撰寫神祕的詩句，根本不理會葛拉西安的想法。一八五五年，大英博物館圖書管理員佛雷德利・馬登（Frederic Madden）前來參觀時，發現這座龐大的圖書館幾乎無法運用，因為它一天只開放三小時，而且所有聖人紀念日也不開放。在館內，他只見到一位「無知僧侶」擔任圖書管理員。悲慘的是，一九三五年圖書館終於專業運作時，弗朗哥[34]卻「有系統地處決」所有圖書館員。

杜威對知識的數字化歸類，有謂一如數字對記錄音樂的功能：以數字編碼，從而在概念和聽眾間建立一種數學的調和。此舉表露出他強烈的控制性人格。數字十是他的指標；他把母親廚房裡的瓶瓶罐罐以十為基準來整理、每天睡十個小時，寫信時也共寫十頁。他是左腦掌控型的人，對語言和線性有興趣。從二十幾歲起就用一種簡化的嬰兒語言來寫作，傲慢地期許這種書寫方式會在全世界造成流行；其實讀起來只讓人火大（例如：Fyn vu from golfhous〔從高爾夫屋看出去的美景〕）。年紀較大時，他宣稱自己是在教堂一次布道中，有了十進位分類法的概念（「I jumt up and nearli shoutd yooreeka〔我跳起來，而且幾乎大叫——我懂了！〕」）。事實上，他眾多敵人之一的國會圖書館管理員安斯沃思．斯波福指出，杜威是從一名波士頓圖書館管理員那薩尼爾．舒特勒夫（Nathaniel Shurtleff）那裡獲得啟迪的。舒特勒夫一八五六年自己發行了《圖書館編排和管理的十進位系統》（*A Decimal System for the Arrangement and Administration of Libraries*）一書。（舒特勒夫也是一個左腦強迫型組織者與淨化者，也是一個祕密社團的重要人物，致力將移民與天主教徒逐出美國，並透過將幾名神父身塗柏油，黏滿羽毛以達到目標。）我手邊那本破損的杜威自傳，將思波福的指控扔在註腳，奮力將杜威描寫為一個半正派的人物。連該書作者韋恩．威岡德（Wayne Wigand）也不得不承認，他的書中主角「經常表現出雙面人格」。

一八七八年，當杜威離開圖書館管理員一職時，哥倫比亞大學便「歡聲雷動」。他終生是個福音派教徒，在紐約圖書館服務時，他指定一名圖書館首席審察員，以確保館方只推廣救贖文學——舉例來說，婦女是無法借到《十日談》的。身為美國圖書館協會的共同創立者，他進一步擴大了這種惡勢力，在自己位於普萊西德湖（Lake Placid）的鄉下渡假村舉辦一八九四年年度會議。這處渡假村占地一百餘英畝，擁有設備齊全的圖書館、農場、高爾夫球場和划船用湖泊，由杜威和他妻子安妮所建立，以維護和頌揚「高雅的家庭生活」。

聖詩團吟唱是必須的，「猥褻粗俗的行為」絕對無法容忍，所以禁止貼面跳舞，女士必須側騎馬鞍，而且不能在公開場合抽菸。當杜威在賓客名單上瞥見一位康乃爾大學教授的姓氏時，他抱歉地通知對方度假村有「不允許猶太人進入」的政策。他在執行這個規定時，比如通知猶太裔的紐約客亞伯特．哈里斯（Albert Harris）取消他家人在度假村的預約，總避免說出實情——他就是這項政策的始作俑者——而只是語帶抱歉地表示其他人會覺得不快。非裔美國人只准待在傭僱區，工人階級禁止進入，古巴人和暴發戶也不允許，因為他們的行為「缺乏教養」。度假村的氛圍令人側目；在一張怪異的相片中，杜威一身皮衣打扮（「顯然為了某種活動而如此裝扮」，傳記作家威岡德天真地猜測，甚至是拚命為之辯護）。

這種選擇性的接待政策，需要杜威系統化的天賦，因此他為人類設計了一套杜威十進位系統，範圍從類別A：完全可以接待的盎格魯薩克遜族白人新教徒（Wasps），一直到類別C：做過背景檢查或許可進入者，類別D：絕對需要調查者，然後類別E：絕對不准進入者。

杜威度假村「不准猶太人進入」的政策一直持續到一九三〇年之後，其間多次受到紐約猶太團體的挑釁，他們特別耿耿於懷的是一個任職市立圖書館的公職人員竟抱持這種觀念。基於現實考量，杜威一九三〇年將他所謂「新來自猶太人的攻擊」視為度假村的絕佳公關機會。他甚至邀請黑人人權領袖布克・華盛頓[35]到他家——而非度假村——作為公關操作的手段之一。

最終，杜威對女性的惡劣行徑總算迫使他辭去公職。早在一九〇〇年代起就有婦女必須容忍他令人厭惡的挑逗，但卓越地位和自信卻保住了他。到一九三〇年為止，至少有九位圖書館的員工公然挺身控訴他的行為。杜威似乎不止於不當的碰觸；受害者都過於溫和，或為了保護自己的隱私，而不敢細說，只有一位提到「一種邪惡的墮落行為，就法律而言是一種罪行」。她警告調查人員。「他本性很虛偽。」（就像另一個不切實際的妄想家希特勒一樣，杜威的雙重信仰充分顯現在終生苦於便秘和痔瘡：這難道是巧合？）

杜威從公職退休，逃過了官方譴責或起訴。不過圖書館成員團結一致。杜威的女祕書提起五萬美金訴訟，後來以二千元達成庭外和解。杜威的妻子為他「與女性間不符合傳統的舉止」辯護，聲稱是他個人特質的一部分。杜威也為自己辯解如下，不過我必須讀上好幾遍，才能理解他句中的含義與令人讚嘆的傲慢：

> 三十年來，我一直苦於本身的自負，以為我與大多數男人截然不同，對女人比較信任。心性純良的女人應該可以理解我的為人。

美國圖書館協會每年仍然頒布年度「麥爾威・杜威獎章」給具有「高階創意領導才能」

的人。我想杜威虛偽的水準確實非常有創意，但或許是該為這項獎項重新命名的時候了。

情色圖書館

前文提到那些休閒式浴場和文藝復興圖書館，以及胡佛和杜威侵犯圖書館文化帶給我們的不適感，但我們是否就因此希望圖書館完全不受規範，或者完全改為休閒中心？我很懷疑。圖書館規則可以是良善的。大英圖書館和倫敦大學亞非學院的規則是很好的起跑點，足以鋪墊出一座理想的圖書館：

以尊敬和禮貌對待所有的員工和使用者
將所有的電話轉為靜音模式
安靜說話
禁止攜帶任何刀片
緩慢翻閱書頁

規則中不時飛閃著神祕的詩意，比如：

盡量使用蛇型紙鎮（用以固定大型書本開敞書頁的彎曲狀金屬紙鎮）

一個安全而安靜的公共空間，裡面附有小寫字體書寫的繁縟規則，莫名使人感到安心。說來奇怪，不過許多圖書館員似乎擁有法定權利，可以開啟和檢查一個人的私有物品，而紐約市立圖書館的巡警還有逮捕的合法權限。對某些人，控制是可以助興的。對於來自布朗克斯區的平權運動老手莉莉安．斐德曼[36]便是如此。她記得當她在當地圖書館閱讀《性向變異的婦女》（*Sex Variant Women*）時，唯恐被別人發現她在讀這種書，反而更增添了刺激感。而《巡航圖書館》（*Cruising the Library*）（福坦莫大學出版社〔Fordham University Press〕，二〇一七年）的作者梅莉莎．阿德勒則認為有些圖書館使用者覺得圖書館是個引人遐思之處，或視為禁忌的空間，或體會到受虐狂的經驗；當屈服於規則時，有些人會感受到另一種特別的自由。就理論而言，受虐狂是文明、充滿想像力的——正如圖書館的使用者——而虐待狂則是種系統化的掌控，如此一來，薩德侯爵曾應徵過圖書管理員便不足為奇了。

姑且不論性虐戀，違反圖書館規則還比較有正統的興奮感：皇帝接任者馬可．奧理略[37]在西元一四五年所寫的一封信裡提到，如果愛撫一位年輕男圖書管理員能違法借到一本參考書籍，該何等刺激。較為近代的，一位匿名的康乃爾大學女學生成功建立一個每月更新的部落格，名曰「書架間的性愛」（Sex In the Stacks），令學校當局頗為苦惱。紐約獨立樂團「心靈純潔的痛苦」（The Pains of Being Pure Heart）還在〈年輕人的摩擦〉（*Young Adults Friction*）

一曲中，頌揚圖書館裡的親熱行為：

在圖書館的書架之間
不會有人駐足觀看
我們來了，他們走了
在灰塵與微縮膠片間
不要離開我（這一句重複二十五次）

圖書館裡無法圓滿的愛情，讓加州龐克族年輕歲月合唱團（Green Day）唱片大賣：〈在圖書館〉（*At the Library*）一曲中，歌頌人們在圖書館對另一個讀者心生渴慕之情，可惜惱人的標準化情節展開——原本的情人大步闖入，將另一半帶走。

圖書管理員

圖書管理員屬於性心理的哪個部分？傳統上，他們是令人生厭的人物。伊利諾大學學生潔西卡．柯爾伯特（Jessica Colbert）二〇一七年有關圖書館文化的論文，令我們很多人深感共鳴：

> 我一生熱愛圖書館，但是我從不認為擔任圖書管理員會是我的職業。像許多人一樣，我總認為圖書館員宛如從服務櫃檯後蹦出來的，永遠定型於六十歲。

對某些學生而言，赫爾大學的詩人與全職圖書管理員菲利普．拉金就符合這令人生厭的刻板形象。他原本對這份工作毫無期待，後來發現竟然是份很好的職業。他將自己的大量色情收藏品存放在辦公室，並且希望身為圖書管理員，一般學生會認為他只是個「滿好相處的傢伙」。但不是所有人都對他有好感：有人就曾在電梯裡寫道：「**他媽的拉金，你滾吧。**」

傳統上，圖書管理員都被描繪成女性，而且經常被貶為穿著過時的女人或性對象，因此一旦出現例外便令人心情一鬆。比如貝蒂．戴維斯[38]在電影《暴風眼》（*Storm Center*，一九五六年）內所塑造的個性火辣，抵抗美國小鎮審查制度的圖書管理員，或者是凱瑟琳．赫本[39]在《電腦風雲》（*Desk Set*，一九五七年）中所扮演的機智角色邦妮．華生（Bunny Watson）。另外，芭芭拉．史坦威[40]更在早經遺忘的一九三二年電影《禁忌》（*Forbidden*）中，華麗的幻想將所有的父權制來個毀滅性的結束：「我希望這間圖書館是我的……我要拿把斧頭將它砍成碎片，放火把整個鎮燒掉，然後在大火中彈著烏克麗麗。」

這些圖書館女英雄的奇幻小溪逐漸擴展為浩浩江水；我們終於擺脫那些穿著過時的時代：從蝙蝠女化身高譚市圖書館女英雄，到《神鬼傳奇》電影裡那位喝醉開心的瑞秋．懷茲，在撒哈拉背景中起身宣告：「我或許不是尋寶者，或者槍戰高手，但是我很自傲，我是圖書管理員！」底特律圖書管理員安妮・斯彭斯（Annie Spence）的回憶錄《親愛的華氏四五一度》（*Dear Fahrenheit 451*），內容非常有趣，充滿對顧客的愛心。圖書管理員啟發和引導了百萬民眾，包括很多知名的作者，使得整個圖書館生態系統蓬勃發展。透過系統規則搜尋，僅適用於過去歷史；圖書管理員活在當下，而且可以憑直覺預測未來。我想如今我們都能認同尼爾・蓋曼的「首要原則」：「不要惹毛圖書管理員。」

蜘蛛和跳蚤，蝙蝠與書蛀蟲

在新的大英圖書館大樓開館後不久，大英圖書館出版部門的代表就開始到我店裡定期拜訪。就像大多數巡迴書籍推銷員，傑夫（Geoff）是一位很會說故事的人。「新館如何？」我問他。我很喜愛在舊圖書館找書，當時舊館還位於大英博物館的圓頂之下。我認為那個浪漫的空間是無可取代的，尤其這座位於尤斯頓路（Euston Road）、外觀顯得虛假的建築，缺少令人難忘的外型或任何獨特的特色。我還真是大錯特錯。

傑夫解釋，新館的外貌，其實只是一座令人驚豔的冰山一角：地底下還有四層兩倍高度的地下室，延伸廣達七十五呎。他告訴我，除了珍本書外，館內大部分藏書都儲存在低溫中。珍本書則存放於無氧室，裡面注滿一種以氬為基本的合成物質，名叫煙烙燼[41]，是不會起火的合成物，聽得我興奮之至。

我：「但如果非珍本書藏書區發生火災怎麼辦？」

傑夫：「喔，那些地區有灑水系統。」

我：「什麼！一個插座嘶嘶作響，灑水器就自動把水灑在所有書本上？」（這種事果真在二〇〇三年發生。）

傑夫：「他們設想過那種毀滅情況：所以在那裡打造了一個叫做冷凍疾風隧道（Blast Freeze Wind Tunnel）的東西。把濕掉的書放在裡面，不需要加熱，就可以把書弄乾。」

我：「你在唬我吧。」

傑夫：「我可沒唬你；員工都接受過特別訓練，學習如何使用，用濕的電話簿練習。」

我：「再來根菸（那是九〇年代），繼續說——不過這些都是真的吧？」

傑夫：「絕對他媽的真實，我參加過祕密導覽。」

我：「等一等，如果那裡真的那麼冰冷又充滿氬氣，員工如何拿書？」

傑夫：「機器人！」

我：「聽起來很像科幻電影。」

傑夫：「我正想提這件事呢——一個法國佬真的在那裡拍攝過一部科幻片。」

我：「片名是什麼？我能在百視達借到嗎？」

傑夫：「我不是貝瑞・諾曼[42]，記不得。」

我（仍不無狐疑）：「所以有人下去過嗎？」

傑夫（對話題越聊越開心）：「嗯，機器人有時候會故障，開始在下面作亂，那時穿著防護衣的工程師就必須帶棒球棍下去跟它們對戰。」（傑夫在這裡揮灑自如地胡謅，但是根據圖書館員工表示，進入最底樓層的員工確實要有「特殊訓練和呼吸裝備」。）

我：「這麼說來，那區域不是全都布滿了管線？」

傑夫：「是呀，是很詭異——從地下室地板看過去，可以一眼就看到另一端，有時管道內還會傳來隆隆火車的聲音，好像正對著你開過來。你聽說過那裡的錄音室嗎？」

我：「他們為何還要弄間錄音室？」

傑夫：「為了那些作者的影音卡帶啊，老兄。他們正慢慢將那些卡帶轉換成數位檔：卡帶的品質會降低（他捻熄菸蒂）——跟你我一樣。當然他們工作時需要完全安靜，所以錄音室蓋在兩呎厚的巨型橡膠墊上。」

太讓人驚訝了，除了球棒以外，其他都是真的：煙烙爐、疾風隧道、電話簿訓練、自動化取件、橡膠墊（不過我還是找不到那部在裡頭拍攝的電影）。

這個故事突顯出一個事實，在建築方面，圖書館是十分獨特的，和其他大型建築物諸如火車站、政府機關或教堂的需求不同。不同之處主要在兩方面：實際考量——安全、濕度、和層架等——以及風格：在建築和設備等各方面，包括廁所設計，他們都必須傳達出書卷氣息與貼近大眾的理念（大英圖書館廁所的紙巾盒是「李奧納多牌」〔The Leonardo〕）。

實際上，大英博物館的舊圖書館從最早期便有其獨特的難題。在一八五七年圓頂閱覽室建造之前，讀者在一系列通風不良的閱覽室中會出現「博物館頭痛」症狀，還有可能被跳蚤咬，據一名讀者表示：「除了救濟院，那裡的跳蚤比任何地方的都要來得大。」

促成建造傳奇圓形閱覽室的圖書管理員安東尼奧・潘尼茲[43]根本不是英國人。儘管大英博物館圖書館一九七三年脫離博物館，獨立成為大英圖書館，但它現行博大精深的精神與民主的觀點卻大部分都源自安東尼奧・潘尼茲。他對圖書館肩負公眾使命的激進態度，是有充分理由的，他曾是義大利的革命者，為了躲避迫害而逃離祖國，結果在缺席審判的狀況下，被摩德納公爵（Duke of Modena）判處死刑。

剛抵達英國時他借貸度日，一八三一年開始在博物館工作，一路升遷，一八三七年成為印本部門主管（Keeper of Printed Books）。一位訪客曾形容他是「一個黝黑矮小的義大利人，蜘蛛般棲息在書網中」，但他是可個爭議性大、心懷民主的蜘蛛：「我希望每一個窮學生，都能像王國內最富有的人一樣，浸淫於學術。」這種堅定的態度不免招來敵意。最激烈的仇敵是他的資深同事佛雷德利・馬登，對於自己未能勝過他口中的「外國人」獲得主管一職，始終耿耿於懷。另一位圖書管理員，亨利・卡里牧師（Reverend Henry Cary）也同樣覬覦這個職位，強烈抗議「竟然讓一個外國人來管理我們的國家圖書館」。

今日，訪客認為圖書館主要的珍藏在各藝廊空間免費展示是理所當然的事；然而首開先例者是潘尼茲。麥登對此寸步不讓，企圖阻止公開展示《林迪斯法恩福音書》（*Lindisfarne Gospels*）、《金剛經》和早期的《可蘭經》等。他認為這些書籍只應由學者精英查閱。潘尼茲結合支持者一致對外，麥登稱這些支持者為潘尼茲的「俄羅斯警察系統」，形容一位工作人員是「逢迎拍馬的蠢蛋」和「潘尼茲的奴隸」。至於潘尼茲這位義大利人，在麥登眼裡具有「黎希留[44]所有的邪惡、狡猾和惡毒特性」。潘尼茲所有安撫的嘗試，甚至協助麥登的兒子出任硬幣部門主管（Keeper of Coins）都宣告失敗。（麥登本人的狡猾也不惶多讓，他私下嫖妓，無論他妻子或歷史均一無所知，直到一九二〇年他的私人日記被公開才終於曝光。）

潘尼茲的另一名主要敵人——教區牧師約西亞・福舍爾（Josiah Forshall）——和麥登一同出版過冗長沉悶的聖經作品。身為圖書館祕書，福舍爾試圖擴大祕書權責以暗算潘尼茲圖書館大眾化的計畫，包括安排所有理事會會議議程，將所有圖書館職員排除在外。福舍爾其實逐漸喪失心智，心理問題導致他請了三次長期病假。當負責監管圖書館的國會委員會發現他的誇大狂病症，與反對大眾化的立場時，議員們皆大感震驚，並撤消他的祕書一職。退休以後，福舍爾索性自己出版宣傳冊子，謾罵新博物館的政策。

身為主管，潘尼茲首度執行了圖書館的法定權利，要求免費擁有每一本剛發行的新書；對於不遵守的出版商則直接罰款。他還透過柏林、巴黎和美國的代理商，將圖書館的收藏政策推展到國際。他寫信給一名美國代理商，即佛蒙特州的亨利・史蒂文生（Henry Stevens），跟他說：「把所有東西都寄給我。」然後妥當編目所有的書籍，甚至親自以藍色墨水勾勒出的圓形鑄鐵閱覽室草圖也獲採納和營建，並在一八五七年啟用。閱覽室占據博物館正中原本空盪的方形天井。這件維多利亞的工藝傑作——現為展場空間——完全通風，但腳邊備有的暖氣管以供冬天使用。室內圓頂有兩個亮點：嵌貼於拱肩（介於圓頂彎曲部分和垂直天井牆壁的空間）的書架，它由混凝紙漿製成，懸掛在鑄鐵框架。

新的閱覽室讓潘尼茲迎來難以對付的新敵人：當時名聲響亮的歷史學家湯瑪斯．卡萊爾[45]。他毫不隱瞞自己是個種族主義者，贊成奴隸制度，反對普選，而且因為終生不能人道而脾氣暴躁，是潘尼茲與圖書館民主化的天敵。新的閱覽室充滿不三不四的人，令人憎惡；他寫信給潘尼茲，要求在博物館擁有一間私人閱讀室。當這位主管禮貌表示回絕後，卡萊爾寫信給他的朋友，克拉倫登伯爵[46]，但終究無濟於事。

圓頂的構想是潘尼茲在「夜裡無法入眠時」浮現於腦際，從羅馬廟宇發想；旨在成為一座學習的殿堂，日後也確實成為帶來變革的一股強大力量。在這裡，維吉尼亞．吳爾芙覺得自己成為「一個大額頭裡的一抹思想」。馬克思與列寧在這裡研究革命，甘地和真納[47]是這裡的讀者，柯南．道爾和奧斯卡．王爾德也都有閱覽證。

每回過來閱覽室時，我最喜愛它厚重的橡木座皮椅，加熱的腳墊與極其卓越的目錄：記錄在中央圓環兩個書架的大型書中，每本目錄的書脊上都有一個小型金屬把手，可以把書提出來。一旦放置在特製的傾斜的書架上翻閱，你會注意到其中交錯有空白書頁，新增目錄條以手工方式黏貼其上。經過口耳相傳，每個人似乎都知道馬克思習慣坐的位置——G7——雖然該座位和其他座位一樣，沒有牌匾標示。我和許多人一樣，時常坐在這個座位，想像著他的魂靈。加入會員時，他在登記簿上以流利的鵝毛筆簽註「卡爾．馬克思，博士，西北區，梅特蘭公園路（Maitland Park），摩德納別墅（Modena Villas）一號」。
　　閱覽室開放時間到晚上九點，博物館其他地方則早已關閉。九點離開，行經昏暗空蕩的古埃及展覽室，有如夢境的氛圍會一路伴隨我到停放腳踏車之處。
　　其他在博物館沒有窗戶的手稿室度過的日子也恍如幻境。我真的不需要任何理由，只要填張單字就可以借到阿拉伯的勞倫斯的戰時日記嗎？的確如此，翻閱著一頁頁因沙漠而褪色的乾枯頁面。我認為這些稀有手稿之所以可以在這裡安全查閱，是因為所有閱覽者都在一名年長管理員蛇怪般的毒眼監視之下。他去用午餐時會關閉閱覽室，把我們全部趕出來。使用手稿室時有一個令人驚訝的條件，就像某些特殊的禁忌：必須使用鋼筆，不能使用原子筆或鉛筆，以免書寫時在手稿留下按壓的痕跡。
　　縱觀整個圖書館歷史，這些實際性的考量，如果不完全反映在其效果上，難免形似瘋狂。日本奈良的佛教圖書館，或販賣佛經的商店，都極其巧妙而古老（可溯至西元八〇〇年）。蓋在木樁上以避免潮溼與蟲害；牆壁是由原木水平搭建而成，在夏日曬乾後可以透風，讓手稿保持空氣流通，氣候潮濕時則因膨脹而閉合，以保護手稿免於濕氣或冷空氣的侵襲。在古代中國，有些甲蟲不但會啃食書籍，還會啃食書架；所以中國人存放藥草以驅逐蟲獸；至於濕氣方面，中國人從很早以前就會在圖書室底下鋪設石膏防潮層。
　　這種技術性的解決方式，對於圖書館使用者而言一般並不容易覺察。英國哥德式[48]小說家威廉·貝克福德[49]在參觀一七三〇年揭幕的葡萄牙馬夫拉宮圖書館（Mafra Library）時，認為圖書館「設計很笨拙……迴廊伸入室內，看起來很不協調。」其實再不協調，也比不上他委託人在巴斯附近住宅所蓋的那座高得離奇的貝克福德塔（Beckford），那座塔在興建的幾年間倒塌過三次。至於馬夫拉宮圖書館，如果貝克福德在那裡過夜的話，便可發現上層迴廊的祕密；夜間會有數百隻小型蝙蝠從上層書架後方的棲息處成群而出，吃掉可能會危害書本的昆蟲。小小的出入口讓蝙蝠可以飛去附近果園。這種有效又環保的防蟲系統似乎是建築師——砲兵上校曼努埃·德·索薩（Manuel de Sousa）——原本就如此規劃設計。我剛剛才打電話給那間圖書館，在一番困難溝通後，一位友善的女士以就事論事的口吻證實，那些一吋長的蝙蝠如今依然住在那裡，而員工每晚都要將傢俱蓋住，好清理牠們的排泄物。

這些蝙蝠所吃的害蟲是什麼？主要是蠹魚，在生物中屬於很大的一門，但因為其隱密的習性和尺寸的關係，經常為昆蟲學家所忽略——它們很少超過四分之一吋（六公釐）。有關蠹魚或書蟲的知識正以令人眩暈的速度轉變。首先，蠹魚既不是魚也不是蟲，而比較像是小型蒼蠅。我有本一九七六年的昆蟲指南，上面標明已知的蠹魚有一千六百種，但是一九九三年修訂版本則表示有兩千種；最近一篇學術性的文章更指出已有五千五百種。等你讀到這篇文章時，蠹魚可能已經控制微軟了。

蠹魚的外型令人無法不聯想起裡一些整天泡在老圖書館裡的學究：「腫脹的前額、軟弱蒼白的軀體、主食為澱粉，喜歡昏暗的光線、躲在令人忽略的角落、周遭泛著老圖書館的霉味。生殖習性依舊成謎。」這些昆蟲實在適應得很成功，從掠食者比較多的寄居處，樹皮底下或鳥巢裡面，移居到書本中。在圖書館裡，牠們啃食紙張裡的微量黴菌，黏貼用的膠水則猶如牠們的魚子醬。有本昆蟲書提及牠們「非常國際化」，不免讓我們聯想一群小蒼蠅戴著名牌的雷朋墨鏡，在威尼斯的西普里尼亞酒店（Cipriani in Venice）露臺啜飲馬丁尼的畫面。其實，那只是昆蟲學的說法，意指「非常能夠適應不同的環境」。

蠹魚大可回應：如果書本保持使用或移動狀態，牠們自然會離開，所以牠們有權對嗆是我們忽視書本，才會把書本拱手讓給了牠們。

日本奈良和葡萄牙馬夫拉的圖書館與當地生物圈合作的方式，在概念導向的一九八〇年代是欠缺的。在這十年中，巴黎建立新的國家圖書館。外型狀似顛倒的書桌，四座粗獷主義的大廈為桌腳，這裡對書本和讀者而言都太熱，卻成功成為密特朗總統的虛榮工程。W．G．澤巴爾德小說《奧斯德利茲》中的同名英雄奧斯德利茲，對於這棟建築的不切實際便沒有好評。

另外一個不切實際的圖書館，是一九八四年劍橋大學的西利歷史圖書館（Seeley History Library）：劍橋大學原本考慮拆除它，不料結果卻耗費重資重新裝修了這座漏水、照明過度和溫度過熱的建築物。

最近，圖書館建築師已經放棄兼顧大自然與教會平面圖。我們也從圓頂閱覽室邁向外型不那麼傲人的有機造型。德國弗萊堡圖書館（Freiburg Library）一九〇二年打掉原本的三角形圖書館，在二〇一五年脫胎換骨為一顆巨型鑽石，具備太陽能與地下水熱能儲存系統，汽車停車場也換成可容納四百輛腳踏車的停車處。柏林自由大學的諾曼・弗斯特學術圖書館（Norman Foster's academic library），外形有如大腦，具有天然通風功能。

圖書館建築風格正以令人興奮的速度不斷演化，它不像企業總部建築始終維持陽物崇拜和盛氣凌人的氣勢，除了一些例外；其實早在三百五十年前，能真實呼應周遭環境和我們思考方式的圖書館設計理念，便在佛羅倫斯後街小巷裡靜靜開展。

一點點新的巧思

勞倫先圖書館（Laurentian Library），不僅迴響著古典色彩，也是地景藝術的先鋒，更出自一位藝術家與教宗間某種愛慕關係所萌生的奇思妙想。米開朗基羅一位友人描述他的風格，總在「打破束縛和枷鎖」。他還有一個積極鼓勵他做這種嘗試的朋友，即未來的教宗朱利奧・德・梅迪奇[50]。由於父親遇害，因此朱利奧在年幼時被送去與叔叔「偉大的羅倫佐」[51]同住。而當時叔叔家中已經有幾個受寵的小孩。當害羞而喜愛音樂的朱利奧十二歲時，米開朗基羅也來到這個家庭。兩個男孩因同為外來客、同樣具有幽默感、一樣喜愛藝術而結為好友。

朱利奧成為紅衣主教，委託這位兒時玩伴繪製祭壇，當米開朗基羅問他畫中人物應該如何穿著時，朱利奧的回答大意是：「我看起來像裁縫師嗎？你自己決定吧！」他們毫無拘束的相處方式令人吃驚：身為紅衣主教的朱利奧表示：「每當米開朗基羅來見我時，我總是坐著，而且總請他坐下；即使不請他坐，他也會自己坐下來。」

即便在朱利奧高升為教宗克萊孟（Pope Clement）後，仍然會私下寫信給他的老友，信中總親密地直稱**你**（tu）。由於太不尋常，一名祕書還曾特別註明，這封書信確係教宗大人所寫。有一封信是這樣結尾的：「只要我活著，永遠不要擔心你會缺少工作或報酬」；米開朗基羅臨終前還接到他的一封信，信中懇求他不要工作過度，要照顧好自己。這位藝術家曾經表示，沒有克萊孟，「我一定無法苟存在這世上」，這絕非完全因為經濟的關係。克萊孟作為一位教宗，當代人認為他沒有決斷性，對「鑽研技術」比對權力更有興趣，是個優柔寡斷的人。但就是這種優柔寡斷，顯示出一種彈性，非常適合當一名新藝術的贊助者。從各種角度審視一個問題，可以體現濟慈所盛讚的「負能力」[52]。

當克萊孟要求好友擔任一座新圖書館的建築師時，米開蘭基羅的回覆依舊直率：「我對於這方面一無所知，這不是我的專業；但是我會盡力而為。」他的草圖保存迄今，畫在一張鈔票大小的紙條上，而且撕去一角，可能拿去書寫購物清單了。這張紙條日後被定位為「他對文藝復興建築的最初貢獻」，以及阿爾維托．曼谷埃爾[53]在《深夜的圖書館》（*The Library at Night*）一書中所稱「有史以來最迷人的圖書館之一」。對於藝術史學家馬丁．蓋福特[54]而言，它是「一件具有非凡原創性與超現實想像力的作品」。

克萊孟對圖書館的計畫相當熱衷，他希望梅迪奇家族藏書能收藏在其中留存給後代。他專注細節，主張打造堅固耐用又舒適的胡桃木閱讀長椅——那些座椅確實如此，而且流傳迄今。他詢問核桃木的來源，以及如何處理，他的好友對此也很關切：米開朗基羅曾寫過一首關於木頭的十四行詩。克萊孟對於內部大理石細節設計也相當感興趣，在這點上，米開朗基羅堅持使用當地大理石——擁有正宗的顏色和風格。他們甚至一起構思調製適合的灰泥。

大門才是真正厲害的地方。當教宗收到函附大門設計的來信時，他看了六遍——我們可以想像當時陷入死寂的教廷——然後大聲唸出來，並且說：「羅馬再沒有其他人」可以設計出這樣的門：上端是一個三角形山形牆變化而來的簡單古典設計，宛如讀者「兩條環抱在前的手臂」，或根本就是圖書館歡迎讀者進入的手臂。

克萊孟慫恿米開朗基羅展現個人特質，鼓勵他用大理石創造嶄新的圖書館語言。當問及天花板設計時，教宗表示只要「一點點新的巧思」。他一再告訴米開朗基羅，「以你自己的方式」完成圖書館部分設計。這棟建築要符合讀者與書本的需要——兩項嗣後的建築師總是忽略的優先次序——因此米開朗基羅建議設計天窗，以免讀者覺得太熱及傷害書本。克萊孟的回絕展現出他的實際與幽默：「好主意，我們必須雇用兩個全職修士來清潔天窗。」

米開朗基羅也是愛書人，是個造詣頗深的詩人，曾為終生往來的男性友人書寫十四行情詩，還有一首頌揚但丁的詩。但丁這位義大利土生土長的詩人，證明義大利可以重塑古典文學，米開朗基羅也以圖書館建築中的古典造型證明了這一點。他用歷史元素打造這棟建築——古典圓柱和雕花窗框——呈現在室內，但顧及讀者而不那麼張揚：圓柱嵌入牆面，置於壁龕，彷彿過往的雕像。

最顯著的創新是將圖書館全部設置在三樓，這是一項實際而且別具風格的表現，既可讓書本免於受潮，又可在熙攘的佛羅倫斯街上打造出一座潔淨的聖殿。

書本包含秩序和混亂，就像心智本身：秩序，表現在圖書館反映黃金分割的丈量原則，亦即古典時期映襯大自然潛在和諧的數學比例；混亂，則正如瓦薩爾[55]所回憶的，表現在隱含絢麗特質，令所有人「震驚」的：樓梯。

樓梯架在我們夢境，通往不知名的地方，或通往天堂，或像《哈利波特》中那樣來回旋轉。勞倫先圖書館的樓梯則像不羈的河流一樣顛簸而下，兩側分岔出兩條不同高度的階梯，一旁的矮牆則又以不同的數學比例下降。我認為，這種艾雪式[56]錯覺設計，是為了要將讀者隔離於現實街景之外，就像透過某種氣閘艙[57]，才能漫步在上方等待的文本中。被問及這項設計的起源時，米開朗基羅追述起「夢裡的一個樓梯」。

一七七四年，圖書館有張書桌因負荷過重垮掉，意外蹦出一個超現實的最後驚喜：在書桌地板下方，藏有若干圓形與橢圓形交錯的複雜幾何設計，材質是紅白相間的赤陶。直到一九二八年再次發生類似事故之後，才揭開整個地板上一連串的設計圖案。這些鑲嵌的圖案似乎早期便由重新鋪設的木板所覆蓋。在〈勞倫先圖書館的隱藏銘文〉（*Hidden Inscription in the Laurentian Library*）（《國際藝術、數學和建築學會會議論文》，二〇〇六年九月）一文中，兩位來自威爾斯卡迪夫大學的電腦科學家曾嘗試破解這些圖案的複雜幾何結構，但結論是「連電腦算數系統也不足以提供一項整體解決方案」。

這篇論文的作者是一位榮譽退休教授，但我怎麼也無法取得聯繫，以探詢有關於地板研究的最新進展，根據他的網站表示，他已不再回覆相關的學術問題，因為他正在他的威爾斯小屋全心致力栽培仙人掌與演奏複雜的早期音樂，他還附加了一則推薦播放清單。近期，伊利諾理工學院的數學家已經在地板中發現有關柏拉圖、歐幾里得和黃金比例的資料，他們尊之為「古代幾何學的百科全書」。

米開朗基羅到底想做什麼？一座錯覺樓梯，通往一間看似內嵌的房間，地面藏著解開宇宙奧祕的鑰匙？勞倫先圖書館的設計，是讓讀者處於一個自由的心智狀態，擺脫時間，不斷探究。利用佛羅倫斯的大理石與木頭，玩弄古典主題元素，是一種文藝復興時期絕佳的啟發與展現，似乎在說：「我們需要古老學識，但我們是佛羅倫斯人，而且現在是一五二五年。」馬基維利在《君主論》（*The Prince*）中對柏拉圖式的政治理念做了同樣的事：為了現代世界，以實用主義和功利原則重塑柏拉圖的《理想國》（*Republic*）。

圖書館建築正逐漸再次與當地環境連結。米開朗基羅有個堪稱繼承人的圖書館設計師，是一位日本木材商人的孫子。伊東豐雄已經得到過許多世界大獎，包括為海嘯受災戶設計的快速組成屋，展現他的簡約哲學：大自然是多變化的，但是二十世紀的建築卻轉化成網格模式，因此產出同質性的城市，甚至是人類。他二〇〇二年蛇形畫廊臨時展館（Serpentine Gallery Pavilion）的變化性設計，受到倫敦人的喜愛，但其實他所設計的兩座日本圖書館才是平生傑作。仙臺媒體中心（The Sendai Médiathèque，二〇〇一年）有如勞倫先圖書館，圖書館位於三樓，樓梯造型頗為瘋狂。伊東豐雄的樓梯裝飾著不同顏色的螺旋狀管柱，「在街道與圖書館間提供某種概念的連結」。這些管柱提供燈光、暖氣與通風設備。他的多摩藝術大學圖書館（Tama Art University Library，二〇〇七年）則是「過去五十年來最奇特與最富想像力的圖書館建築」，最底樓層地面順著周圍環境而傾斜成緩坡。落地拱窗、大量的泉水設計以及四周環繞的樹木，使得讀者有種「開心探索書本知識」的感覺。仙臺媒體中心肯定是建造者的夢魘，但就像許多圖書館一樣，是讀者的夢想。

譯註

1 全名為Winfried Georg Maximilian Sebald，慣稱W. G. Sebald，一九四四～二〇〇一年。為當今最有影響的德國作家之一。

2 **Olga Kharitidi**，一九六〇年～。俄羅斯西伯利亞作家。

3 全名為Thomas Penson De Quincey，一七八五～一八五九年。英國散文家，以《一個英格蘭鴉片吸食者的自白》聞名。

4 **Frances Wilson**，一九六四年～。英國當代作家、學者和評論家。

5 Harry Price，一八八一～一九四八年。是一位英國靈魂學研究者和作家，他以調查靈異現象及揭發假靈媒聞名，但現今也有許多人視他為騙子。

6 **Pequod**，美國作家梅爾維爾一八五一年小說《白鯨記》中一艘虛構的捕鯨船船名。

7 Paul Fussell，一九二四～二〇一二，美國作家和歷史學家。

8 全名為Paul Charles William Davies，一九四六年～。英國物理學家及作家，亞利桑那州立大學教授。

9 全名為Rachel Hannah Weisz，一九七〇年～。英國女演員。

10 **Caliph**，是伊斯蘭教的宗教及世俗的最高統治者的稱號。最早指先知穆罕默德的繼承者。在穆罕默德死後，其弟子以阿拉使者的繼承者（KhalifatRasul Allah）為名號，繼續領導伊斯蘭教，隨後被簡化為哈里發。

11 **Harun al-Rashid**，七六三～八〇九年。伊斯蘭教第二十三代哈里發，阿拔斯王朝的第五代哈里發。在位期間為王朝最強盛時代，曾親率軍隊入侵拜占廷的小亞細亞。其首都巴格達和唐朝長安皆為世界第一流的城市，不但人口多達一百萬，也是國際貿易中心。不過，他的時代也是王朝衰退的開端。

12 **Regency-era**，一八一一～一八二〇年。在位的英國國王喬治三世因精神狀態不適於統治，因而由他的長子，也就是當時的威爾斯親王，亦即之後的喬治四世被任命為他的代理人作為攝政王，史稱攝政王時期。

13 John Malcolm，一七六九～一八三三年。蘇格蘭士兵、外交官、東印度公司管理員、政治家和歷史學家。

14 Caliph al-Mamun，全名甚長，一般簡稱拉丁文Al-Ma'mūn，七八六～八三三年。伊斯蘭教第二十五代哈里發，阿拉伯帝國阿拔斯帝國的第七代哈里發。

15 Fatimid Caliphate，九九一～一一七一年。北非伊斯蘭王朝，中國史籍稱之為綠衣大食，西方文獻又名南薩拉森帝國，以伊斯蘭先知穆罕默德之女法蒂瑪得名。

16 Abu Ali Mansur，九八五～一〇二一年。九九六～一〇二一年任法蒂瑪王朝第六任的哈里發，以行為乖張、反覆無常著稱。

17 Edward Said，一九三五～二〇〇三年。國際著名文學理論家與批評家，後殖民理論的創始人，也是巴勒斯坦建國運動的活躍分子，由此而成為美國最具爭議的學院派學者之一。同時還是位樂評家、歌劇學者和鋼琴家。

18 Ashurbanipal，西元前約六六九或六六八～六二七年任亞述帝國國王。統治時期，亞述的疆土和軍國主義達到了崩潰前的顛峰。

19 全名為Lucius Annaeus Seneca，約西元前四～六五年。古羅馬時代著名的斯多亞學派學家、政治家和劇作家。

20 Harold Pinter，一九三〇～二〇〇八年。英國劇作家及劇場導演。著作包括舞臺劇、廣播、電視及電影作品，早期作品經常被人們歸為荒誕派戲劇。

21 全名為Niccolò di Bernardo dei Machiavelli，一四六九～一五二七年。義大利的學者、哲學家、歷史學家、政治家及外交官，文藝復興時期的重要人物，被稱為近代政治學之父。所著的《君主論》提出了現實主義的政治理論，被人稱為「馬基維利主義」，也讓他成為政治哲學大師。

22 全名為Andrew D. M. Pettegree，一九五七年～。英國歷史學家，有關歐洲宗教改革、書籍史和媒體變革的主要專家之一，也是聖安德魯斯改革研究所的創始主任。

23 Ainsworth Spofford，一八二五～一九〇八年。美國新聞記者，也是國會第六任圖書館館員。

24 全名為Ludwig Josef Johann Wittgenstein，一八八九～一九五一八年。奧地利哲學家，後入英國籍，為二十世紀最有影響力的哲學家。研究領域主要在語言哲學、心靈哲學和數學哲學等方面。

25 Max Porter，一九八一年～。英國作家，曾任圖書銷售商和編輯。

26 全名為Alice Priscilla Lyle Oswald，一九六六年～。英國詩人。

27 全名為John Edgar Hoover，一八九五～一九七二年。美國聯邦調查局改制後的首任局長，亦是該單位任期最久的首長。在第二次紅色恐慌期間有著重要的影響，同時卻又支持具有爭議性的麥卡錫主義繼續發展。

28 全名為William Clark Styron Jr.，一九二五～二〇〇六年。美國小說家和散文家，尤以其小說聞名。

29 全名為Clyde Anderson Tolson，一九〇〇～一九七五年。美國政治人物。一九三〇～一九七二年間擔任聯邦調查局副局長，主要負責行政和紀律事務。

30 全名為Richard Milhous Nixon，一九一三～一九九四年。美國政治人物，曾於一九六九～一九七四年擔任第三十七任美國總統，一九七四年時因為「水門事件」而成為美國歷史上唯一一位在任期內辭職下臺的總統。

31 Orwellian，指專制政權藉以嚴厲執行政治宣傳、監視，甚至故意竄改史實、提供虛假資料、否認事實和操縱過去等政策來控制社會和人民。典出喬治·歐威爾的小說《一九八四》。

32 全名為Melvil Dewey，一八五一～一九三一年。美國圖書館專家，也是目前世上大多數圖書館使用的杜威分類法的發明者。

33 Hesiod，海希奧德是古希臘詩人，他可能生活在前八世紀。從前五世紀開始，文學史家就開始爭論海希奧德和荷馬誰生活得更早，今天大多數史學家認為荷馬更早。被稱為「希臘教導詩之父」。

34 全名為Francisco Franco，一八九二～一九七五年。前西班牙國家元首及首相，也是位反共強人。

35 全名為Booker Taliaferro Washington，一八五六～一九一五年。美國政治家、教育家和作家。是一八九〇～一九一五年間美國黑人歷史上的重要人物之一。

36 Lillian Faderman，一九四〇年～。美國歷史學家，以女同性戀的開創性研究和著述聞名。

37 全名為Marcus Aurelius Antoninus Augustus，一二一～一八〇年。羅馬帝國第十六任皇帝、五賢帝時代最後一位皇帝，也是最偉大的皇帝之一。於一六一～一八〇年在位。有「哲學家皇帝」的美譽。以《沉思錄》傳世。

38 全名為Ruth Elizabeth "Bette" Davis，一九〇八～一九八九年。美國電影、電視和戲劇女演員。

39 全名為Katharine Houghton Hepburn，一九〇七～二〇〇三年。美國女演員，四次獲奧斯卡最佳女主角獎，另有八次提名。以堅強獨立和個性鮮明著稱，還一生致力促進婦女權利。

40 Barbara Stanwyck，一九〇七～一九九〇年。美國知名女影星。

41 Inergen，美國安素公司開發的用於替代鹵代烷1301、1211的滅火劑。

42 Barry Norman，一九三三～二〇一七年。英國著名影評家、電視節目主持人和記者。

43 全名為Antonio Genesio Maria Panizzi，一七九七～一八七九年。義大利籍出生的英國公民，一八五六～一八六六年任大英博物館的首席圖書管理員。

44 全名稱謂為Armand Jean du Plessis, Duke of Richelieu，一五八五～一六四二年。法蘭西國王路易十三的樞密院首席大臣及樞機主教。在他當政期間，法國專制制度得到完全鞏固，為路易十四時代的興盛打下了基礎。

45 Thomas Carlyle，一七九五～一八八一年。蘇格蘭評論、諷刺作家和歷史學家，作品在維多利亞時代甚具影響力。

46 Lord Clarendon，一八〇〇～一八七〇年。英國政治人物和外交官。

47 全名為Muhammad Ali Jinnah，一八七六～一九四八年。巴基斯坦的第一位總督，在巴基斯坦備受尊崇，被尊稱為「偉大領袖」和「國父」。

48 Gothic novels，哥德式小說乃西方人恐怖電影的鼻祖，主題探討極端感情及若干黑色話題。

49 全名為William Thomas Beckford，一七六〇～一八四四年。英語小說家、藝術品收藏家和裝飾藝術作品的贊助人、評論家、旅行作家、植物園主和政治人物，曾被譽為英國最富有的平民。

50 Giulio de Medici，一四七八～一五三四年。即後來的克萊孟七世，一五二三～一五三四年擔任羅馬教宗。

51 Lorenzo the Magnificent，一四四九～一四九二年。義大利政治家，也是文藝復興時期佛羅倫斯共和國的實際統治者。

52 一八一七年浪漫主義詩人濟慈首次使用的短語，意指摒棄自我偏執，接納一切的能力。

53 Alberto Manguel，一九四八年～。阿根廷著名作家、翻譯家與編輯。

54 Martin Gayford，一九五二年～。英國白金漢大學藝術史資深研究員。

55 全名為 Giorgio Vasari，一五一一～一五七四年。義大利文藝復興時期畫家和建築師。以傳記《藝苑名人傳》留名後世，為藝術史作品的出版先驅。

56 全名為 Maurits Cornelis Escher，習稱 M. C. Escher 的風格，一八九八～一九七二年。荷蘭著名版畫藝術家，以錯視藝術作品成名，於平面視覺藝術有極大成就。

57 進行太空漫步之前，太空人需進入氣閘艙逼出體內氮氣。

圖6

Figure 2.3 'Le Bibliophile d'autrefois,' frontispiece by Félicien Rops for Octave Uzanne, *La Nouvelle Bibliopolis* (1897)

第六章

隱密的激情：收藏家

幾年前，一個小女孩在某位多產作家（我忘了是誰）的簽書會中排隊。她嚶嚶哭泣，而且越靠近簽名桌，似乎越傷心。

母親蹲下來想弄清楚原因：「親愛的，怎麼了？就快輪到我們了。」

女孩回答：「我不要他弄髒我的書。」

這女孩有套乾淨的藏書，不希望被汙染。收藏者知道自己想要的是什麼，而且這種收藏的欲望，早從幼兒口袋裡塞滿鵝卵石和各種顏色的物品時就開始了。其實我們這一生的開始和結束，就像寒鴉一樣，喃喃自語說著沒有意義的話，對自己喜歡的東西視如珍寶。

關於收藏，有各種流行一時的理論，包括替代母親、吸引伴侶、築巢行為以及強迫症等。馬克思視收藏行為為商品崇拜，是資本主義後期的一種症狀，有無數相關書籍探討這一點。法國貝亞恩（Béarn）的哲學家皮耶．布迪厄[1]引介了書本等的占有概念，視其為文化資本，自誇的戰利品。書籍史學家抱持以上觀點，但這些都只是真相的一部分。

相較於收藏書本最主要的原因，上述理論是次要的。收藏書籍，主要是利用古老的書籍來改善人類的未來。過去知名的藏書者，很明確地將其收藏習慣根植於藉由歷史創造更美好未來的渴望。而對我們所有人而言，這種潛在渴望是很容易被喚醒的。有些人說，他們對「歷史」沒有興趣，他們所指的，也許是電視上某位歷史學家一面談論歷史年代，一面試圖泰然走向鏡頭、講述歷史的樣子；也許是某位沒有啟發性的老師，只會回收政客所制定的教學大綱。其實，每個人骨子裡都能感受到另一種歷史。

一七二三年《那不勒斯民間歷史》(*The Civil History of Naples*)出版時，那不勒斯發生街頭暴動，當地教士表示，對於這種擅自論述該地區歷史之舉，聖雅納略[2]當年是絕不會容忍的。該書作者因而擔心生命安全逃往維也納。雖然我們不至於跑路，但是我們都會藉由收藏來表達我們的歷史情感，收藏品或許不是書籍，也可能是家族照片，或一、兩樣除了家族意涵外，功能存疑的物品，比如姨婆的針插，或叔叔捕鰻魚用的魚叉。

我父親是一個收藏者的極端案例，套句我兄弟的話，他建築了「一個堡壘，以對抗外在世界的平凡瑣事」。他從倫敦的街頭市場和戰時的露天市場，收集了數以千計的書籍和硬幣，此外還有印刷品、大約十五根手杖(他從來沒用過)、各地的電話簿(當我試著丟掉一本時，他抗議：「我可能會打電話給那裡的人。」；我反問：「一九三二年柏克郡的居民？」)、許多烤麵包箱、一根(南非土著的)圓頭棒、眾多長矛建造的傘架、一個暴風雨來襲時呻吟作聲的祖魯族(Zulu)盾牌、一顆羚羊頭(由我們八個天真小孩之一施洗命名為「霍尼」〔Horny〕)、一個六分儀(他從未搭船航行)、眾多舊工具——窗框用的吊錘、三個手動鑽孔機(他沒有用過電動鑽孔機)、不同尺寸與強度的鏈條、一個早期的對講機、兩三個藍色小精靈(Smurf)圖案的汽油代幣、各式各樣促銷用的鑰匙圈、幾根羅馬長袍用的胸針、古埃及雕像賽赫麥特[3]的一隻手(我把它帶到大英博物館，館長告訴我「我想是我們其中一尊雕像的」)、木乃伊棺木的碎片、西臺人(Hittite)的滾筒印章(包括真的和偽造的)、全套《心理研究協會期刊》(*Journal of the Society for Psychical Research*)(它們是從亞當和夏娃馬廄街〔Adam and Eve Mews〕該協會辦公室外的廢料車中搶救出來的）、一把來福槍、一把魯格（Luger）手槍、一顆用來驅趕女巫的綠色玻璃球、一顆插著插銷的手榴彈、整櫃他正逐漸修理的鐘錶、一個裝滿香菸卡的木盒、一個使用時會冒煙且附有玻璃幻燈片的神燈、一盒我後來發現用在「機敏號」（HMS Alert）從事北極探險時探測並發現西北航道[4]的水彩、父親參與一次大戰阿勒坡戰爭所攜回的鍍金樓梯（只有兩呎高，擁有數百年歷史，應用於某種伊斯蘭教儀式）、裝滿巴勒斯坦沙漠沙塵的廣口壺（每年聖誕節放置在我們的「馬槽」）、一小幅模糊的紅棕色素描（父親過世後以六千英鎊在蘇富比賣出，因為那是一幅著名的威尼斯壁畫的草圖）、一個四呎長的原住民迴旋鏢、兩個十七世紀的波斯花瓶、一小瓶來自沙福郡永不腐朽的泉水，泉眼就在聖女奧西斯[5]被來擊的維京人斬首時，頭顱落下的地點；兩個人類頭蓋骨、占卜棒和靈擺（父親是著名的尋水尋礦占卜者，編輯《英國占卜協會期刊》〔*Journal of the British Society of Dowsing*〕）、數百個化石、刻有俄文的沙皇時代珠寶展示盒、來自西部沙漠的一個坦克瞄準器，上附有膠接目鏡，即使翻越崎嶇地形，眼睛也不致受到撞擊；一把貝都因酋長捐贈的匕首，感激父親探尋到一口井；一本梵諦岡一八九〇年出版的《驅魔儀式》（*Service of Exorcism*）（乃阿拉伯主教所使用），以及幾張耶穌受難圖（我父母都是轉信天主教的信徒）。

自從人類開始說故事以來，總計有一千零五十億的人口誕生於世，但如今只有八十億的人還活著。我們都是人類的一小部分，相信也都有驀然想到這個事實而備受震撼，有如被突如其來的滂沱大雨浸透的時刻。

有一次，我在拉合爾檔案館（Lahore archives）閱讀一封一八二一年的手寫信札，信札突然中斷，只帶了一句：「我不得不先停筆，有沙塵暴。」當時彷彿有個身著大禮服的人物突然從一幅版畫中蹦出來，和我共處一室。在我書店，我曾和顧客談起伊恩．佛萊明[6]、約瑟夫．康拉德、卡繆和西貝流士[7]等，而當對方談到這些人一些公開紀錄上所沒有的私人故事時，我們的對話頓時就會活潑起來。有次和一名常客史黛拉．歐文（Stella Irwin）聊天時，確實證明話題多廣泛。史黛拉對羅伯特．格雷夫斯頗有研究，還告訴我，在《向一切告別》（*Goodbye to All That*）中，格雷夫斯提及自己小時候，如何被史文朋[8]輕輕拍過頭，而史文朋年輕時曾遇到過瓦特．薩維吉．蘭德[9]，蘭德還是小夥子時，則被塞繆爾．詹森輕輕拍過頭，而詹森幼時因為罹患「瘰癧」[10]，曾接受過安妮女王的觸療。安妮女王和伯父查理二世[11]很親近，查理二世是查理一世[12]的兒子，蘇格蘭瑪麗女王[13]的孫子，而瑪麗女王的表姑（譯註：原文的cousin即表姊妹，應為誤植。）伊莉莎白曾經見過莎士比亞。那次和史黛拉．歐文在普萊馬克[14]對面水石連鎖書店的談話，突然使我們兩個老人家和《仲夏夜之夢》的作者以及他所帶我們通往的世俗魔法和奧維德的諸神世界，似乎並沒有那麼遙遠。如果我們浸淫於故事，那麼兩千年也不過轉瞬之間而已。

收集書本還有一個實際目的。馬克思警告我們「歷史會自己重演，第一次是悲劇，第二次就成了鬧劇」。擁抱故事可以保護我們避免落入這種循環，這也說明了正統猶太人以防萬一的聰明做法：把使用過的破舊聖書先放置在一個臨時書櫃中，再封存埋葬於墓地。在巴拉克．歐巴馬出任美國總統時，他選擇以兩本書宣誓：亞伯拉罕．林肯和馬丁．路德．金恩所曾擁有的聖經，此舉正展現出他利用過去故事創造美好未來的心願。「暗網」（dark net）中對他不滿的人顯然也體會到他當時使用那兩本書的偉大力量，但他們詭異地指稱上面那一本是《可蘭經》，象徵其優先於聖經。

就像歐巴馬一樣，收藏者藉由保存書籍來保護未來。收藏著各自擁有對書本的熱愛，就像在等待簽名的隊伍中那位小女孩一樣，保護著我們的故事走過晦暗的時刻。在《華氏四五一度》（*Fahrenheit 451*）中，雷．布萊伯利（Ray Bradbury）筆下的每個人物都記住一本小說，是保護書本的收藏者，正如反烏托邦電影《重裝任務》（*Equilibrium*）中，反抗者將書籍藏在牆壁後面，或者一名葉門信徒，在常年飽經戰火的某個年代，將一本七世紀的《可蘭經》藏在沙那大清真寺（Sana'a's Great Mosque）的牆壁後面，一九七四年建築工人意外發現了那本經書，原本已經放進垃圾袋中準備扔棄。收藏者便是保護者。

如果世界一流的圖書館幫助我們維護了某一部分文明，我們要感謝的是那些私人收藏者，而不是政府。有眾多書本訴說著世界圖書館的故事，但許多個性怪異的收藏家卻對圖書館不屑一顧，最終為世人遺忘，躺在墓穴中。他們對書籍收藏的信念，是一種安靜的勇氣。我們永遠不需要在國家圖書館的接待處前面表現得畏畏縮縮，因為我們繳納的稅金是他們的財政支柱，沒有我們，它們也不會存在。一個發人深省的事實是，政府維持並管理國立圖書館，卻很少創立圖書館。

舉例而言，古董商羅伯特．柯頓[15]的收藏品，是大英圖書館的根基，但卻是因為柯頓透過議會運作，才由國家接管他的書，當時他的藏書已遠超過國王的藏書。一位歷史學家表示，柯頓此舉並非基於經濟考量，因為他「實際上把他的藏書送給了國家」。英國另一個版權圖書館[16]博德利圖書館（Bodleian），是由伊莉莎白女王意志堅定的傳令官托馬斯．博德利[17]所創建。亞伯立斯威（Aberystwyth）一名醫生不僅捐出自己的藏書，還捐贈兩萬英鎊以興建威爾斯國家圖書館（National Library of Wales）；美國國會圖書館原本只是讓政客使用的資源，直到湯瑪斯．傑佛遜為了人民，才將自己的藏書變成一座國家圖書館的基礎。百萬富翁皮爾龐特．摩根[18]和亨利．杭廷頓[19]在美國建立了如今等同國家級別的免費圖書館；法國國家圖書館始於皇家私人圖書館；波蘭國家圖書館呢？完全由兩名書癡兄弟所建立；義大利國家圖書館？來自梅迪奇家族（Medici family's）的藏書；德國國家圖書館？出於一名有遠見書商的計畫，在一八四八年的革命熱情中，強行讓國會通過而成立。一間今日已經罕為人知的普羅旺斯艾克斯（Aix-en-Provence）圖書館，其卓越性遠超過該小鎮的規模，是當地人尚－巴蒂斯特．皮奎特[20]的遺贈，他在遺囑中明文捐出八萬本書，將其視為「公共資源」。

雖然伊斯蘭教的收藏家人才濟濟，對他們自己的書籍也貢獻有加，但是我在此仍然必須提到下面這位人士，偉大的波斯學者伊本．卡希姆大人[21]。波斯的艾米爾（譯註：Emir，統治者之意）提供他一份肥缺，請他統治帝國最重要的行省霍拉桑（Khorasan），但他拒絕了，理由竟然是需要四百頭駱駝才搬得了他的私人圖書館。他決心在帝國中散播書籍的種子以成為文明的推手，力促在庫姆、伊斯法罕和德黑蘭建立國家圖書館，光是德黑蘭圖書館便擁有二十萬冊藏書。

門多薩手抄本[22]的奇幻漂流記

帝國的建立也是一種本能，有一本書便是在這種本能的驅使下，通過一連串無良的擁有者，展開一段漫長的旅程。門多薩手抄本是獨特的倖存者，乃阿茲特克抄寫員所書寫有關當地文化的紀錄。閱讀這本書——對於無法以四百美元購買加州大學翻印版者，可以在線上閱覽——猶如時光旅行，回到十六世紀的墨西哥。該書由圖片主導文本，採取圖像小說風格：其中包括日常園藝、烹飪、祭祀和戰鬥等畫面，以及教養孩童的溫馨描述。

這類傳統阿茲特克書籍，被西班牙入侵者有系統地收集並且焚燒，係消滅阿茲特克文化的策略之一。這份完成於一五〇〇年代早期的手抄本，被墨西哥總督安東尼奧．德．門多薩[23]視為情報工具，據以了解阿茲特克文化，以便更全面性地加以摧毀。不過當他將手抄本送往馬德里時，意外開啟一段流浪之旅。門多薩是個殘暴的惡霸，因此他的情報計畫失敗是件令人開心的事。這艘載著手抄本的船隻被加勒比海海盜攻擊與劫持，從此展開手抄本的長途飄泊，激起情緒，它的故事也有如托爾金的魔戒，迷惑它的愛慕者長達數世紀之久，還讓愛慕者出生入死。

海盜船長獲得這本書，我們可以想像他在點著蠟燭的船艙裡瀏覽此書的情景，桌上還擺著把短刀。最後，他在巴黎將這本書賣給了安德列．特維[24]。特維來自法國中部安靜的夏朗德省安古蘭平原。十歲的時候，他的父母將他送到方濟會修道院，但成年後的他偏離了正統基督教，轉而對土著文化產生奇特的興趣，這本手抄本因而啟發了特維前往南美洲探險的興趣。

憑私人土著藝術博物館和旺盛的好奇心，他成為彼時法蘭西斯國王手下的一名宇宙學家，以及文獻修復家。這位皇家宇宙學家，以其怪異的興趣，被某些人批評為偽學者，但在巴黎，他贏得伊莉莎白女王國務卿，英國人理查德．哈克盧伊特[25]的友誼；哈克盧伊特是德雷克[26]和羅利[27]的朋友，也是一位傑出的英國航行家。孩提時代，哈克盧伊特在倫敦親戚家的桌上看到「一些地理方面的書」，讓他迷上遙遠國度的故事。因為對其他信仰系統抱持尊敬的態度，甚至甘冒生命危險公開反對以字面意義詮釋聖經。批判者因而將他臉上的紅斑視為天譴，而那紅斑日後確實惡化為致命的疾病。特維將手抄本展示給他的英國友人看，哈克盧伊特的欣賞很快轉變為占有欲。特維勉為其難以大約一千英鎊的價格把手抄本賣給哈克盧伊特，讓他帶回英國。

一六一四年，哈克盧伊特遇見拉德蓋特聖馬丁教堂（St Martin's Ludgate）的主教塞繆爾．珀查斯[28]，這座教堂位於聖保羅大教堂下方的山丘上。珀查斯主教是埃塞克斯（Essex）一個羊毛商人的第六個孩子，也是一位迷戀異國風情故事的人。他的旅遊書《哈克盧伊特遺作之珀查斯的朝聖之路：有關英國人等海上及陸上旅行的一部世界歷史》（*Hakluytus Posthumus, or Purchas his Pilgrimes, Contayning a History of the World, in Sea Voyages, & Lande Travels, by Englishmen and others*，一六二五年），是數世紀以來的經典之作。塞繆爾．泰勒．柯勒律治在閱讀到珀查斯所描述的忽必烈汗[29]宮殿時竟然睡著了，醒來後，寫下著名的有關上都（Xanadu）的詩作。在哈克盧伊特去世後不久，珀查斯便購入他全部有關旅行奇聞的書籍，包括這本手抄本。

塞繆爾．珀查斯擁有此書六年，一六二六年去世。他那也叫塞繆爾的兒子並未分享父親對遙遠國度的興趣，只熱衷於後花園：寫了第一本內容優異的養蜂手冊。他將手抄本賣給艦隊街一位名叫約翰．塞爾登[30]的律師。下面是賽爾登同時代人對他的描述，心癢摘錄如下：「他很高，我想應該有六呎，銳利的橢圓形臉蛋，頭不是很大，鼻子長長的，歪向一邊，一雙灰眼睛。是個詩人。」博學多聞的塞爾登住在內殿律師學院（Inner Temple）一間寬敞宜人的頂樓公寓。他一些喜愛詩歌的同好，諸如約翰．多恩，會來拜訪這位「仁慈、客氣、友善」的人道主義者。而他也在這裡學習了十五種語言，包括阿拉伯語和衣索比亞語。他平日如果不是忙於書寫重要法律文件，或追求他一生摯愛的伯爵夫人，便是撰寫有關離婚或異性變裝案件的答辯狀。而就在這處頂樓公寓，長達二十二年，手抄本擁有一個幸福、乾燥的家。賽爾登對所有文化的尊重態度超乎尋常，因此，當他在七十歲去世的時候，他的八千本書未來充滿了不確定性，其中包括門多薩手抄本。

幸運的是，賽爾登的遺囑執行人將他的書捐贈給牛津的博德利圖書館，由圖書館管理員湯姆士．巴洛[31]接收。巴洛是個「形上學的讀者」，對賽爾登兼容並蓄的珍藏充滿熱情——這些收藏仍存放於賽爾登廳（Selden wing）——但他預見自己所面對的職業生涯問題。若為賽爾登的收藏品編目，將占據他所剩餘的職業人生；於是他辭去圖書館的職位，以逃避這項馬拉松任務。

進入十八世紀和更趨嚴苛的維多利亞時代後，這份脆弱的手抄本受到了忽略而疏於照管。潮濕、甚至結霜的情況，蹂躪著博德利圖書館的收藏品。基於安全考量，創辦人托馬斯．博德利不得不禁止在圖書館中使用火燭；因而在這冰凍的學習殿堂中染疾而亡的讀者可不只一、兩位。

手抄本最終得以倖存，可謂最為古怪的怪事。一名愛爾蘭貴族愛德華．金（Edward King，一七九五～一八三七年），大半生均隱居在科克郡城堡中的塔樓書房看書。他認為以色列失落的部落[32]可能和阿茲克特人有關，因此造訪了博德利圖書館。一位名字響亮，脾氣暴躁的圖書館員伯克利．班迪內爾（Bulkeley Bandinel）——曾擔任過教區牧師，熱中蒐購古本聖經——粗暴地把門多薩手抄本挖出來。儘管作風怪異，金卻成為阿茲特克傑作重見天日的功臣，因為他的看重，手抄本自此受到良好照顧，成為圖書館最偉大的珍藏之一。他耗費三萬兩千英鎊印製多達好幾冊的手抄本註解版，用小牛皮製成的高級紙張手工印刷，在一八四八年出版上市。這項投資讓金傾家蕩產，四十二歲時因斑疹傷寒，死於都柏林的債務人監獄。

經過五百年的飄泊，門多薩手抄本今日經常在博德利圖書館展出。二〇一七年圖書館館長告訴我，該書定期會移到沒有光線的地窖中「休息」。在五百年間，它從墨西哥的炙熱來到牛津郡的黝暗地窖——史上幾乎沒有任何書本經歷如此驚心動魄卻又浪漫動人的過往，這都拜上述那一系列聲名顯赫卻格格不入的學者之賜。

閣樓裡的維納斯

托馬斯．伊沙姆（Thomas Isham，一五五五～一六〇五年）雖藉由都鐸王朝的羊毛生意賺錢，心思卻全在書本上。一九五〇年代他從聖保羅教堂庭院——「灰狗標誌之處」——的書商利克（Leake's）手中購入莎士比亞的詩《維納斯和阿多尼斯》。莎士比亞以這首詩首度聞名於世，但這首春心蕩漾的詩作甚少留下早期版本。女士們喜愛這本書中女英雄的活潑好勝，主動向獵人阿多尼斯求歡。有些人則擔心這本書的解放效果：在一六〇八年，托馬斯．米德爾頓[33]在《瘋狂的世界，我的大人們》（*A Mad World My Masters*）劇作中，即描繪有一個丈夫沒收了妻子的《維納斯和阿多尼斯》，擔心這本書對她起催情效果。在接下來的幾個世紀，這本詩作往往被排除在莎士比亞作品集之外。伊沙姆沒有被這種假道學所干擾，他已經購有馬羅[34]翻譯的奧維德這本教會下令焚毀的書籍。兩本書被一起帶到他位於北安普敦郡溫馨的紅磚住家蘭波特莊園（Lamport Hall）中。這棟住家如今對外開放，仍為伊沙姆家族所擁有。他們是傳承已久，具有獨立意志的家族，反對約翰國王[35]、借給理查三世[36]四十英鎊。

正如托馬斯．伊沙姆對詩文的興趣所反映的，伊沙姆是一個長於表達情感的家族。他孫女遲至二〇一六年才出版面世的日記充滿了憂愁和疑慮；而一九七一年所出版的另一本日記，是同樣名為托馬斯[37]的曾孫寫的，亦是現知唯一一本十七世紀慘綠少年的日記。這個曾孫遺傳了老托馬斯對書本的熱情，身為風采迷人的風雲人物，他繼續在書本上大肆消費，特別是義大利購物之行，原本想藉婚姻挽救家產（譯註：他未婚妻是荷蘭商人的女兒），不料在結婚前夕悲慘地告別人世。

直到一六五四年，伊沙姆家族財富總算恢復，當時的伊沙姆男爵賈斯汀[38]，也得以增建今日蘭波特莊園所見的精緻古典門面。在整個翻修期間，托馬斯．伊沙姆大部分藏書，包括極其罕見的《維納斯和阿多尼斯》早期版本，都保存在閣樓。這是凡夫俗子的作為，但也許正表示，賈斯汀對門面比對文化更為注重。其一位鄰居桃樂絲．奧斯本[39]即認為他是「我所見過最虛榮、最傲慢與自負的花花公子」。

《維納斯和阿多尼斯》在閣樓靜靜地躺了兩百五十年，任由北安普敦郡的風在外面呼嘯，漫漫夏日的烈陽蒸騰著屋頂。而隨著倫敦大火肆虐，巴士底監獄被攻占，以及蒸汽火車時代的到來，這本書仍然沒有受到任何干擾。

直到第十任男爵查爾斯．伊沙姆[40]，才終於挽救了這本書。這位愛好精靈的靈媒和今日素食主義的先鋒，因將花園精靈的造景藝術從德國引介到英國而成名。（伊沙姆家族絕未料到：他女兒憎恨花園精靈，在他過世後，立刻用來福槍掃射蘭波特莊園所有花園精靈。）一八六七年，好奇成性的查爾斯·伊沙姆前往閣樓，發現了《維納斯和阿多尼斯》。一八九三年，那本詩作被賣給一名倫敦書商，一九一九年，再度以一萬五千英鎊賣給美國收藏家亨利·杭廷頓，收藏在其加州的圖書館，並且開放大眾閱覽。

我們可以感謝「花花公子」賈斯汀，無意間將這本書原封不動保存在閣樓。因為，就像所有情色作品一樣，假使《維納斯》文本不斷遭到翻閱，歷經數世紀，多半早已支離破碎。

文藝復興和啟蒙時期的收藏家

歐洲私人收藏家都反映著他們所處的年代。約翰·迪[41]的圖書館充滿文藝復興時代融合神祕主義和古典學識的藏書，規模比劍橋和牛津大學圖書館還要大。他畢生致力尋找賢者之石[42]，這樣的意圖也主導著他的收藏。約翰·奧布里形容他「蓄著像牛奶般雪白的長鬍子」、「穿著像藝術家一樣的長袍，袖口垂掛」，以鍊金占卜聞名：當地孩子都很怕他。

迪可以感受到修道院及其所屬偉大圖書館的消亡，就像我們對二〇一五年帕邁拉（Palmyra）被摧毀時的心情一樣。身為亨利八世時期的小男孩，他留意到古老羊皮紙上裝飾細緻的字母，但當時的人「習慣」拿羊皮紙當防塵書衣，用以包覆印刷書籍，甚至更糟的用途。當時他經常去拜訪馬姆斯伯里（Malmesbury）教區的牧師威廉·史坦普（William Stump），他是個擁有自己的釀酒廠的酒鬼。史坦普利用附近修道院的手抄本塞住啤酒桶的封塞孔。「他說其他東西都不比這個好用；當時見到這一幕讓我很難過。」骨董商約翰·利蘭德（John Leland）也曾對湯瑪斯·克倫威爾表達過類似的哀嘆——雖然我等並不認為克倫威爾有聆聽這種事的誠意：「反傳統的人割下古代手抄本碎片，拿來擦鞋子和燭臺，還賣給肥皂商。」我們可以從莎士比亞十四行詩第七十三首，感受到他對於這種修道院文化沒落的感傷：「斷垣殘壁，啁啾不再。」

在瑪麗皇后[43]統治下，迪發表了一篇祈禱文《關於古蹟與古老優秀作品的修復及保存》（*Concerning the Recovery and Preservation of Ancient Monuments and Old Excellent Writers*）。後來，在伊莉莎白統治下，他成為女王的私人占星家，並且向女王陛下表達心願，希望他的藏書有朝一日能夠成為「國家圖書館」。那些藏書包括他從荒廢的修道院以及到處奔波所收集的重要作品。然而，他晚年生活窘困，藏書也為之四散，不過有些收藏總算納入大英圖書館。迪挑選了一些書埋藏在他位於泰晤士河畔的莫特雷克花園（Mortlake garden）。羅伯特·柯頓在迪生前曾獲得許多迪的藏書，在他死後挖掘出更多。在迪昔日住家地點有一塊不起眼的公寓區——約翰·迪之屋（John Dee House）——還保留有一道疑似他花園的斷垣殘壁，如今充作曬衣場，在那裡的柏油路面下，或許還埋藏有更多可以貢獻給國家的書籍。

和許多收藏家一樣，迪的俗世生涯總排在哲學生活之後，持平而論，他在一定程度上啟發莎士比亞創作出普洛斯彼羅[44]，另一個神祕書籍的埋藏者，對他而言，圖書館本身便「足以代表整個公國」了。

一位義大利文藝復興時期的博學者比迪幸運，將自己的所有收藏奉獻給國家福祉。這位博學者費德里科·博羅梅奧[45]在一五〇〇年代晚期寫信給他一位朋友，希望將自己的收藏公眾化，讓義大利在中世紀飽受苦難的「那種粗鄙的年代不再重現」。為了這個使命，他位於米蘭的安布羅薩納圖書館（Ambrosiana Library）迄今遵守信諾，奉獻了五百年。

博羅梅奧是一位樞機主教，雖然基於部分職責，他應該如同當時德國和西班牙的收藏者，樹立堅實基礎，駁斥異端邪說，但他是個熱情的折衷主義者，而且早從孩提時代在家中發現一本古老的宇宙誌時便是如此了。他堅定不移，就像史密斯飛船（Aerosmith）的歌，不願錯過任何一件事[46]。他在刮鬍子的時候看書，旅行時總搭乘轎子，以便在行程中看書，閱讀使得他的寫作內容多采多姿，知道鳥兒為何歌唱、天使的喜好、埃及的象形文字、以及冰島的料理。

伽利略把自己的書獻給博羅梅奧收藏時，附上說明書，表示這其實是一件自私的饋贈——如果他的書能納入「你壯麗而不朽的圖書館」，會提高他自己的尊嚴。圖書館內的其他收藏還包括一卷古老的愛爾蘭書卷，後來發現是刮去原文重新撰寫的羊皮紙文獻，或者說是回收使用的手抄本。其刮去的原文是西塞羅[47]三篇遺失的演講。博羅梅奧不是一個有潔癖的古文物收藏者。當手下送來一份經過清理，仔細裝訂的西塞羅文本時，他說：「如果不要清理得這麼乾淨，留下更多使用痕跡，我會更喜歡。」

這位身材魁梧，令人敬愛的人物，外貌有如中年的奧利佛．李德[48]，不是一個關在室內的學者：他在一六二七年大饑荒時發揮人饑己饑的精神，以及照顧瘟疫受難者的英雄行徑，成為十九世紀曼佐尼[49]暢銷小說《約婚夫婦》（*The Betrothed*）的題材。

其他仍持續收藏的珍品，還包括一本四世紀的荷馬、一本六世紀的聖經手抄本、為數眾多的希臘手抄本，以及數百本希伯來文書籍。他派遣代理人收取日文印刷書籍，並說服馬爾他大主教（Grand Master of Malta）從旅經當地的船上收集阿拉伯文書籍，此外，一名那不勒斯的西班牙籍阿拉伯學者和一名開羅的代理人也會把書本寄送給他。當他聽聞格拉哥里字母（Glagolitic）的存在（譯註：現存已知最古老的斯拉夫語言字母），他便將該文字撰述的古老手抄本增列進他的書架。他的書本還包括亞美尼亞人的珍藏，其中甚至包括亞美尼亞語的第一本字典。他畢生最大的挫折，是無法找到象形文字撰寫的書籍。他寫道：「即使來自其他信仰的書籍也能為我們帶來好處，不但優美，而且有益。」

他最大的珍藏是《大西洋古抄本》（*Atlantic Codex*），為李奧納多（譯註：達文西）一本千頁左右的筆記，包括其對數學、飛行、降落傘和鍊金術的想法。在教皇審查的年代，將這麼廣泛的書籍納入收藏是有風險的，但這位紅衣主教自有巧妙的解決方法，其用字遣詞令我們後人也想使用在日常面臨的棘手狀況。他在圖書館員的合約中規定，「基於眾所周知的理由」，這些書籍的目錄不得隨意展示給任何人。

他的圖書館員非常忙碌：按照合約，他必須「在三年任職期間」寫出一本學術著作，而他的收藏品從一六〇九年開館以來便免費開放給大眾。一六七〇年一位英國訪客便記錄這種非比尋常的慷慨之舉：

> 它不像其他圖書館的惺惺作態，很少揭露特殊館藏；這裡對所有來來去去的訪客開放，而且容忍他們翻閱任何想看的書籍。

這個圖書館是世界上最大的圖書館之一，藏書超過一百萬冊，即使拿破崙的軍隊偷走了一部分（目前仍在巴黎），英國皇家空軍一九四三年又炸毀博羅梅奧的原始閱覽室，仍是不減其規模。博羅梅奧完全開放的理想如今實現得更為徹底：二〇一九年，全本《大西洋古抄本》放上網路，而且圖書館仍然對衣著端正的「所有十八歲以上人士」開放。

就像迪和博羅梅奧一樣，塞繆爾·皮普斯也希望個人的藏書能比自己的生命或職業成就更為長久。他來回忙碌於海軍部吃重的工作和籌建一座公共資產的圖書館，指示該圖書館在牛津大學內獨立運行，這一傳統一直延續到現在（譯註：資料顯示，皮普斯圖書館乃位於皮普斯母校劍橋大學的抹大拉學院〔Magdalene College〕）。有天皮普斯發現自己身處困境，周遭全是堆滿書籍的椅子，於是委託造船廠的木匠為他的藏書訂製玻璃書櫃，意外導致該類型書櫃首度問世。他選擇的收藏品「和各親王高調浮誇的圖書館不同」，其中有祕方、廉價書和流行一時的印刷品。皮普斯過世後，這些藏書和書櫃均封存，由馬車運送到牛津大學。

就在皮普斯之後不久的義大利，一位鮮為人知的收藏者收集了一整屋包羅萬象的書籍，迄今仍是佛羅倫斯的國立圖書館不可或缺的一部分。在遺囑中，安東尼奧．馬利亞貝基[50]將其所有四萬本書籍以及一萬本手抄本捐贈給國家。他嗜書如命，遠比其他瑣事還要上心，諸如衣服（他總是穿著同樣的黑色斗篷和緊身上衣）和食物（他靠雞蛋、麵包和清水度日）。

小時候，他是個目不識丁的後街小頑童，直到父母幫他在水果攤找了一份工作。他被水果包裝紙上的文字吸引，有一天他坐在外面，仔細審視包裝紙時，隔壁的書商提議教他識字。

不久後，他便精通希臘文、拉丁文和希伯來文，並且成為活字典，以近乎神奇的速讀能力聞名。曾經有個印刷工故意要測試他，便在付梓前將一份手稿借他閱讀，然後假裝手稿遺失，要求他重新寫出來；馬利亞貝基做到了，而且幾乎一字不差。

他在舊佛羅倫斯區的房子很快便堆滿書本，無論樓梯或每間房間均書滿為患，訪客必須側身才能穿過書本堆成的峽谷，其中許多人為安東尼奧的住家留下令人震驚的紀錄。一旦勉力進入房間與他交談，你會發現馬利亞貝基躺臥在一張木製的矮床，四周都是書本，之間還交織著蜘蛛網。「不要傷到蜘蛛！」他通常會如此大吼。一位灑了香水的貴族訪客寫道，他的生活「好像野蠻人」，但馬利亞貝基對蜘蛛單純的尊重態度卻別具吸引力。

馬利亞貝基對於保暖問題有獨特的解決方式。他不願浪費金錢維持整個房間的溫度，而設計了一種小暖爐綁在手臂上。雖然難免把衣袖烤焦或把手燙傷，他卻寧願付出這些代價，而不必在看書的時候分心照顧壁爐。

這位個頭矮小，有張鬆垮的大嘴、一對明亮的黑眸和不修邊幅的佛羅倫斯人，因為是座知識寶庫而紅遍整個歐洲。他從未寫過一本書，但為了感念他的淵博學識，很多作品都題獻給他。任命他擔任圖書館員的科西莫．德．梅迪奇[51]，有一次要找一本書，他回覆說那本書「在君士坦丁堡的蘇丹圖書館（Sultan's Library），右邊第三層書架上。」

馬利亞貝基並不是一個執著的收藏狂：他熟悉自己所有的書，而且若干資料證明這全部的書他確實都看過。他收集的目的是為了轉化內在，在這方面，他有如一位文藝復興時期的都市巫師，他喜歡一句名言「只會讀書而不知反思，就不適合多讀書」。他在當時堪稱嵩壽的八十一歲過世，將所有的財產留給城市裡的窮人，因為自己就是在這群人之間成長的。

在這個由男性運作的早期近代世界，有一些著名的女性藏書者脫穎而出——例如瑞典女王克莉絲汀娜[52]和凱瑟琳大帝[53]。在墨西哥，則有一位比較少人知道、出身也比較平凡的女性胡安娜．伊內斯．德．拉．克魯茲[54]。這位父親經常缺席的私生女，和四名手足在一座火山邊的小農場裡長大，有些還不是同父同母者；有關她早年生活的細節很難查證。因為祖父很喜愛書本，所以她五歲之前便在祖父家中自學讀寫拉丁文，接著又學希臘文。在青少年時期，她已學會阿茲特克語：用這種語言寫詩讓她有了個人的抒發管道。一位阿茲特克語專家宣稱，根據這些詩作，「她能說一口流利的納瓦特爾語（Nahuatl，即阿茲特克語）」。

墨西哥市大學拒絕她入學，她母親也勸阻她打消假扮成男人入學的主意，所以她收集書籍——最終超過四千冊——繼續自學。十七歲的時候，她和一位高級神學家辯論，結果未被擊敗，她的美貌與才智使她獲得西班牙總督宮廷女官一職，在這段期間，她拒絕了許多人的求婚，但這種生活有如鍍金的牢籠，使她在心智上無法獲得滿足。就像當時許多女性愛書人一樣，成為修女，是追求學術生活最簡單的方式。正如她二十歲時公開承認的，她希望「不要有固定的職業，那樣會限制我的學習自由」。

她四處查訪修道院，在加爾默羅會（Carmelites）待了一陣後，便帶著藏書進入耶柔米女修道院（Hieronymites）這間奉行創辦人聖耶柔米[55]重視書本、學而不倦的修道會。她在那邊寫詩、寫戲劇，儘管隔著欄杆式屏風，仍跟來訪的學者進行哲學辯論，然而這重重限制的學術自由還是讓她惹上了麻煩。

她寫了一封批判耶穌會（Jesuit）某次布道內容的信，卻未經她同意就被公開，可想而知，她收到地區主教的正式警告，指責她耽溺於俗務。她的答辯：《敬覆菲羅蒂亞修女》（*Reply to Sister Philotea*），是擁護書籍和學習權利的一份令人動容的辯詞，也是一份早期的女性主義宣言。她申辯閱讀應該是女性之間彼此分享的一種習慣，就像分享烹飪祕訣和針線技巧等活動一樣。那些活動不需要排除學術學習：「我們絕對可以在做晚餐的時候，進行哲學思考。」但一六九四年，接受她懺悔的神父也訓誡她之後，她的藏書或被沒收，或被賣掉，她的藏書去向不明。當年她四十六歲，隔年，由於奉命照顧瘟疫患者，自己也染疫而病故。經過幾個世紀的忽視後，她再度被二十世紀的男性學者鞭屍：

「精神分裂、精神錯亂。」——路德維希・普凡德爾[56]（一九五三年）

「她的詩是粗俗的雜技。」——弗雷德里克・盧西安尼（Frederick Luciani，一九六〇年）

「偽神祕主義者。」——葛雷德・福克斯・弗萊恩（Gerard Fox Flynn，一九八六年）

如今胡安娜受到廣泛研究與推崇，詩文由多種語言發行，音樂被公開演奏，有一所大學以她命名，並出現在墨西哥的紙幣上。瑪格麗特・愛特伍二〇〇七年寫了一首關於她的詩（「妳爆發的音節散落在草坪」），皇家莎士比亞公司（RSC）還演出一齣關於她的戲劇。

還有一位幾乎被遺忘的收藏家，生活在十八世紀的法國，值得一提的是，他的收藏今日仍然存在，供公眾使用。巴黎的阿瑟納爾圖書館（Bibliothèque de l'Arsenal），是波爾米侯爵馬克・安托萬[57]熱中收藏的豐碩成果。該館座落於砲兵軍官的舊宿舍，就在巴黎聖母院的東邊，是一棟精緻、對稱的四樓石造建築。波爾米向路易十六[58]堅定表示，為了後代子孫，將它維持為公共圖書館。安托萬侯爵出身於政治世家，但對國家事務興趣缺缺，雖然嘗試過不同職務，包括擔任國王馬廄大臣，但都不成氣候。他真正熱愛的是書本，而他在書本上的龐大支出迫使他在一七六九年賣掉房子，招致身為外交大臣的父親雷內・路易斯（Rene-Louis）——政壇上的綽號為「野獸」——的不滿，他對他的素食主義和愛好喜劇而對悲劇無感的品味亦頗為失望。「我的兒子不會招恨，也不惹人喜愛」，他的這個看法後來證明是錯誤的：波爾米侯爵今天仍因為其藏書而受人敬愛。

馬克．安托萬在十萬本藏書中，關注的是書本內容，而不是精緻的裝訂，他闡述自己的使命：「成立圖書館的人，其主要目的在於：探討人類精神的進步，乃至其錯誤，以及從事歷史研究。」這種對錯誤的包容意味著，就像皮普斯一樣，他是在為後代史料從事收集和保存的工作，甚至不惜派遣代理人在歐洲各地尋覓真實的奇珍異寶。在英國，偉大的藏書家賀拉斯．沃波爾[59]是他的供應者。除了一般的卡克斯頓出版品[60]，喬叟和莎士比亞的早期出版品外，他還從世界各地收購包羅萬象的東方文學、克羅埃西亞詩集、被遺忘的羅曼史、一本中文版基督傳，以及一本有關耶穌臍帶的權威書籍，有些人不免驚訝這種東西竟會在蘭斯（Rheims）附近一家小教堂出現。

侯爵收購舊制度時期偉大學者拉瓦利耶公爵[61]的大型圖書館，大舉擴充他的收藏。閱讀對於本書中所提那些出身比較卑微的人士而言是為了打破困境，值得褒揚；但對特權階級而言，則成為必須面對的挑戰。就像拉瓦利耶公爵，眾人均期待他終身奉獻於公職。他十九歲時擔任陸軍軍團上校，後來又成為地方首長、狩獵和獵鷹隊隊長，當國王的情婦要他負責皇家劇院時，他也無法拒絕。不過儘管如此，他仍持續懷抱對書本的熱愛，經常和伏爾泰和狄德羅[62]等作家來往，而非其他官僚。公爵習慣購買整座圖書館，然後拋棄重複和比較不重要的藏書，一名法國作家診斷他患有「書籍暴食症」。根據他的圖書管理員里夫神父[63]透露，拉瓦利耶一連好幾年每年都賣掉兩萬本書。

和一些沽名釣譽的收藏者不同，波爾米侯爵嗜書如命，「幾乎」讀完全部藏書。許多書上都留有他的旁註。可惜的是，他的兩大本書目，分別關於十六和十七世紀，從來沒有完成。他「始終舉止得宜」，臨終時對女兒表示他「沒有任何不當的行為會為人所詬病」，這可是許多政客無法提出的保證。

一七八九年，巴士底監獄暴動蔓延到阿瑟納爾圖書館，門房迅速更換服裝，向暴民保證這棟建築物和貴族毫無瓜葛。奇蹟般，他們放過了這棟建築。

雖然波爾米侯爵希望圖書館免費提供群眾閱覽，但現在並非如此。國圖已接手該圖書館，阿瑟納爾圖書館網站則在陳述宗旨後解釋道，為了獲得「最大參訪權限」，建議讀者花費二十歐元購置「文化通行證」（政府官員可免費取得）。

藏書家中的巨怪（Leviathan）

十九世紀，長達八百頁的《藏書癖》（*Bibliomania*）作者將上述封號賜給湯瑪斯・羅林森（Thomas Rawlinson）的兒子。湯瑪斯是芬喬奇街（Fenchurch Street）米特酒館（the Mitre）的老闆，他娶了瑪麗，沿河岸街魔鬼酒館（Devil）老闆的女兒。他們的大兒子是個偉大的藏書家，也叫做湯瑪斯[64]。一開始，他的父母鼓勵他從事法律業，但他發現自己對那門行業幾乎沒有任何興趣。書本才是他的志業，因為他意識到書籍可以避免歷史的錯誤——這是藏書家中一再出現的動機。正如小湯瑪斯所說，這個時代需要「稽查員才能步入佳境」，所以他的責任是成為「棄養書本的養父母」。這句話和波赫士和澤巴爾德關注「棄養的事實」的說法相映成趣。他的外祖父，也就是魔鬼酒館的老爹，對這孩子的理想心存疼惜，給他一份終身年金，指定作為購書之用。

小湯瑪斯的收藏決定了他的生活型態。他很快就將大批書帶到他在格雷律師學院（Gray's Inn）的房間，乃至自己必須睡在走道上，因而又搬到位於奧爾德斯蓋特街（Aldersgate Street）的公寓，經常泡在一間咖啡店。他在那裡遇見了咖啡師艾咪．弗雷溫（Amy Frewin），並且和她結了婚。他的朋友對艾咪「可疑名聲」的批評，似乎只是出於自負心態的隨口攻擊而已。書本的支出使他債臺高築，於是冒險投資政府背書的南海公司（South Sea Company），結果「南海泡泡」破滅，他也損失慘重。他四十四歲過世時可謂窮途潦倒，不過幸好還有一個幸福的結局，或至少證明他熱愛書本的信念是正確的。

他的父親還有十四個孩子，排行第八的理查德[65]也成為書迷，而且對公眾圖書有使命感。那是歷史上的黑暗時代，民族精神在詹姆斯黨[66]所引發的內戰以及和西班牙和普魯士（Prussia）的戰爭中四分五裂。我們和歐洲的關係分裂了整個國家。理查德表示，「在這個忘恩負義的年代」，我們必須透過書本，「為後代保留些什麼」。他的座右銘是「我收集、我保存」，他還周遊歐洲各國，在拍賣會中尋寶，遍訪倫敦的雜貨店和蠟燭廠，搜尋用來墊放派餅和包裝蠟燭的破損書籍。沒有一個公務員或歷史學家做過這種事。

小湯瑪斯的大部分收藏品必須出售，當時在各個咖啡館舉行的拍賣會持續了三百多天，不過理查德還是保留了許多珍藏，此舉違抗了艾咪．弗雷溫新任丈夫約翰的意願，他想要全部出售。理查德後來購回許多他哥哥的書；他是個手頭寬裕的主教，能夠在牛津大學資助成立一個盎格魯撒克遜教授職位。這個捐助教授職位的想法，是出於他渴望自己國家能更了解自己多語言的根源，以及停止自家人間的內鬥。

他每年都會捐贈一些書籍給博德利圖書館，包括一本最重要的珍本：一〇九二年編撰的《伊尼斯法倫年鑒》（*Annals of Innisfallen*），一部愛爾蘭歷史，其重要性使得愛爾蘭共和黨政客（譯註：認為整個愛爾蘭應該成為一個獨立共和國的黨人）一直想將它收歸國有。隨著年紀漸大，理查德決定將他全部的收藏分別贈給博德利圖書館和他擔任副主席的古文物協會（Society of Antiquaries）。不料，古文物協會發現他對詹姆斯黨抱持同情的立場，竟將他逐出協會，因此，博德利圖書館獲得他大部分收藏。小湯瑪斯和理查德的外祖父，魔鬼酒店老闆的信念終於有了回報，多虧他提供年金給小湯瑪斯的創意做法，公眾化的博德利圖書館的館藏才得以擁有羅林森的豐富收藏而更加充實。

有毒的托帕姆

當然，不是所有的收藏家都致力於公共利益。下面這位名字漂亮的托帕姆．博克拉克[67]的故事便是有力的對照。他謹慎地守護著三萬本藏書，除了死纏爛打的愛德華．吉朋[68]之外，絕不外借。藏書放在時尚古典建築師羅伯特・亞當[69]專門為特定目的設計的建築物，位於大羅素街（Great Russell Street），乃大英博物館對面突然冒出的建築，據霍勒斯・沃波爾觀察：「這棟建築讓博物館很懊惱。」

這位被寵壞的伊頓公學學子是個獨生子，眾所周知地難以相處，在他死後，塞繆爾・詹森回憶起他的「惡毒」，認為「人類中很難找到第二個這樣的人」。博斯韋爾覺得他粗鄙的笑謔態度令人生厭，但仍和他相伴從事「晚間娛樂」，尋花問柳。他的家族放蕩不羈：他是妮爾・格溫[70]和查理國王（譯註：即查理二世）的曾孫（譯註：原文誤植為孫子），以及一名憤世嫉俗追求財富者[71]的兒子。總是腳踏高跟鞋、臉上撲粉、假髮聳天，是極其造作的花花公子之一，亦即當時所謂的「空心麵」（譯註：十八世紀左右歐陸時尚圈花花公子的代稱）。這些人虛有其表，當年輕的安妮・皮特[72]步下馬車，手搭在博克拉克伸出的手臂時，他居然不堪重壓而踉蹌一下，害她扭傷了腳踝。

博克拉克身上有蝨子——還曾傳染給布倫海姆宮（Blenheim Palace）所有的人——「跟乞丐或吉普賽人一樣髒」，患有嚴重便秘和性病，長年每天使用四百滴鴉片酊壓抑病情，並不是女人心目中的白馬王子。因此眾人都很同情已婚的伯靈布魯克子爵夫人，亦即黛安娜・史賓瑟女士[73]，她在一七六七年懷了托帕姆・博克拉克的孩子。本身就是酒鬼，又慣性偷情的伯靈布魯克子爵[74]很快就和她離婚，而托帕姆在兩天後便娶了黛安娜，主要為了她的錢。根據霍勒斯・沃波爾的說法，「黛安娜女士和他度過最為艱難的生活」。她足足忍耐了十二年，直到托帕姆四十一歲去世，在這段期間，她每天都必須更換床單。弗洛伊德少校（Major Floyd）在後期遇到托帕姆，發現他總有辦法「折磨自己和身旁所有人」。黛安娜的女兒瑪麗．博克拉克（Mary Beauclerk）遺傳了托帕姆的魯莽輕狂，和同母異父的兄弟，即黛安娜和前夫伯靈布魯克的兒子喬治生了四個兒子。

這故事幸而有個愉悅的尾奏：黛安娜守寡後，享受了二十八年的自由，成為一位傑出的畫家，並被視為吉朋和伯克[75]的朋友。由於托帕姆的揮霍，黛安娜並不富有，但晚年在泰晤士河邊靠近里奇蒙的小屋過著快樂的日子。有次伯克前往里奇蒙威克山（Wick Hill）拜訪約書亞．雷諾茲時，見到遠處的小屋，扭頭對吉朋說：「我很高興見到她定居在這個可愛的房子，放下所有煩惱。」她的墳墓下落不明。

那偉大的圖書館呢？為了籌措現金，托帕姆將它抵押給黛安娜的父親，後來他將其全部出售。

藏書狂

在歐洲，藏書狂的現象在十八世紀中葉蔚為風潮，直到法國大革命之後才發揚光大，貴族圖書館如雨後春筍般大量湧現。大家有種感覺，特別是英國，即經過斷頭臺的驚悚，古老家族的收藏品必須被珍藏。這個觀點迴響在《傲慢與偏見》（*Pride and Prejudice*）中達西先生解釋他對維持彭伯利（Pemberley）家族圖書館成長的責任感中。收藏書本成為時尚而神奇的事。一間大的圖書館就像豪華座車一樣化為身分地位的象徵，而不再是陳腐的標誌。對某些人來說，諸如隆斯代爾伯爵[76]，圖書館不過是地位的附屬品：在哥哥去世時，他評論道：「可憐的聖喬治[77]，他是我們當中唯一一個讀過書的人。」

塞繆爾．詹森經常講述他如何和一個庸俗收藏者打交道的故事。那人在為托馬斯．奧斯本[78]的優異圖書館編書目時，因為浪費太多時間閱讀而心生惱怒，他發出一聲不堪入耳的詛咒，用厚重的《古希臘文舊約聖經》（*Biblia Graeca Septuaginta*）（法蘭克福出版，一五九四年）把僱主打倒。這本書一八一二年仍存放劍橋書店，但後來不知所終。

英國最瘋狂的藏書者是位真正愛書籍也愛文本的書癡，名叫理查德．赫柏[79]，八棟房子裡收藏了十五萬本書籍。是深受敬愛的多語言學者，除了最稀有的書本之外，他所有書籍都不僅收藏一本，以便自由出借。他交情最好的女性朋友是他考慮迎娶的對象，法蘭西絲．庫勒[80]本身也是個書籍收藏者，在她約克郡的房子裡默默囤積了兩萬本書，她的收藏在全球具有重要位置，只有史賓塞伯爵[81]的阿爾索普圖書館（Althorp）和位於查茨沃斯（Chatsworth）的德文郡公爵[82]圖書館可以與之媲美。就像我所曾見過的大部分女性收藏家，她的低調是刻意的。托馬斯．迪布丁[83]想要以她作為自己八百頁巨著《藏書癖》的要角，但是她拒絕如此公開亮相。迪布丁告訴一名友人：「她的心像聖保羅教堂的圓頂一樣寬廣，和火山熔岩一樣熱情。」她對居住於和沃斯（Haworth）附近的勃朗特姊妹的資助最近才為世人所知。夏綠蒂．勃朗特的筆名庫勒・貝爾（Currer Bell）就是表達對她的尊崇。庫勒的兩萬本藏書現在大部分存放在布拉德福德公共圖書館（Bradford Public Library）。

我們不知道赫伯和庫勒是否發生過親密關係，但是赫伯和一名十九歲的男子卻有同性戀情。悲慘的是，當這段關係曝光了，許多朋友開始與他為敵，像是華特・史考特就表達對這種「不自然作為」感到「驚恐」。一本愛國雜誌，也是廉價感情的煽動者《約翰牛》（*John Bull*）（最後一期，一九六〇年）將他的戀情公諸於世。赫柏因而被迫辭去國會議員的職位，在皮姆利科（Pimlico）孤獨以終，死前才剛寄出三本書的最終訂單。他的遺囑藏在書籍後面，經過一番折騰才被發現。他的大部分藏書至今仍然是大英圖書館很重要的收藏品。

赫柏的獵書指導大師是艾薩克・戈塞特[84]這位罕為人知的人物，名聲被父親搶了風頭，他的父親也叫艾薩克，自稱具有超凡的能力，可以在半小時內塑造出任何人的人頭蠟像。藏書人艾薩克在博德利圖書館留下他的註記，其中許多重要的古典著作都來自他的收藏。雖然在他位於牛津街（Oxford Street）北邊的房子並沒有「藍色牌匾」，但一八一二年他過世時，有首名為〈書商的眼淚〉（*The Tears of the Booksellers*）的詩紀念他，這正是他的寫照。他個頭短小、身形異常，總是戴著一頂過時的三角帽，數十年間也一直是拍賣會上眾人喜愛的亮點。拍賣臺下的座位，經常會傳出他熟悉的叫聲：「好漂亮的書，真漂亮。」

戈塞特曾經在牛津大學受教育，家境富裕，足以任他培養嗜好，但和他同時代的另一聰明人弗朗西斯・杜斯[85]卻經常被剝奪受教育的機會，而且終生需要工作以維生。戈塞特的父母決定不讓他的光芒蓋過哥哥那個駑鈍的繼承人，也就是他的哥哥，因此不讓他好好上學，而是把他扔進一所由一名「無知的皇家侍衛」經營的專科學校。後來，他們還破壞他上大學的企圖。於是他不僅發憤自學，撰寫了很多流行習俗相關的著作，並在政府得知他擁有一萬八千本藏書而施壓時，勇敢地展開反擊。

他和伊莎貝拉．普萊斯結婚，沒有子女，婚姻並不幸福，部分原因是妻子的心理疾病，或如同一位日記作者所說的「某些古怪性情」。他雖然是個頗有作為的大英博物館主管，深受約瑟夫．班克斯[86]等人的尊敬，但他仍然憤恨必須工作。

當父親在他四十一歲過世時，弗朗西斯原本指望分得的遺產可以讓自己擺脫工作，但他邪惡的兄長卻建議父母不要將錢留給弗朗西斯，「因為他只會把錢浪費在書本上」。儘管如此，他仍果敢放棄了工作，如今大英圖書館也果敢將他著名的辭職信放在網站。他所列舉的離職原因，讓任何在這種巨獸般龐大組織中的人都感同身受：

博物館的組織令人反感。

工作條件，又濕又冷，「夏天像是烤箱，水槽和排水管飄出不健康的氣味」。

工作過重，而且「我的部門完全沒有支援」。

「同事們不但乏味，有些還令人反胃」。

「繁雜瑣碎的委員會」，有著「自以為是的矯作」。

「沒事找事，要求繳交永無止境的報告」。

引爆他辭職的導火線，是一個可疑的職工「情治系統」，要求他對某位「豆豆先生（Mr Bean）提出報告」。

杜斯對普羅大眾的信念有了回報。他的朋友約瑟夫．諾勒肯斯[87]是個雕刻家和惡名昭彰的守財奴，這位朋友在杜斯提早退休後不久留給他五萬英鎊——相當於今天的五百萬英鎊。杜斯始終慷慨地把書借給學者，遺囑也將所有收藏捐給博德利圖書館。

史賓塞家族與其藏書

我在一九八八年加入水石連鎖書店（Waterstones Booksellers），老闆提姆．沃特司通（Tim Waterstone，譯註：人名和店名分別以音譯和意譯區別。）派我前往位於高街的分店肯辛頓書店（High Street Kensington bookshop），步行便可抵達肯辛頓宮（Kensington Palace）。那是一家位於街角的美麗的三層樓書店，在店裡可能會偶遇大衛．霍克尼[88]或梵．莫里森[89]，米克．傑格[90]或瑪丹娜。甚至還會遇到莫里西[91]，正如一位卸職員工的追述：「在他變成蠢蛋之前」。其實在我加入公司前，我便喜歡在店裡流連到晚上——晚上十點打烊——特別是寬闊的地下室，或二樓的靠窗座位，可以在無人監視的情況下，翻閱書價高達九十英鎊的藝術書籍。對許多人來說，那裡就是天堂，包括黛安娜王妃[92]。如今看來似乎不可思議，但其實她會將保安隨扈留在外面，然後不受干擾地在店內獨自瀏覽，不但會買小說，也會從地下室購買心理和靈性方面的書籍。

黛安娜在成長期間的教育並未受到太大關注，靠著自己的摸索踏入書本世界。如果就書店中的王妃做宇宙性的定位，那麼關鍵點就不僅包括她所殞命的巴黎恐怖地下通道，還包括一座如今已不屬於她家族的雄偉圖書館，以及她家譜樹上的幾根枝幹。第二任伯爵喬治・史賓塞（George Spencer），在黛安娜今日長眠之處的阿爾索普（Althorp）收集了一座世上最偉大的私人圖書館。有關那座圖書館命運的故事，不單包括其美麗的大理石建築，也包括其對無數普羅大眾的終極利益。

喬治的身材高大健壯，但個性害羞，完全不像他行事囂張的姊姊德文郡公爵夫人喬治安娜[93]。他喜歡書籍也喜歡書本內容。不像黛安娜被扔在格施塔德（Gstaad）的女子禮儀學校，喬治有梵語學者威廉・瓊斯[94]這位身材高大的啟蒙思想家，擔任他一對一的家庭教師，其後還就讀劍橋大學三一學院。日後，他獲得牛津大學頒贈的榮譽學位，並獲邀加入塞繆爾・詹森的文學俱樂部。他的母親瑪格麗特[95]，是布商的孫女，也是鼎鼎有名的慈善家，為他立下身教的楷模，博覽群書，還精通拉丁文和古希臘文。她的個人檔案系統和管理技巧非常出色，這些井然有序的特徵也出現在她兒子身上。喬治的記憶力和對細節的眼力是眾所周知的：他能從一本書的印刷類型，一眼認出該書的出版者。每一本書都在同樣地方註記，載入詳細資料。

二十四歲時，他「為愛癡狂」，看中了二十二歲的藝術家拉維妮婭・賓漢[96]。惹人爭議的是，女方沒有嫁妝，但他們不但結了婚，還育有八名子女。拉維妮婭分享丈夫對書本的熱情和理想，平衡他靦腆的個性，將阿爾索普轉化為招待文人雅士的著名沙龍。

隨著來自整個歐洲的收購品增加，喬治建造了一座兩百呎的長型圖書館（Long Library），偶爾會有僕人戲謔地建議主人買一匹習得蘭矮種馬來導覽館內收藏。館內陳設簡明扼要，使得歷史學家愛德華・吉朋一開始瀏覽就無法離開。最後，地板開始抗議作響，書籍也溢出到上方畫廊的地板，結果天花板終於崩塌。

喬治的收藏之所以得到最偉大的稱號，是因為它的質與量：四千本從印刷術發明之初，西元一千五百年之前發行的古版書籍，包括一四七二年的但丁作品。在一場著名的拍賣會上，史賓塞連續出價一百一十二次和布蘭德福德侯爵（Marquess of Blandford）競標，試圖取得薄伽丘的《十日談》首版。侯爵當時所支付的兩千兩百六十英鎊，蟬聯書本拍賣的紀錄。不過幾年後，他以九百英鎊把書賣給了史賓塞。

喬治・史賓塞買書的決策很靈活。他在帕爾摩街購入一本古騰堡聖經（Gutenberg Bible），並設法說服林肯座堂（Lincoln Cathedral）賣給他幾本英文印刷業之父卡克斯頓印刷廠出版的書籍；他最後共計擁有五十五本。他的收集遍及整個歐洲。一名義大利伯爵，史賓塞口中的「極有價值的幫手」，幫他取得一本一四六九年的維吉爾作品，為義大利印刷的第一本插畫書。其他供應他書籍的，還包括一名巴伐利亞的僧侶、一位慕尼黑的圖書館員、一位奧格斯堡（Augsburg）的教授、一名落入窘境的那不勒斯公爵，以及維也納若干嘉布遣會教士（譯註：為方濟會的分支修會）。

喬治圖書館的剋星出現在維多利亞晚期，即第五任史賓塞伯爵約翰。相較於家族藏書，約翰更關心自己那比頭還大的絡腮鬍造型以及翹八字鬍。一位傳記作者承認，他「很少致力於知識上的追求」。由於醉心於哈羅（Harrow）俱樂部的板球活動，他所受的教育不多，成年後大半時間都耗在射擊和獵狐活動，以及欺壓愛爾蘭。他曾借貸一萬五千英鎊，只為了維持他的獵犬隊。身為愛爾蘭的總督，他在人們記憶中，只有中止人身保護令的劣跡。一八九二年，他在《泰晤士報》刊登一則消息，宣布要在蘇富比拍賣會拍賣整座阿爾索普圖書館。該圖書館的館藏差點散落到眾多收藏者手中，但出於偶然，拜一位不可思議的救主所賜，該圖書館僥倖得以保全。

來自哈瓦那（Havana）的女孩

維多利亞時代早期，一名古巴的利物浦（Liverpool）商人和當地一個小他十八歲的女孩胡安娜結婚。待他去世後，遺孀便帶著孩子來到歐洲，包括五歲大的殷麗瑰塔[97]。其後數年，他們生活貧困。殷麗瑰塔二十多歲的時候，找到一份工作，擔任曼徹斯特擁有數百萬身價的紡織商人約翰・賴蘭茲[98]的祕書。這大約是一八六〇年的事——似乎沒有人知道確切的時間。有報導說，她的工作是「陪伴賴蘭茲夫人」。賴蘭茲是個開明的慈善家，但就像許多白手起家的人一樣，生性節儉。他的酒以難喝著稱，自己種的蔬菜也要收錢，他說「這是讓菜園賺錢的方式」。

賴蘭茲的妻子瑪莎在一八七五年去世。很可能他在這之前就和殷麗瑰塔交往甚密，因為幾個月之後，他們就結婚了。男方已七十五歲，她才三十二歲，如果不去質疑有關金錢的算計，那麼他們之間也算是真愛了。一八八八年賴蘭茲去世以後，殷麗瑰塔為了紀念他，建立了一個神學研究圖書館，她習慣往來的一個書商索特蘭書店（Sotheran's）仍在經營，就在倫敦皮卡迪利圓環附近。我最近還打電話給書店總經理克里斯．桑德斯（Chris Saunders），索取他們限量發行的公司歷史；書店依然經營良好。桑德斯之前的經理亞歷山大．賴爾頓（Alexander Railton）一八九二年在《泰晤士報》上看到阿爾索普圖書館要出售的消息，身為書迷的他，很希望這間傳奇的圖書館能以完整之姿出售。他剪下了這則消息寄給殷麗瑰塔，但沒有附上任何評論。

殷麗瑰塔非常感興趣，畢竟她繼承了約翰．賴蘭茲數百萬龐大的遺產，賴蘭茲早年婚姻所生的七個孩子全都年紀輕輕就相繼去世了。她連絡蘇富比的資深合夥人艾德．霍奇（Ed Hodge），亦即史賓塞伯爵的代理人。霍奇同意將圖書館保留一週，讓賴蘭茲夫人考慮價格問題。雖然紐約公共圖書館提出更好的價格，但蘇富比履行承諾，將圖書館賣給了賴蘭茲夫人。殷麗瑰塔為國家保存了館藏，而且使它成為今日一座偉大的免費圖書館。

她為十八世紀的史賓塞館藏建立了另一座圖書館，「也許是十九世紀最好的私人圖書館。」克勞福德伯爵亞歷山大．林賽（Alexander Lindsay, Earl of Crawford）如此讚譽。林賽像許多書迷一樣，喜歡將書本情趣化，他形容自己「拜倒於藏書癖女神瑟西（荷馬史詩中的女神）的魅力之下」。一向自負的林賽，財富建立在手下煤礦工人的汗水之上，不料卻在無意中幫助建立了一個龐大的開放式藏書庫，說來實在頗富詩意。

為了容納一切珍藏，殷麗瑰塔委託建築師在曼徹斯特的貧民窟建造一座巨大的新哥德式圖書館，認定此舉將使這個地區獲得重生。這棟建築做到了，至今仍赫然傲視著丁斯蓋特大道（Deansgate）。殷麗瑰塔對圖書館有若干明確的概念：在許多設計細節上凌駕建築師，而且短短四個月後便解雇了圖書管理員，因為他太把書當骨董看。她是個意志堅定的女人，注重隱私，對曼徹斯特的社交場合不感興趣，也不愛出鋒頭。她將圖書館定名為約翰．賴蘭茲，紀念一位對這圖書館毫無概念的人，正是她的典型作風，並選擇在他們的結婚紀念日宣布圖書館開幕。

一個憤世嫉俗者的故事

維多利亞時代，英國貴族安靜的圖書館外隱隱傳來蒸汽火車的汽笛聲，宣告工業致富的新時代已然來臨。許多古老家族設法讓鐵路遠離他們的莊園，但他們仍然無法逃避蒸氣時代，以及其所產生的大亨大量湧入他們的階級。其中一個富豪，托馬斯．菲利普斯[99]，和殷麗瑰塔的慷慨相反，極端保護自己的書，他的病態引發一場法律糾紛，直到一九七七年才告終。

菲利普斯是曼徹斯特棉布商的私生子，驅使他終生致力收集書本的部分原因，是父親希望他成為一個「高尚的紳士」。他偶爾會插手家族事業，但實際上他從來沒有工作，也不需要工作。他母親和一個名叫佛瑞德．朱德（Fred Judd）的人私奔，他是由患有痛風、滿腹牢騷的父親撫養長大，因此不需要佛洛伊德式的分析也可得知，這是造成他脾氣暴躁、好勇鬥狠個性的主要原因。雖然他母親一直活到他五十九歲為止，但嗣後和他卻沒有任何聯繫。這點讓我聯想到我父親的補償性書籍收藏行為，也和他父母在他嬰兒期把他扔給一個性情乖戾的老處女有關。有謂「書籍可以布置一個房間」；書籍也可以提供一個家，就像苔蘚和樹枝可以築巢一樣。

菲利普斯六歲時擁有一百一十本書，成年後，不只一次走進書店，將所有庫存一掃而空。他特別熱中尋找手抄本，通常書寫於牛皮紙或羊皮紙，還自詡為「皮紙狂人」（vellomaniac）。他在打造金箔的匠人處，追蹤到幾本重要的書籍。從古至今，打造金箔需要一再敲打金片，直到金箔薄如蟬翼，可被吹製成型。幾千年來，直到二十世紀中葉，唯一能將金片一一夾在中間，承受錘打數小時的材料就是「金箔隔墊」，一種用牛腸製成的精緻上等牛皮紙。其強度和光滑度的特殊結合使其得以應用於保險套產業，也能製作成很好的書頁。因此，某戶出清舊書時，金箔匠人會在書本收藏者尋來之前，先行搶購牛皮紙手抄本。菲利普斯也會出沒裁縫店，尋找印刷書本的殘卷——裁縫店會利用廢紙打版。紙張重複使用的範圍很廣，舊書甚至可以用來重新裝訂新書。菲利普斯執著迫切的收藏要求，促使他從廢紙商人處按重量購買大量廢紙，數十年來，這些收購持續出現寶藏，比如一九六四年發現卡克斯頓版本的《奧維德》，售價超過一百萬英鎊。

四十二歲時，菲利普斯在三個女兒和耐心妻子的溫柔攻勢下，入住一棟位於伍斯特郡，名叫米德爾希爾（Middle Hill）的宅邸。他的妻子一再容忍丈夫在書籍的過度花費，與害蟲防治的過度節省；根據紀錄，這棟房子裡發生過一樁罕見的，妻子對此間生活大為不滿的暴怒事件：「我被滿出來的書趕出這邊房間，又被老鼠趕出那邊房間。」這不安的一幕被訪客打斷了，來訪的是一個聰明的年輕人詹姆斯．哈利韋爾[100]，剛從劍橋大學畢業，曾為書籍相關問題寫信求教於菲利普斯。他受邀留在家中，協助處理書籍，結果愛上新雇主二十三歲的女兒海莉耶塔（Henrietta）。菲利普斯認定詹姆斯只是看中女兒的錢，因此反對他們結婚，不料這對年輕人卻私奔了。

菲利普斯從未原諒他們，但是在一次技巧性的債務處理中，他一部分的房產不得不劃分給海莉耶塔日後繼承，而為了確保海莉耶塔只能繼承到一片荒蕪的土地，他採取焦土政策，砍伐米德爾山丘林蔭大道和樹林的樹木，移除屋內家具設備，並將全部收藏品移到卓特咸（Cheltenham）一棟陰暗的、有如家族墓穴的新古典風格建築，這建築現在是一所學校的一部分；由於面積太大，菲利普斯索性在屋內騎馬來回。這次搬遷工作，動用了一百匹的拖車用馬匹和兩百三十八輛裝滿書籍的貨運馬車。有些馬匹在半途便不支倒地。米德爾山丘遭到刻意棄置，地方宵小隨意打破門窗，牛群則在堂皇的房間中漫步。

隨著菲利普斯收藏品的增加，他在拍賣會中變成令人畏懼的競標者，出價經常比大型博物館還高，同時，他也開始玩弄一場殘局遊戲，希望自己的收藏品能保存在這些博物館。首先，他極其狂傲地表示，如果讓他擔任博德利圖書館的館長，他願意將自己的收藏賣給博德利。博德利拒絕了。因此另提他議，如果讓他擔任理事，他願意把藏書提供給大英博物館圖書館。對方答應了，但隨即發現他在理事會議上的許多建議是大家無法接受的：對此他不屑地離開。最後，他發現菲利普斯貴族家族有個遙遠的分支，於是設法接近他們，想要讓他們接管圖書館。對方回絕了他的提議，所以他繼續執著地編輯他的藏書書目，又因為擔心發生火災，而開始逐漸將藏書鎖進棺材狀的金屬箱子中。

當菲利普斯從圖書館的梯子摔下來，並於一八七二年去世後，他的遺囑是一份憤世嫉俗的厭世文。不僅禁止羅馬天主教徒和哈利韋爾的家人踏入他的圖書館，而且不准拍賣，只能保存在切爾滕納姆的房子裡，就像泡在甲醛中一樣。經過數十年的法律訴訟，這些書終於被分批出售，一九七七年在紐約賣出最後一批。他女兒海莉耶塔・哈利韋爾，有如湯瑪士・哈代[101]筆下悲劇人物，不幸從馬背摔下，在父親去世後幾個月也隨之離世，丈夫詹姆斯的命運就比較好，成為童謠和伊莉莎白時代的領銜專家。他是第一個發行約翰・迪日記的出版商，在國家購置斯特拉特福（Stratford）莎士比亞住宅一事饒有貢獻，一八八九年在布萊頓

（Brighton）附近的家中過世，並將他「充滿稀有書與古怪作品」的圖書館饋贈給各種公共收藏機構。

世紀末的樓上

離我現在所坐的肯特郡聖瑪格莉特灣（St Margaret's Bay）車程十五分鐘的地方，曾經有一間飯店，裡頭的酒吧有望遠鏡裝置。像伊恩・佛萊明等來客可以藉此有利位置看到加萊市政府（Calais Town Hall）建築所嵌時鐘的時間。然而，儘管兩地距離很近，加萊還是保留著非常獨特的法國作風，懷抱不同的價值觀（例如，即便是最寒磣的商店櫥窗在復活節時都會特別裝飾）和世界觀。

這種法國特色，不論在電影或書本中、在衣著還是烹飪上，都受到嚴密的保護。尤其文字是最重要的。法蘭西學術院[102]在一九八〇年代曾大膽嘗試，停止使用「週末」等詞彙，而且一直堅持到現在。隨著全球化的發展，法蘭西在二〇〇八年提出一份報告，認為法國語言正「處於險境」。下列是若干被禁的詞彙和官方替代詞彙：

hashtag: mot-diese（井字記號）

fashionista: une femme qui aime l'époque（時尚達人）

LOL: MDR (mort de rire)（哈！——感嘆某事的滑稽和諷刺）

一旦地緣政治威脅到身分認同，所有文化都會認真起來：阿佛烈大帝[103]運用他的藏書和宮廷寫作文化來對抗維京人和敵對的各英格蘭王國。在法國，由於一八七〇年普法戰爭[104]落敗，法國人喪失亞爾薩斯－洛林（Alsace-Lorraine）地區的主權，也重創了自尊。在政治方面，由於一位無能卻獨具領導魅力的布蘭格將軍[105]的煽動，復仇主義孳生，企圖重回戰場對抗德國。在建築方面，艾菲爾鐵塔是工業實力的證明。在藝術方面，到處充斥愛國和憂傷的畫作。在小說方面，左拉[106]編寫了一系列的小說，說明法國如何迷失了方向。在書籍製作和收藏更廣闊的領域中，受傷的民族自尊逐漸和三大主題結合在一起：對受教育婦女的恐懼、世紀末的唯美主義和大量生產的恐懼。華特．班雅明寫道，面對蒸汽印刷，「書本的光環逐漸黯淡」。對蒼白的一八九〇年代唯美主義者，此舉導致眾人紛紛逃向苦艾酒和書本裝訂商，尋求心靈的出口。

在巴黎，一小群藏書家營造出一種溫室的氛圍，從事精緻書本的收集。這種風潮也帶有龐克的一面，以往的藏書家多是衣著無趣的老者，現在為了復興法國，決心要消滅這種古板形象。比如威廉．莫里斯熱愛中古世紀，主張社會主義，便是其中代表。新一代的藏書癖，結合了現代主義和復古思想。

這股巴黎大躍進的催化劑，是奧克塔夫．烏扎納[107]這位前軍官（譯註：查不到他有這個資歷的資料）矢志透過書本復興法國。經常有人目睹這位戴副眼鏡的單身漢和美國藝術家詹姆斯．惠斯勒[108]窩在小小的納波利坦咖啡廳（Café Napolitain）高談闊論；平日他則待在自己可以俯視伏爾泰濱河路（Quai Voltaire）的書攤，布置精美的公寓閣樓。訪客來訪時，會經過一扇類似「一名拜占庭藝術家所想像的天堂之門」的雕花鐵門。閣樓上，一間間有如寶石盒的房間，正反映出當時藝文活動的特徵，即和資產階級的傳統和一窩蜂的消費主義脫鉤。

烏扎納提出，讓精美的書籍更廣受歡迎，應該會產生積水成河的涓滴效應[109]：「透過人道的麵包師傅和合理機制，奶油蛋捲的價格將會降低普通麵包的價格。」這些傑出的言論被他天性中的精英主義所否定。一八八九年，他使用「孚日紙」[110]出版五百本傳記體的百科全書，內容述及當時時尚人物一致愛好馬里亞尼酒（Vin Mariani）這種摻有古柯鹼的葡萄酒。不料，「一群乞丐冒出來」，大嚷著要買書。烏扎納不禁大喊：「蓋個攔水壩！」然後製造出一套超級豪華版本。

烏扎納懷抱著英國藝術及工藝的理想，預料新的手工裝訂業將成為「夢想的推動者」，成就一個新國家的夢想。這個團體早期所採的象徵行動之一出自收藏家亨利．韋弗[111]之手。他回到被德國占領的阿爾薩斯家中，從墳墓中將過世親人的遺體取出，裝到木板箱中，用火車運到巴黎，重新安葬在自由法國。

首先必須撤換的是守舊派，法國愛書人協會（Société des Bibliophiles Français）正是守舊派的象徵。在烏扎納狂熱的想像中，守舊派是「老到不行的先生，瘦骨嶙峋、枯乾如木乃伊、衣著邋遢、性情乖戾地生活在古老的書窩，就像守在巢穴中的一匹狼」。他的同伴，反傳統的費利西安・羅普斯[112]則警告「書本考古學家」該小心他們舒適的出身背景：「真不幸……那一切就都要被我們丟棄和踐踏了。」羅普斯一幅受虐狂藝術品，描繪一群沉著穩重的法國豬，被若干穿著長靴的女施虐者用繩子牽著往前走：現有的國家統治集團辜負了法國永恆的女性精神，因此必須受到懲罰、清算和改革。

一八八九年，烏扎納召集一百六十名他所謂的「現代收藏家的樞機主教」加入新組織「當代愛書人協會」（Société des Bibliophiles Contemporains），其中不只有收藏者，還有很高比例的書籍發行者、裝訂者、藝術影片發行者和作家。由於長期與活力充沛的美國文化交流，當時美國文化也偏重巴黎文化，因此這個「愛書人協會」包括了許多美國人。烏扎納說「法國需要他們活潑而熱情的頭腦」。「永遠向前行」是這個協會的座右銘。

新協會一次典型的亮相，是參加左岸一位傳奇書商的葬禮。前衛工藝藝術家奧伯利・比亞茲萊[113]的離世也受到他們隆重的哀悼。協會還委託訂製莫泊桑等作品的精緻版本。這一運動，不是讓鄉巴佬參加的。畢竟鄉巴佬的工作袍和時尚女性所持的菸嘴是不搭的。不過除了巴黎外，還有一個重要的地區性前哨站南錫[114]。就被併吞的洛林而言，舊都南錫作為新藝術運動[115]的先鋒，不啻對日耳曼影響力豎起中指。新藝術運動還包括了一個受到自然形式啟發、思想先進、作風有趣的裝訂廠，深受愛書人協會的重用。

新的愛書人協會經常在阿瑟納爾圖書館聚會，研究古代黃金時期的藏書，探尋創造力的泉源。不過，他們強調實用性大於美觀，烏扎納還形容那是一座原始純樸的圖書館，由一個性喜炫耀矯飾的藏書家所擁有，因為其中書本未曾閱讀，書頁未曾切開，彷彿「只是間皮革工廠」。

這個運動在英國引起了注意，英國偉大的童書作家安德魯．朗察覺有猶太人的陰謀參雜在內，想要抬高書本的價格。他不是唯一一個有這種感覺的人。他失望地指出，這個新的愛書人協會，大部分是「以色列之子」。持肯定態度者，比如倫敦人亨利．阿什比[116]便羨慕這個圖書協會以及其所孕育的其他類似的協會，認為它們都是歡樂而有活力的。一位記者觀察到，英國的讀書俱樂部提供的是「冰冷的點心和瓶裝啤酒」，而法國俱樂部則是心情放鬆地享用「令人愉悅的輕晚餐……接著是庫拉索酒（curaçao）和雪茄」。

有如沼澤中的蘭花，羅伯特．德．蒙特斯奎伯爵[117]從這種環境中異軍突起，他一八五五年出生於巴黎。長久以來，這位愛書人一直是世紀末墮落的象徵，行事作風超越烏扎納，將唯美主義變成一種生活方式。一位訪客描繪出下列令人注目的影像：

身材高眺、黑髮、翹八字鬍、喋喋不休和大聲尖叫時姿態怪異，格格發笑時聲音高八度，還用戴著精緻手套的手遮住黑色的牙齒——絕對是個裝模作樣的人。

他的衣著也反映著他的心情，正如作家伊麗莎白．德．克萊蒙[118]所詮釋：

在一個明媚的春天早晨，我斜靠在樓上陽臺的欄杆，俯視著下面街道，突然間眼睛一亮，一位一身鼠灰色衣著的高大優雅的男子，揚著戴著手套的手向我揮舞。他原本可能會也可能不會穿著一身天空藍，或者杏仁綠，搭配白色天鵝絨背心現身。都是根據自己的心情挑選當日服裝的。

對於當時來訪的倫敦人而言，他可能「是個大怪人」，但是對二十一世紀這個屈服於市場趨勢的年代而言，似乎自有其獨到之處。他啟發了普魯斯特和於斯曼[119]，而且將魏爾倫[120]和德布西視為自己朋友。

他了解德國人將生活變成藝術作品的理念：一種整體藝術觀[121]。他還受到埃德加・愛倫・坡論文《傢俱哲學》[122]的影響，將自己鳥瞰塞納河的樓上公寓轉化為「我的靈魂之鏡」，並以日本風潮[123]和書籍來裝飾他充滿異國風情的房間。我們許多人環視自己住處，所看到的不是一面「靈魂之鏡」，而是對邋遢的一再讓步，繼承而來不甚喜歡的物品、破損的東西、逛宜家家居帶回來的廉價品、早已褪色的愛所遺留的小玩意，而且，請捫心自問——有沒有誰家的窗簾是他們真心想要的？

伯爵堅持室內空間可以具有他所謂的「療癒價值」，前提是其間要充滿了友誼和故事。大量生產根本不在考慮範圍。他解釋他「本能開始尋找」的東西是：「相互有關聯的成群物品，彼此彷彿在對話，而且延伸到與靈魂的交流」。這種境界和今日我們數百萬生民所擁有的相比簡直遙不可及：比利牌[124]書架上擺著幾本企鵝出版社的書，旁邊放著一盆奧樂齊超市[125]的蕨類植物。伯爵的公寓，重點在於高居樓上，遠離熙來攘往的街道。樓上作為閱讀場所，在本書出現多次。那是一個寧靜，甚至隱密的空間，你時常可以從樓上遙望天邊，讓心靈稍微獲得解放。伯爵的公寓還可以和下方的河流以及放浪不羈的書攤相互對話，或與幾戶之外的外交部門談心。而從他離開巴黎左岸的奧賽碼頭（Quai d'Orsay）搬到十六區的帕西（Passy）之後，氣氛便沒有這麼好了，雖然他在帕西為他的書本建造了一間特殊的溫室；隨後又遷往巴黎郊區塞納河彎道的一個社區維西涅（Le Vésinet），情況也沒有好轉，不過他還是在那裡舉辦過幾次盛大的宴會，而且建造了一座獨立的書亭，名為隱士之家（The Hermitage），沒有活力，地點又偏僻。

一八九〇年代的精神屈服在一片逐漸蔓延到全歐洲的文化沼氣中，一種混合偽心理學和軍國主義的毒氣，日後在比利時法蘭德斯轉化成真實的芥氣[126]。在巴黎，有尚－馬丹．沙爾科[127]寫了有關戀物症收藏者的「生殖器性倒置」（genital inversion）的文章，然後德國的克拉夫特－埃賓[128]和倫敦的哈維洛克．艾利斯相繼認定這些失調的患者是潛在的同性戀者。一位住在巴黎的匈牙利醫生馬克斯．諾道[129]，更以其著作《變性》（*Degeneration*。一八九二年）加入戰局。身為德國軍國主義的仰慕者，他攻擊唯美主義者展現出「變性者的病態」，並認定王爾德穿著表現出「一種病態的精神錯亂」，他的著作是「模仿的產品」，他的性行為是一種疾病。

諾道的書銷售一空，六個月內便已七刷。該書英譯本在王爾德出庭受審之前便已上市，並且激起嚴審王爾德的聲浪[130]，他獲判在雷丁監獄（Reading Gaol）執行的苦役不僅是一種處罰，也是對男子氣概的疾聲呼籲。

在長達二十幾年的時間中，這本書成為響亮的軍號，提振歐洲的英武氣概。諾道醫生以其一臉威嚴大鬍子的形象，儼然診斷出歐洲流行的一種弱症。在英格蘭，他的書被用以解釋波耳戰爭[131]的失敗。甚至諾道本身所信仰的猶太主義，其立場也已經軟化：他提出了一個新的強壯猶太主義（muskeljudentum），以及在烏干達建立一個強壯的以色列國，振興當地愚昧無知的班圖人（Bantu）。這個瑕疵的概念遭到激烈的反對。一九〇三年，一個住在巴黎的俄羅斯籍猶太人察恩．魯班（Chaim Luban）近距離對諾道開槍，企圖暗殺他，同時高喊：「東非人諾道，你去死吧！」諾道得以倖存，魯班則被列為精神病患。

諾道嚴苛的診斷唯美主義者為變態者，連對他們的室內裝潢也毫不留情：「這些房屋裡的每件東西，目的都在刺激神經……形成不連貫且相互對立的影響……全都是矛盾、雜亂的一團混亂。」他寫道，在這種混亂中，書籍可能有「反社會」效果，「對一整個世代造成腐敗的影響」。

在這團諾道迷霧中，另一個孳生的毒素是優生學，認為像王爾德和蒙特斯奎伯爵這類過分精緻的傢伙，可以藉由絕育使他們不再繁衍，排除在人類之外，如此便可建立一個健全、富有的超級人種。哈維洛克．艾利斯是優生協會（Eugenics Society）的重要人物。當唯美主義藏書者被視為性變態的負面形象廣為流傳時，一八九一年另一個令人悚然的字眼也重擊法國語言：**同性戀**。

蒙特斯奎伯爵無法應付這一切，一九一四年逃離巴黎回到達太安[132]家族故居——他是第四名火槍手的後人——冬天即前往里維埃拉（Riviera）的曼頓（Menton）過冬，一九二一年在該地去世，當時已為世人遺忘。他的藏書被拍賣一空，如果他知道當時多達三卷的拍賣目錄如今也成為炙手可熱的收藏品，一定會以他高八度的聲音大笑吧。

隱藏的女人

十九世紀社會才勉強從放寬給男性勞工選舉權和受教權的影響中恢復過來，就得再面對女性要求相同權利的訴求。

一八七五年，大英帝國第一次有女子獲得學位（加拿大艾利森山大學〔Mount Allison University〕所授予的學位），一年後，美國、荷蘭、義大利的女性獲准進入大學。但直到一八八〇年，法國女性才得以免費接受中學教育或者被准許進入大學；一九一〇年，英國有了第一位女性教授。

男性對這些發展反應不一。一八九七年，一本法國雜誌將對女子對騎腳踏車的恐懼，描繪成對男性書籍所可能造成的威脅。它刊登一則奇特的漫畫，汗流浹背的女性，騎著腳踏車輾過一本本舊書。有些學者採取退避政策，成為厭女者，有些則將書本性感化，藉以彰顯其優越感。比如聲稱紙張就像女人的皮膚一般柔嫩，並將搜索書籍的獵書之舉比喻為性的征服。一九〇四年，巴黎法國劇院（Theâtre Français）的導演承認他會「像情人般」愛撫自己書本的封面。自己曾為著名的作家，又有兩個女兒的泰奧菲爾．哥提耶[133]更讓人不悅，喜歡「象牙裁紙刀在未切開書頁間的顫抖；就像所有人的童真，總是令人欣然採擷」。愛德蒙．德．龔固爾[134]承認自己會臣服於柔軟封面的「誘惑力」，法國一項書籍獎項即以他的名字命名[135]。劇評家阿道夫．布里森[136]在操弄書籍的時候，會從中獲得「近乎肉慾的歡愉」甚至「性高潮」。

女性似乎從來不會用這種帶有性別政治色彩的方式看待實體書本，通常只對書本的內容感到興趣，此舉使得安德魯．朗格頗為絕望。朗格在一八八六年哀號：「我記得曾經瞥見一位文藝女子，捧著一卷私人印製的羊皮紙小說就著燭火閱讀，羊皮紙封面都已經烤彎了。」四年後，一個法國男子哀嘆，這些女人如何放肆地找到一個舒服的角落，然後沉迷在書中：「坐在低矮的椅子上，裝訂得那麼漂亮的書就被她拿到爐火旁邊。」

九〇年代的塞納河畔，歐克達夫．烏扎納對這些「專科程度的女老師」頗為感冒，因為她們：

> 將所有陳列的書快速地從頭到尾翻過一遍，霸占整個攤位，甚至一面看書，一面做筆記，然後毫不留情地把看過的書丟到一旁。

其實她們可能正趕在午休時間，行使她們應有的權利，在逛書攤之際遍覽群書以期偶有所得。烏扎納還沒意識到自己具有特權地位，嘲笑這些女孩子「為一本書討價還價，彷彿把書當成一隻蝦或一隻雞」。

折起書角作記號在今天是男女共通的行為，當時卻被視為女性的壞習慣，那種與書本內容互動的行為，對少數有發言權的男性藏書者而言是陌生的。一八九六年，一名巴黎記者寫道，這些人妻折書角的行為，是「給她們的丈夫戴綠帽」。

女性主義者伊蓮・蕭華特[137]表示，這十年間的氛圍是「性別無政府狀態」的突然爆發。女性私下收藏書籍、成為書籍史專家，是一段英勇卻受到隱匿的故事。烏扎納描寫九〇年代的巴黎，警察妻子兼女性主義者朱麗葉・亞當[138]是如何以一身「優雅俐落」的裝扮，在書友俱樂部（Amis des Livres club）「一群黑色燕尾服」中受到歡迎。舊金山的愛書人布蘭奇・哈金（Blanche Haggin）曾翻譯蘇菲派詩人哈菲茲[139]的波斯文作品，她的會員身分是當代愛書人協會的創舉。年輕女演員朱莉婭・巴特[140]也加入協會，一直活到一九四一年，是美好年代[141]最後倖存者之一。另一位成員是波希米亞作風[142]的愛書人萊昂汀・利普曼[143]，也深嵌在這十年的唯美主義時代，成為了《追憶似水年華》中的書中人物（譯註：書中人物凡爾杜蘭夫人〔Madame Verdurin〕）的原型。令人訝異的是，她們竟會費神加入這些協會。這些協會的的女性會員是有名額限制的——以當代愛書人協會為例，限額只有百分之十。

烏扎納的作為乃九〇年代典型的矛盾作風，一則設定限額，一則仍自認為徹底推翻了上一代藏書家，即那些「偏執的瘋老頭」的性別歧視。他鼓勵友人律師歐內斯特・昆汀鮑查特（Ernest Quentin-Bauchart）寫下兩卷《法國女性愛書人》（*Les Femmes Bibliophiles de France*，一八八六年），還支持愛書人協會一名會員阿爾伯特・西姆[144]撰寫《婦女和書籍》（*Les Femmes et les livres*），頌揚法國女性愛書人，還寫了另一本關於瑪莉・安東妮圖書館（Marie Antoinette's library）的書。烏扎納和他友人是包容的典範。相較之下，紐約愛書人的格羅利爾俱樂部（Grolier Club，成立於一八八四年），以及芝加哥的卡克斯頓俱樂部（Caxton Club，一八九五年），直到一九七六年都還完全禁止女性參加。英國藏書人的羅克斯堡俱樂部（Roxburghe Club，一八一二年）則遲至一九八五年才終於接納第一位女性會員。這並不意味女性一向不喜歡書——她們仍然是書店的主要顧客群——只是行事比較安靜又比較低調，就像本章中所提到的那幾位女性一樣。

發現最古老的印刷書籍

當西歐還糾結在世紀末的概念時，一位壯如犛牛的矮小匈牙利人，即將在中亞的藏書界一鳴驚人。這人名叫奧萊爾・斯坦因[145]，但名聲卻是建立在一位沒沒無聞、勞碌終生的中國道士之上。

王圓籙出生於維多利亞女王三十歲，英國進入蒸汽火車時代之際。就像許多遊方僧一樣，他以托缽維生，但在一八九〇年代，他的生命有了新的目標，造訪了中國內陸沙漠，地處偏遠的莫高窟，就在加爾各答北方大約兩千哩的地方。即使今日，從最接近當地的城市搭乘火車，也需要二十九小時才能抵達。就像所有訪客一樣，王圓籙當時便深深為四百九十座嵌入石壁、當地俗稱為「千佛洞」的廟宇所震懾。今日莫高窟是朝聖者和遊客們的熱門景點，但是在王圓籙到訪時，那裡殘破不堪，於是他決定奉獻餘生，成為千佛洞的保護者，清除已經填滿洞穴的沙土，復原壁畫，甚至委託製作新的壁畫。每當施捨金用盡時，他便外出化緣，只是他的乞討只為了一個目標——那些洞穴。

這些洞穴彷如中國歷史上一份不斷重寫的文獻，約兩千年之久都是佛教徒冥想的場所和廟宇。與其他宗教相較，佛教更重視印刷文字與書寫。背誦或書寫佛陀教誨，其本身便是積德的行為。而一張寫有佛陀教誨的紙張，套句倫敦東區混混的用語，就成了「夯貨」（hot）。一位信仰堅貞的佛教徒把一堆來自法王、喇嘛和仁波切的信件交給我銷毀——他沒有壁爐，但我有——因為像這種神聖的文件是不能丟進垃圾車的。一個虔誠的佛教徒絕不會把佛經放在地板上，或堆放在書本下方，更遑論在廁所閱讀了。

如果能想方設法，讓佛法展現得越久、讓越多人看見，所獲得的功德便越大。我曾在拉達克（Ladakh）見過真言咒語雕刻，延綿數里。而全世界這類景象最為壯觀的地點，是中國神聖的泰山。（譯註：根據資料顯示是房山，而非泰山。）有一位靜琬和尚[146]便是在這裡的山洞中鑿刻了四百萬字的佛經。他知道洞穴可以保護佛經不致受到氣候的影響，而且更進一步設想周全，在一些洞穴裝設窗戶，並封住若干地下洞穴，上面搭建佛塔以供識別。出於同樣的業力動機，日本孝謙天皇下令將一百萬經文放置在如西洋棋棋子大小的佛塔中，供奉於全國寺廟。僅僅書寫佛經便可成就善業，一再書寫，更好。因此，印刷業的發達，等於中了福報的頭獎。

某天，王圓籙正在修復一幅洞穴的壁畫，突然發現這幅壁畫後面是一堵人造牆壁。據說，他當時注意到香菸的煙霧消失在一個縫隙中（以往波音〔Boeing〕工廠所打造的機身在做最終完整性的測試時，都是利用一根香菸進行）。他破牆而入，藉著小小油燈的微弱燭光，發現另一個大約九平方呎的洞穴，裡面堆放著十呎深的卷軸。這項考古學的發現，堪比霍華德．卡特[147]發現的圖坦卡門王陵墓：卷軸歷史涵蓋西元第四至十一世紀。王圓籙不斷試圖讓地方官員關注這個藏經洞，但他們卻不為所動，只吩咐他好好看管。

這個存放五萬份文件的藏經洞主要是宗教資料庫，包括了一卷《金剛經》，全名《金剛般若波羅蜜經》，印製於西元八六八年。這一版本的《金剛經》——最初撰寫於西元第二到五世紀——是世界上最古老的印刷書籍，也是中國唐朝的典型古物。在唐朝的皇帝和女皇——當時女性的地位很重要——的統治之下，文學和印刷業蓬勃發展，還有許多新產品，包括牙齒填充物和廁所用紙，乃至空調設備和自鳴鐘。《金剛經》的倖存幾乎是個奇蹟：沙漠的乾燥空氣讓它保持在極佳狀況。至於「金剛」，指的是佛經斬斷幻覺的力量，內容是大乘佛教的核心文件。有趣的是，由於這本書在大乘佛教的地位，佛教有云，無論《金剛經》位於何處，該處便成為聖地，亦即通往宇宙中的某種蟲洞。所以大英圖書館八二一〇號貨架，靠近聖潘克拉斯國際車站（St Pancras International）之處，亦即這本書目前所在位置，應該大排長龍，就像離國王十字車站（King's Cross Station）一箭之遙的九又四分之三月臺。

大英圖書館所藏之《金剛經》製作的當時，一般中國人對書本的態度是很具體的。詩人柳宗元（譯註：原文為Li，應為誤植。）在展讀友人韓愈的詩作前，經常會先用薔薇露洗手。

在藏經洞中發現的其他《金剛經》版本紙本經文，可以詮釋它對信眾所代表的力量：其中一份卷軸是由一位農夫委託抄寫，為了幫助他的公牛進入更好的輪迴，另一卷軸則記載某位女人逃離莫高沙漠回到首都的心願，第三卷軸是由一名想要升遷的官員付費抄寫，第四卷軸是因為在遙遠的首府吃了一個蛤蜊而來贖罪的。如此說來理查．道金斯[148]或許會感到沮喪，但印刷術之所以起飛，正是由於這種不斷複製和傳播佛教教誨的的渴望，如同基督教點燃了歐洲印刷術的革新一樣。

如果《金剛經》的再發現者王圓籙值得廣為人知，那麼《金剛經》的印刷者王玠也是一樣。他是歷史上第一個有名有姓的印刷者，自云是「代表他的父母」[149]印刷這本書。當時為西元八六八年。在兩巨冊的《牛津書籍資料庫》（*Oxford Companion to the Book*）（一千四百頁，售價九百英鎊）中並沒有提及王玠其人，甚至在中國相關的內容也沒有提到。

王玠的技術是逐漸為人所知的。紙張大約於西元前二〇〇年在中國發明，用破布、根莖或破舊魚網製作而成，王玠則使用更為結實的桑樹皮，製作這卷長達五呎的金剛經卷軸。

以往人們認為該卷軸是隨歲月流逝而變黃，直到美名為「快速原子撞擊質譜」（Fast Acorn Spectrum Bombardment Mass Spectrometry）等技術的開發，才揭露其中祕密：它是故意採用軟木樹的樹汁染色而成的。這種樹汁含有一種藥鹼的化學成分，除了當作中藥使用外，還會用於殺蟲劑、殺菌劑和防水上。撞擊法並沒有完全揭露王玠的技術祕密：最近又從該染劑發現另外兩種化學物質，該染劑是從不明植物的樹汁中所提取。這份卷軸上所使用的長效性黑色墨水——你可以在大英圖書館的網站，使用縮放功能，觀察整個卷軸的細節內容——是由油煙煙灰製成。紅色墨水則來自茜草植物的根部，雖然能夠輕易地從成長植株中提取，卻很難製作成永久性染料。

所有這些技藝都是以日常使用和長久耐用為目標。《金剛經》不是為了收藏家或者國王而抄錄，所以人們不禁納悶為何經文在印刷後僅只約兩百年——就當時的西方而言，大約在黑斯廷斯戰役[150]之前——藏經洞便被密封了。雖然沒有人知道真正原因，但就我所查閱的所有學術資料顯示，應該是因為戰爭或秩序崩壞的威脅所致。如果仔細閱讀《金剛經》，就會發現佛陀在經文中提供一個線索：佛陀言及佛教日後將經歷的各個階段。他預言他的教誨將會腐敗、會擱置、會經歷波折起伏。以上述封閉的藏經室為例，其目的無疑地當然是將《金剛經》藏在乾燥的洞穴，置於沙漠乾燥的空氣中，以待必要的時空重見天日，比如在混亂的二十世紀出現於倫敦。至於《金剛經》其它特質，釋一行禪師[151]稱之為「深層生態學[152]的最古老文本」。《金剛經》目前和莎士比亞的「第一對開本」[153]，以及大憲章[154]一起被尊為「大英圖書館鎮館之寶」，也許將來這本經書會為我們帶來意想不到的福報。

在寫這一部分的時候，我做了一個夢，似乎正好應證了這一點。大英圖書館就這個洞穴圖書館統籌了一個國際研究團隊，某個深夜，我在線上閱讀他們二十五年來的研究檔案，當閱覽到有關《金剛經》的各方面介紹時，網路突然當機，我只好上床睡覺。那天稍早，我也看過整卷《金剛經》。就像大部分的人一樣，我通常會夢到一些無聊的瑣事或內心的煩惱，但凌晨三點時，一個逼真的夢把我驚醒了，夢境裡，一隻棲息在美麗樹椿上的茶腹鳾，先變成一隻翠鳥，然後變成一隻翠鳥寶寶，又變成好幾隻翠鳥寶寶交織而成，直徑兩英尺的環，呈直立狀，有如一幅畫，然後慢慢轉動。經過粗略研究，那個環顯然是一個曼陀羅，一個充滿希望的完滿的圓，是每一個宗教傳統中都有的圖像與經驗。翠鳥，又名翡翠鳥，在西方國家，是太平盛世的預兆，也是風暴的平息者。

前面提到的《牛津書籍資料庫》，就像其他有關於莫高窟藏經室的解說一樣，對於《金剛經》的「發現者」，除了王圓籙之外，都會提到另一個名字：匈牙利考古學家奧雷爾．斯坦因爵士。這裡所謂的「發現者」，就像哥倫布發現美洲和庫克船長發現澳洲一樣——彷彿抵達時當地毫無人跡似的。斯坦因爵士如何以一百三十英鎊取得《金剛經》和其他五十箱卷軸，對許多中國人而言，此事見不得人。他告訴王圓籙，這些經書將運送到「一個偉大的學習殿堂」（大英博物館），而王圓籙後來則用這筆錢進一步修復石窟。

搬運一空的藏書洞，一九〇〇～一九二〇

斯坦因來訪之後，王圓籙又從其他訪客手中拿到一些報酬。一九〇八年，年輕的法國人保羅．佩利奧[155]拿走三萬份的書籍和手稿，他對古代中文學有專精，是斯坦因所欠缺的，所取走的文物目前大部分存放於法國國家圖書館，包括獨一無二的九世紀《本生經》（*Jatakas*），以原本不為人知的塔吉克族（Tajik）語言索格特語（Sogdian）所撰寫。他藉圖像記憶能力記錄許多他遺留在洞穴中的卷軸，無論在年代和數量上均令人震驚，因此在巴黎他一度被視為說謊者和幻想者，他所攜回的文物也被視為贗品，直到斯坦因出書敘述自己發現的整個經過，等於才公開證實了佩利奧藏經洞故事的真實性。

幾支德國探險隊所帶走的卷軸和雕版印刷書籍，雖然安置於柏林民族博物館（Berlin's Ethnological Museum），但隨後面臨諸多挑戰。戰爭期間，它們被藏在三座鹽礦中，戰後則散置於東、西柏林，直到一九八九年才經最終分配，存放於一些德國機構，但其間許多皆已佚失。

富裕的二十七歲日本人大谷光瑞[156]是虔誠的佛教徒，在第一次世界大戰之前拜訪王圓籙，購入三百六十九卷卷軸，但返家後捲入一場財務醜聞。於是賣掉了自己的收藏，那些文物也就因而散置在中國、韓國和日本。

一九一四年，俄國人謝爾蓋．奧爾登堡[157]收購三百多卷卷軸，現存放於聖彼得堡東方文獻

研究所（Institute of Oriental Manuscripts）。

一九一五年，上海的丹麥電信技師亞瑟·索倫森（Arthur Sorensen）決定借道莫高窟返回哥本哈根。他從王圓籙手中購入十四卷唐朝卷軸。那批文物最終放在丹麥皇家圖書館（Danish Royal Library），原本不受重視，直到一九八八年才編入目錄。

即便經過重重掠奪，中國仍然保有洞穴內的一萬六千份手稿，包括一九一〇年傅抱石[158]所搶救的八千份，他是北京滿清學部一名孤獨的官員。

王圓籙一直住在莫高窟廟宇間，藏書洞正對面的小屋裡，直到一九三一年去世，享年八十三歲。對歷史學家而言，他毀譽參半，那個一九〇七年闖進他生命的矮小匈牙利人亦然。斯坦因為了實現遊歷阿富汗的夢想，一九四三年搭乘吉普車前往首府喀布爾，在冰寒的喀布爾博物館受凍，健康狀況每況愈下，最後死於美國大使館，享年八十歲。如今，他在喀布爾的墳墓已雜草叢生。

古版書專家瑪麗

古版書（Incunabula）：西元一五〇〇年以前，印刷術初期印製的書籍。

古版書專家（Incunabulist）：收藏古版書或對古版書有興趣的人。

牛津英文辭典，一九三三年版。

我是和古版書一同長大的——「古版書」一詞，而非實際的文物，因為父親經常談論古版書，但他在週六的波多貝羅路（Portobello Road）尋寶活動中從未發現過任何古版書，那裡大部分的交易商他好像都認識。他所擁有最早的書籍，是一五四三年出版的，我現在存放在一個弗里曼、哈代和威利斯（Freeman, Hardy & Willis）鞋行的軟皮鞋鞋盒裡（儘管我兄弟對那些創新型的鞋類嘲弄不已）。只是，較之真正的古版書，印刷搖籃期的嬰孩，父親那本書已經算是搖搖學步的幼兒。

在我年輕的想像中，這些「襁褓中的古版書」有種不實的感覺，就像月球岩石，一般人聽說過，卻從未見過。即使今天，我也只在大英圖書館展示櫃的玻璃下面看過一、兩本。身為連鎖書商，我懷疑自己是否能取得必要的宣誓書，以獲得翻閱任何古版書的許可。我利用大英圖書館線上「預先登記」系統申請，當系統要我從下拉式清單中選擇所屬機關時，我便卡住了。其中沒有「其他」選項。我唯一參加過的機關，是以道路安全為主題的塔夫蒂俱樂部（Tufty Club），而且遠至一九六一年，由一隻危險意識超級敏銳的紅松鼠所主持的這個俱樂部，並不在選單當中。

印刷品問世幾十年間，幾乎沒有人對古版書有興趣。它們是原始產物，較之鍛造不鏽鋼專業用刀，古版書有如古代的手斧。大部分古版書並不是以成品形式印刷而成，但已大致成形，只需要進一步美化和裝飾。即使在當時，古版書也經常被視為偽造的手抄本。一些主要的收藏家，比如烏爾比諾公爵[159]，便拒絕將其收納在自己圖書館中。但大約從一六五〇年開始，若干行家意識到古版書是極品寶石：在一個對機械化感到神奇的時代，古版書通常是用手工裝飾的，並不依循當代的美學製作。許多古版書已隨著歲月遺失或損毀；現在所知道的古版書，大約百分之二十七是來自同一本書。追蹤古版書的工作，在一八八〇年代由一位女士熱情開展。據說，法國朗格多克（Languedoc）的圖書管理員蓋・芭瑞兒（Guy Barral）「極為熱情」，但「只有少數追隨者知其名」。還有一位瑪麗・佩萊謝特[160]儘管為歷史所遺忘，被許多更為炫耀或能言善道的收藏者所遮掩，但她在學術著作的貢獻卻遠遠大於那些盤踞父權社會中的虛榮饒舌之輩，不但開啟了古版書的校勘過程，其所制定的標準迄今仍然受到奉行。

她本身便是她之所以沒沒無聞的原因之一。就像殷麗瑰塔・賴蘭茲和法蘭西斯・庫勒一樣，瑪麗是為其收藏品的存續而活，而不是她的名聲。最近法國蒙佩利爾（Montpellier）發現一封信，是朱爾斯・特魯巴（Jules Troubat）（法國國家圖書館圖書管理員）在一九九〇年瑪麗剛去世時寫的，把她描寫得很好，我的翻譯如下：

> 佩萊謝特小姐是一位很好的女士，非常仁慈，行善卻不張揚，行為舉止非常謙虛、單純，特別擅長於古版書的研究。那是她的志業……我們法國國家圖書館對她非常敬重。

這是特魯巴回覆一位需要佩萊謝特資料的研究員的部分函文。逗得人心癢癢的是，他說他知道圖書館保存著佩萊謝特若干檔案，而且「我也可以拿到有關她的文件，只是那樣對我有點麻煩，因為我人就在樓下閱覽室。」一九〇〇年《泰晤士報》上的一則訃聞驗證了特魯巴的溫馨評論：「對認識她的人來說，她是個和藹可親的朋友，也是個最令人感到愉快、最有幽默感的筆友。」

她的房子在巴黎北部郊區，現在屋前是一條主要道路，雖然現下屋況不佳，但當時位於馬爾利（Marly）森林的邊緣，是個風光明媚的所在，曾出現在畢沙羅[161]畫筆下的森林風光，如今則被A13高速公路一分為二。年輕的瑪麗在這裡迷上了科學，有一天她證明了自己的勇氣。那天她身體微恙，母親擔心，派人去取藥。年輕的瑪麗認為完全沒有必要，於是跑到花園，坐在井邊，威脅寧願跳下去也不要吃藥。母親終於讓步，瑪麗也自然康復了。

她和當地一位牧師的書信往來使她對古老書籍產生興趣，為了了解第一批印刷業者的語言，她自己學會了德文。一個青少女能如此對抗當時的德國恐懼症——彼時巴黎才剛經歷了戰爭的恐懼——是很了不起的。不久後，她又學會了拉丁文和義大利文，對於女性主義以及和平主義也發展出一套個人哲學。

身為獨生子女，她描述建築師父親的堅忍奉獻和「對法國之愛」如何啟發她展開一項主宰她一生的計畫：為法國境內所有古版書，以及鄰近德國和義大利境內的許多古版書編製一份目錄。她從巴黎四大檔案館開始，然後造訪了一百七十八個地區圖書館。對她來說，這就像印第安納·瓊斯的探險一樣刺激。她形容自己對閱覽室逐漸增加的依戀心理：

在這寧靜、有點凝重的氣氛中，我感受到一種用法文無法表達的感覺——一種令人惶恐的尊敬、虔誠與神祕——英文有一個字正好貼切：awe。當我把書放回書架，走向門口，我幾乎覺得自己正離開一個神聖的殿堂。

意識到自己必須加速記錄這些狀況不一的書籍，她掌握了新的攝影藝術。拜她的科學思考方式和決心所賜，這對她而言根本是手到擒來，而且她態度非常認真，發明了「一種特殊的攝影設備」來拍攝書本，也因此當大英博物館因為一張品質低劣的書籍照片向她索取五十先令的時候，她非常生氣，將自己發明的圖樣寄給他們，建議他們「任何木匠都可以幫你們建造出來，不需要多少錢。」如今她大量的設備都存放在國立工藝博物館（Musée des Arts et Métiers），傅科擺[162]也存放在那裡，而她所拍攝極具藝術氣氛的照片，不僅出現在她的書本中，也出現在一些不可思議的地方。其中普羅旺斯艾克斯的城市風光，可以在該市鎮圖書館的網站上找到：農用搬運車被時間凍結在廣場，昔日的普羅旺斯出現在視窗中。一位Instagram使用者還剪裁其他圖像，製作成拼貼。

雖然她努力爭取官方資金，但收到的仍主要只是法國公共教育部的書面鼓勵，不過她還是捐贈了許多面臨絕跡的古版書給國家圖書館。她的冒險旅程令她精疲力竭。她身為一個偏頭痛患者，臉部還有罕見的皮膚炎會週期性發作。一八七八年，一位朋友懇求她不要「在雨雪、濃霧和凍霜中」旅行，要在爐邊休息。她回信說：「你以為這裡是《貝諾伊頓家》（*The*

Benoiton Family）嗎？」在那部長壽的法國笑鬧劇中，跋扈的父親禁止幾個女兒自行離開住家。她們回應：「哇！好一個法國爸爸！為什麼我們不能像美國人一樣自己走路？」

瑪麗解釋自己上癮的情形：「流連於圖書館，是我每天最美好的時光，我必須小心不讓它占據我整個心神，以免耽誤進餐時間。」她旅程中所書寫的信件（目前尚無英文譯本）證明她擁有德爾夫拉・墨菲[163]式的耐力，以及比爾・布萊森[164]調侃人類愚蠢的幽默感。這些信件比她兄弟（譯註：前面提到她是家裡唯一的孩子）浮誇的《義大利來信》（*Letters From Italy*）好多了，那本書是經過她編輯出版的。瑪麗不像一些內向的收藏家，她喜歡人性發光發熱的一面。所以表示她偏好一般普羅大眾的評論者可不只一名而已。

行經亞奎丹（Aquitaine），她遇到一個村民菲力普・拉羅克（Philippe Larroque），那人竟默默收藏有六千本古書。拉羅克成為瑪麗終生的筆友，並在一八六六年成立了一個讀書俱樂部，至今仍然會在波爾多圖書館聚會。拉羅克對瑪麗忠心耿耿，並寫了文情並茂的書信，企圖邀請她再度來訪：

> 我們再碰面吧；不要總是像流星飛閃而過，將來抱憾終生。給我們兩星期，如果兩星期太過莽撞，至少給我們一整個星期。那是我們最低的要求了。這裡有清新的空氣，對妳有好處。妳可以把我家當作妳自己的家，在這裡盡情工作，我會在我簡陋的圖書室幫妳準備一張特別的書桌。我們可以一起散步，提振胃口。你喜歡羔羊嗎？這時節的羔羊肉像露

水一樣鮮嫩。或者喜歡雞肉？我們的雞肉也出奇地可口。

瑪麗確實經常去拜訪菲力普，在一場大火摧毀他的收藏後，瑪麗還送他書本安慰他。不過這次火災對菲力普是沉重的一擊，他寫道，此舉導致他「大腦萎縮」而且「心情鬱悶」，一直持續好幾年。我們可以感覺到，瑪麗為他的田園生活帶來他亟需的機智和活力。

在發現有許多古版書散置在勃艮地各地後，瑪麗去找博訥轄區（Beaune）主教，以期拜訪他的圖書館：「他並不看重我的能力，對我的研究，以及我在他教區像唐吉訶德一樣四處旅行只是報以大笑。」她不為所動，最後圖書館的管理員總算願意讓她凌晨六點溜進書庫看書。瑪麗在那裡發現許多寶藏，大部分是以前不知道的，誠如她委婉的說詞，這座圖書館的圖書目錄，「套句黑格爾的話，『萬物都還在轉變狀態』。」

瑪麗在蘇黎世有更多的發現。儘管圖書管理員又老又聾，她必須大聲咆哮提出她的要求。但在這裡有成堆的古版書送到她的書桌上，讓她可連續工作十個小時「沒有抬起鼻子」，儘管敞開的窗口不斷飄入禮拜儀式的歌聲。在瑞士的阿爾卑斯山，她發現寶藏在高山幽谷的修道院圖書館中。通常她比她所遇到的那些圖書館館長還懂更多。每日凌晨五點起床，前往當地圖書館，發現負責人「一樣是個普通公務員、年紀大、脾氣壞、沒有專業知識，而且還是個聾子」。步行七個小時之後，她到達下一個村落，寂靜的僧院大門緊鎖，似乎沒人有鑰匙。幸而一位路過的農夫把她領到一間老舊的房子，原來鑰匙管理員就住在那裡。那人穿著十八世紀款式的及膝馬褲，黑色長襪和大禮服：

他接待我時，絲毫沒有尷尬之意，我則很辛苦地忍耐著，差點對他一身瑞士琉森式（Lucernois）裝扮笑出聲。「這位女士，妳真是個勇敢的旅客！」他驚呼。

南下抵達熱那亞時，她也對一個比較難纏的館長表現出她的氣度：

眼前是一位教會的圖書管理員，有著長而挺的鼻梁，滿頭白髮，身形枯瘦。看到我的時候，才想到街面圖書館宏偉的大門沒有關上，他站起身瞪著我，以一種鄙夷的手勢指著圖書館敞開的大門，說了一句：「女人不准進來！」我先是愣住了，但隨即大笑起來，笑到直不起腰，然後離開。我猜這位可憐的神父一定情路坎坷——當然，是在接受聖職之前。

在熱那亞的第二間圖書館，瑪麗遇到一個穿著僧服的肥胖圖書管理員，只會說義大利語。當他發現瑪麗的性別和年齡——四十歲——時，立即出言威脅：

神父：這位女士，我不能讓妳在這裡研究！

瑪麗：為什麼呢，神父先生？

神父：因為這些年輕人。

（我環顧四週，見到幾個前來校外教學的頑皮小子，大概十歲左右。我用討好的聲音回答——）

瑪麗：別開玩笑了，先生，我對這些小少爺完全沒有威脅。我老了——看看我的眼鏡！就讓我在這裡研究吧，拜託你。

（那位小個子的男人笑了，搬出規章。）

神父：好吧，妳可以向圖書館館長提出要求，在圖書館關門的時間進來工作？

瑪麗提出要求，但只獲准翻閱圖書館的圖書目錄。幸而她的運氣在羅馬變好了，她成為梵諦岡第一位女性研究員，受到一位戴著綠色絲綢眼罩的圖書管理員的歡迎；在佛羅倫斯，一位仁慈的館長讓圖書館保持開放，直到她完成調查為止。返回法國之前，她又在義大利帕爾瑪和西恩納發現了更多的古版書。回到法國後，她帶著笨重的相機，繼續前往里昂、第戎、亞維農和蒙彼利爾等地圖書館。她在最後那個古老學術場地的城市受到慷慨對待，在她內心播下感恩的種子，許久後，那顆種子終於開花，她將個人藏書全部捐贈該地檔案保管處。她的尋書之旅推進到德國後，朋友吉格納德先生（Mr. Guignard）終於也忍不住提出懇求，要她放慢腳步，好好照顧自己，因為上帝賜給她的健康是有限的：「就算是大力士海克力斯（Hercules）也比不上妳！這種活動！這種火車之旅！這種精力！妳永遠停不下來。」

一八九六年，她停下腳步，為一家暢銷報紙寫了一篇具有爭議性的文章，標題是「圖書館的火災」，提醒有關人士注意許多法國收藏品管理鬆散的現狀，並且譴責某些大學出售古版書牟利之舉。她自費出版的《古版書總目錄第一卷》（*General Catalogue of Incunabula, Volume One*，一八九七年）贏得眾人對她的尊敬，包括最裝聾作啞、性情乖戾的圖書館館長。這時，凡爾賽宮圖書館（Versailles Palace Library）等眾多圖書館都爭相邀請瑪麗前往訪問，對館藏的古版書從事鑑定工作。一八九九年，教育部長任命她為國家圖書館榮譽管理員。相對於過去所曾面對的性別挑釁，她在這座圖書館的幾年間，每天都受到歡迎：

> 所有圖書館的常客都認識這位女士，她每天開門的時候出現，坐在閱覽室常坐的位置，送書小弟都渴望為她服務，圖書管理員也對她表示最高的敬意。

在人生中比較安定的這段時期，瑪麗重燃早期對科學的興趣，開始一項創舉。由於巴約訥圖書館（Bayonne Library）遭到「神祕的白蟻」肆意破壞，她開始認真研究這些威脅書籍的「所有害蟲」。今天，有一個獎勵這方面科學進展的獎項，便以她的名字命名。在政治上，她一直是狂熱的自由主義者，撰文反對波耳戰爭，並猛烈抨擊德雷弗斯案[165]所揭露的反猶太主義。

在她晚年寫給老友吉格納德的一封信，顯示所有這些古書是「她的志業所在」，不但不會逝去，還會減輕死亡的痛苦。這段話對所有愛書人來說，都值得品味：

不要擔心我的工作會榨乾我的靈魂。我從來沒有過度沉溺在書本的外觀；唯獨文字能觸碰我的心靈。透過與這些文物重複不斷地碰觸，使我想到還有其他人也曾觸摸過這些書，閱讀過這些書，也許還用手指沿著字裡行間游移。這也使我深思，死亡也有其必然的步驟。

躺在臨終的病床上，瑪麗是由她學生，二十四歲的路易斯．波嵐（Louis Polain）所照顧。波嵐是比利時人，在哈拉索維茨出版社的萊比錫公司（Leipzig firm of Harrasowitz，目前仍在營業）學習書商的行業。他曾和瑪麗一起合作《古版書總目錄》一書，並計畫繼續做下去。瑪麗握著他的手，問他：「我能指望你嗎？」他回答：「當然能，我保證。」他在一九〇九年完成了瑪麗偉大作品的第二和第三卷，主要使用瑪麗的筆記。

不久之後，古版書的單純世界意外被捲入二十世紀的政治。古版書代表著卓越的文化，雖然最佳作品出自義大利，但率先將作品印刷出來的是德國人，他們一九一四年八月入侵比利時後，優先處理的事項之一，竟然是清點該國的古版書。從一八九八年起，德勒斯登一名圖書管理員康拉德．黑布勒[166]開始對德國的古版書進行編目，而從一九〇四年起，他負責《古版印刷品總目錄》（*Gesamtkatalog de Wiegendrucke*），企圖將全世界的古版書編入目錄。這個計畫有文化帝國主義的味道；由普魯士文化部長弗里德里希．阿爾索夫（Frederick Althoff）

正式贊助，他還率先對阿爾薩斯－洛林進行普魯士化，成立了斯特拉斯堡帝國大學（Reich University of Strasbourg）。這人以圓滑的「祕密外交」聞名，一名對手形容他是個冷酷無情的陰謀家，外表偽裝成「西伐利亞（Westphalian）農民」。阿爾索夫有一項龐大計畫：《（德意志）帝國文化百科全書》（*Encyclopaedia of Culture of the [German] Empire*），古版書目錄將會是其中頗有價值的附錄。阿爾索夫挑選的合作對象黑布勒是個可怕嚴厲的盟友。在一幅油畫中，黑布勒面容拘謹，難以親近，近日一名德國歷史學家形容他「對待自己和手下員工都很嚴厲」，「沒有私人感情空間」。戰爭結束之後，波嵐不知如何竟取得黑布勒的比利時古版書清單，接續完成，並在他去世前一年，一九三二年，將這本記錄自己祖國四千本古版書的書目出版。

塞爾彭德街（Rue Serpente）的女英雄

波嵐不但繼承瑪麗的研究方法，還繼承了將近三十箱瑪麗的古版書研究資料，以及數百張的玻璃底片。一九三三年，他將所有這些連同他自己的研究報告，都贈與尤金妮．德羅茲[167]。德羅茲和佩萊謝特同為出色女子，比佩萊謝特更鮮為人知。她是出生於瑞士的語言學家和中世紀吟遊詩人的詩文專家，一九二四年開設一家書店，即位於巴黎左岸文學心臟地帶的德羅茲書坊，彼時她才三十出頭。希薇亞．畢奇（Sylvia Beach）一九一九年的大手筆開設的莎士比亞書店（Shakespeare and Company）固然遠近馳名，尤金妮塞爾公司所在的塞爾彭德街三十四號也值得掛上一塊牌匾，尤其那棟建築物幾乎沒有改變。當畢奇將書店經營成多樣化的文學總匯時，德羅茲的書店卻始終堅守學術領域。德羅茲還在一九三四年首創文藝復興研究的學術期刊。戰爭爆發後，這兩位女士都不得不對抗蓋世太保。

一九四〇年夏天，德國軍隊入侵巴黎。這時黑布勒仍然活著，他的密探很快風聞佩萊謝特和波嵐的研究報告存放在德羅茲書店，一九四一年前往該店，企圖取走。對於該事件，我唯一能找到的訊息，是《蘇格蘭人報》（*The Scotsman*）的詭異報導：

> 根據今日消息指出，一名女士成功阻止了一場「書店的查抄行動」。這位女英雄寫信通知我們在愛丁堡的記者，簡單表示：「德國人要帶走這些報告，但被我阻止了。」

挫折的是，我始終找不到更多有關尤金妮如何擺脫蓋世太保的消息。一九四七年她搬回瑞士，也將德羅茲書店遷往日內瓦，於一九七六年在當地去世。

德羅茲以不可思議的方式，鮮活地出現在我生命中。在研究過程中，我一直碰到一名熟悉佩萊謝特的重要專家，名字叫做烏蘇拉．包爾麥斯特（Ursula Baurmeister），是一九七八年到一九九九年間國家圖書館古版書部門主管。由於找不到她的電子郵件地址，我寄給她一張國家圖書館的明信片。那是一封瓶中信，我並不指望能夠收到回音。想不到幾個月後，她打電話到店中，說從收到我的手寫明信片後，便一直試圖聯繫我。當時我正在櫃檯收銀，她「從巴伐利亞打來的電話」，線路很差，她「年紀很大了」，但仍安排把佩萊謝特的資料送給我，包括幾封瑪麗的信件抄本，是一九九七年在大英博物館一個布滿灰塵的角落發現的，當時圖書館正準備遷移到新的大廈。我探詢有關尤金妮．德羅茲的資料，包爾邁斯特便開始述說她那時處境如何艱難。當我的同事為大排長龍的客人服務時，我突然領悟，她是認得德羅茲本人的。我感到背脊一陣酥麻。德國人占領巴黎，塞爾彭德街的書店，瑪麗神奇的一生，突然間都變得無比真實。

德羅茲的出版社名為德羅茲出版公司（Droz Editions），目前仍在營業。在尤金妮離開法國之前，她將佩萊謝特和波嵐的檔案賣給紐約書商H．P．克勞斯[168]，這位傳奇人物是達豪（Dachau）和布亨瓦德（Buchenwald）集中營的倖存者。他幾乎是立刻就把佩萊謝特的文件轉手捐給法國國家圖書館，但保留了大量波嵐的檔案，直到一九七九年捐贈給紐約愛書人的格羅利爾俱樂部，根據報告指出，那是俱樂部裡大家查閱最頻繁的收藏品之一。克勞斯繼續在他曼哈頓的書店工作直到一九八八年去世，享年八十一歲。最後，二〇一八年十一月，克勞斯的遺孀將波嵐的日記也捐贈給該俱樂部。也許有一天，有人會查閱日記，出版更多有關波嵐的書籍。米蘭的歷史學者愛德華多．巴比耶里（Edoardo Barbieri）曾在電子郵件中告訴我，波嵐「有點瘋狂，但非常聰明」。

瑪麗．佩萊謝特《古版書總目錄》的最後一部分在一九七〇年出版，並已納入大英圖書館世界古版書的線上資料庫。這補充了從阿爾索夫和黑布勒開始，現在仍在進行中的德國古版書編目，那也是一個非常有用的線上資源。如今已經鮮有古版書沒有納入紀錄，這大部分要歸功於一位來自巴黎郊區，曾經對古版書感到無比「敬畏」的建築師之女。

隱藏圖畫的獵手

在庫存充足又凌亂的二手書店裡，相當罕見地可以看到某些特定顧客，有條不紊地打開書本封面，用拇指和食指夾住所有書頁，整個彎曲成斜面。

他們只檢查一九一〇年以前出版的書籍，搜尋的是罕見書籍藝術的典範——書邊繪畫（fore-edge painting），繪製在書本紙張的邊緣——不是頁面邊緣——的圖畫。以這種方式製作的圖畫，通常只有在彎曲書頁，層疊「成扇形」時，才能看清畫作。這些手工細緻的水彩畫是用下列方式製作的：整個文本用鉗子以一定角度夾住，使書頁邊緣形成一個平整的斜面。待繪畫乾燥後，將書本合起，在書側燙金；亦即，用蛋白加水當黏著劑，塗上金箔。燙金可以保護牛皮紙或紙頁免於灰塵和昆蟲的汙染。經過這種方式處理，書本呈現出標準的燙金作品，但是一旦撥翻書本邊緣到某種角度時，一幅祕密的繪畫便會顯現出來。我父親有本書就是在收藏三十多年後，才發現書頁邊緣藏有繪畫。這跟我們發現他有根手杖其實是一把劍身時一樣興奮（呃，不對，比那時的興奮要少一點）。通常，《公禱書》（*Book of Common*

Prayer）的書邊繪畫會是一幅具有啟示作用的鄉村房舍田園景致。在做禮拜時，可用以撫慰使用者。書邊繪畫還有奇襲的功能，在飽受冗長乏味的傳道轟炸之際，可以拿來分散心神。

書邊繪畫和文本內容間有時會進行不同的對話，比如現存於紐約博物館，約翰·齊默爾曼[169]的《獨處的好處》（*The Advantages of Solitude*，倫敦，一八〇五年，兩冊），讀者伸手去取第二冊時，會發現一個驚喜正守候著他：隱密的書邊繪畫，一位孤獨的飛釣者佇立在黃昏景色中。

甚至還有一種更罕見更巧妙到令人髮指的，是書邊雙層繪畫，也就是一本書可以展現兩幅不同的水彩畫，當書頁依序斜向這邊時可以看見一幅，斜向另一邊時則看見另外一幅。我只見過一本，就在古柏的詩歌選集上，是一位住在多佛內陸三哩處一座中世紀房子裡的老人家展示給我看的。我覺得麻煩在於這種書除非用夾板夾住，否則無法陳列在博物館內，而且只能選擇其中一邊的圖畫展示。

現代早期的書籍放在書架上時，經常隱藏住書邊繪畫，偏偏書邊繪畫不但可以隱藏繪畫，還經常隱藏了書本主人的名字或家族徽章。這些珍藏很少為人所見的部分原因，是書本在重新裝訂的時候，會影響到該書原本的書冊（signatures）。重新縫製後，書頁邊緣經常不再整齊，裝訂工就會稍作裁剪。比如完成於西元七一五年的一本美麗絕倫的書《林迪斯法恩福音書》，雖在維京人的突襲中倖存，卻淪為維多利亞時代裝訂工的犧牲品，一些原本的裝飾圖像便這樣遭到破壞。

擁有一切，到一無所有：走火入魔的收藏家

像所有感情一樣，書籍收藏可以使人走火入魔而喪失理智。在愛書人的外緣，潛伏著某種書目專家，將某一主題的書籍全部羅列出來，集結成一本書。隨著網際網路的出現和出版品的大量暴增，這種奇特的做法逐漸消失，但仍有兩個勇敢的人，試圖將所有書目融合為一。

一八七七年，紐約客約瑟・沙賓[170]出版了《書目彙編》（*Bibliography of Bibliographies*），不過其後被西奧多・貝斯特曼[171]的著作所取代，根據這位波蘭人表示，他是在大英博物館圖書館自學成長的。神祕的他還是研究鬼魂和伏爾泰的世界級專家，曾出版了一百零七冊伏爾泰的書信，一九三九年還自行出版《世界書目彙編》（*The World Bibliography of Bibliographies*）一書，這部作品使他在網路時代之前，成為圖書管理員間家喻戶曉的人物。今日，嘗試書目彙編從哲學的角度來看近乎不可能，甚至可能引發宇宙內爆，化為單一，然後另一個平行宇宙出現，你坐在一張稍微不同的椅子上，眉頭深鎖地讀著這一段，就像《星際迷航》（*Star Trek*）某一集中，由於時空扭曲而產生了邪惡版的寇克船長和所有船員。但貝斯特曼彷彿受到某種驅使，缺乏某種人性。對理性的熱情，甚至導致他晚年直接住進伏爾泰位於日內瓦的房子，並且疾聲反對用大寫的「G」來拼寫上帝一字。他的遺囑執行人歷史學家休・特雷弗－羅珀[172]，是少數幾位出席他一九七六年場面淒涼喪禮的人。他遺留了一百三十多萬英鎊給牛津大學，只留下一點給他的遺孀。瑪莉－路易絲・貝斯特曼（Marie-Louise Besterman）透

過法律，總算奪回一些。在離開法庭時，這位遺孀表示：「人生最後三年，他脾氣非常壞。」

還有人愛書愛得更瘋狂。在《古物收藏家》（*The Antiquary*，一九一六年）一書中，華特．史考特諷刺那些殘缺書籍的收藏家，為了一本未經作者潤飾、書頁還未切開，或附有稀罕扉頁的書本，竟然渴望到不惜付出更多金錢。

在查爾斯．切斯納特[173]短篇小說《巴克斯特的扞格》（*Baxter's Procrustes*，一九〇四年）中，曾以充滿想像力的方式對變態追求殘缺書籍者推論出合理的結局。而儘管一九〇二年時，俄亥俄州克里夫蘭的羅汎讀書俱樂部（Rowfant Book Club）因為他的非裔身分而將他拒於門外，不讓他成為該會會員，不過俱樂部一八九九年仍出版過一本他的小說。在《巴克斯特的扞格》中，羅汎讀書俱樂部的會員瓊斯（Jones），販售了五十本限量版的《巴克斯特的扞格》給會員。據了解，那本書呈現出印刷的極致，使用特別細緻的紙張。由於整本書是用透明的包裝紙密封，因此，大部分的會員從來不曾打開過，對那本書珍貴程度的重視，尤甚於書本內容。後來消息洩漏，那本書根本全是空白紙張，但是正如瓊斯的解釋：「真正的收藏家鍾愛的是寬闊的頁邊空白」，因此，還有什麼比一本書頁邊全是空白更好的呢？這種注重外觀而非內容的收藏方式，是收藏界反覆出現的一條死路，羅馬時代的書卷收藏家塞尼加便曾觀察到：「許多書籍不是用來作為學習工具，而是充作飯廳擺飾！（有些人）是從裝訂和標籤獲得樂趣的。」

我在書內描述了若干收藏家，但還有太多無名英雄值得推崇。神祕的哈利．瑞森[174]，直到一九六〇年代才在拍賣會上被人發現，戴著招牌式太陽眼鏡，穿著雨衣，其實，他早在德州奧斯丁悄悄建立了偉大的作家手稿檔案庫，買下了包括書架在內的整座伊弗林．沃圖書館庫藏。西里爾．康諾利[175]曾寫道，拜他奢侈購入手稿所賜，確保了許多作家能夠「在送牛奶工人面前抬得起頭」。愛琴海帕特莫斯島（Patmos），一位鄉下學校校長約安尼斯．薩克利翁（Ioannes Sakkelion）一發現幾個當地僧侶正在祕密出售一些珍貴的早期書籍，銷毀他們認為沒有價值的書本，便出手努力挽救了很多書籍，花了三十年進行編目，還從修道院地下室一個潮濕的箱子中搶救出一本六世紀的福音書。

收藏家們冒著被逮捕的風險，將書本藏在地底下和牆壁間，從蠟燭商和派餅店手中搶救書本，從南到北周遊各國，經常散盡所有家產，孑然一身，經年累月地在街上書攤前瑟瑟顫抖，以及在拍賣會競價時汗流浹背。他們也許有些古怪，難免執著，但他們視書本為通往其他世界，以及其他存在方式的門戶，以這種方式，成就我們成為更出色的自己。許多收藏者是理想主義者，比如紅衣主教博羅梅奧[176]，他們只希望「野蠻的世紀不再回來」。

譯註

1 Pierre Bourdieu，一九三〇～二〇〇二年。法國著名社會學大師、人類學家和哲學家。

2 St Januarius，那不勒斯主教，四世紀時的天主教殉道者，其血液至今仍存放在那不勒斯主教座堂的一個玻璃瓶中，信眾們都會聚集在教堂中見證聖血奇蹟。

3 Sekhmet，獅頭女身的埃及女神。

4 North-West Passage，穿越加拿大北極群島，連接大西洋和太平洋的航道。

5 Saint Osyth，修道院院長，生於貴族家庭，約卒於西元七〇〇年。

6 Ian Fleming，一九〇八～一九六四年。英國作家和記者，代表作為龐德系列小說，

7 全名為Jean Sibelius，一八六五～一九五七年。芬蘭作曲家、民族主義音樂和浪漫音樂晚期重要代表。

8 全名為Algernon Charles Swinburne，一八三七～一九〇九年。英國維多利亞時代的著名詩人、戲劇作家及文學評論家，以抒情詩聞名於世。

9 Walter Savage Landor，一七七五～一八六四年。英國詩人和作家。

10 the kings evil，發生在頭側耳後皮裡膜外，累累如串珠的淋巴結核，以前認為此病經國王一觸即可痊癒。

11 Charles II，一六三〇～一六八五年。英格蘭、蘇格蘭及愛爾蘭國王，屬史都華家族，共和國時期被迫流亡歐陸九年，一六六〇年重返英國，重登王位，但一六七〇年後英國成為法國實質上的附庸（他最寵愛的法國情婦牽線引出英法聯盟），國際地位下降成二流國家。

12 Charles I，一六〇〇～一六四九年。英格蘭、蘇格蘭及愛爾蘭國王。一六二五年登基，但一六四九年成為唯一以國王身分被處死的英格蘭國王。

13 Mary Queen of Scots，一五四二～一五八七年。於一五四二～一五六七年統治蘇格蘭。

14 Primark，一家總部位於愛爾蘭都柏林的服裝零售公司。

15 全名稱謂為Sir Robert Bruce Cotton，一五七〇～一六三一年。是杭廷頓郡康寧頓教區第一任男爵，英國國會議員和古董商，創立了柯頓圖書館。

16 copyright library，即有權免費取得在英國出版的每本書的圖書館。

17 全名稱謂為Sir Thomas Bodley，一五四三～一六一三年。英國外交官和學者，在牛津創立了博德利圖書館。

18 全名為John Pierpont Morgan Sr.，一八三七～一九一三年。美國金融家及銀行家。生前壟斷了世界的公司金融及工業併購。但其對效率及現代化的追求和貢獻，令美國經濟在二十世紀初改頭換面。

19 全名為Henry Edwards Huntington，一八五〇～一九二七年。美國鐵路大亨，也是藝術品和珍本書籍的收藏家。定居洛杉磯，擁有太平洋電力鐵路和大量房地產權益。

20 全名為Jean-Baptiste Marie de Piquet，一七二九～一七八六年。法國貴族，公務員和藏書家。

21 全名稱謂為al-Sahib ibn Abbad，九三八～九九五年。知名波斯學者和政治人物。

22 Codex Mendoza，墨西哥阿茲特克手抄本之一，約作於一五四一年前後，共七十二頁。此抄本以征服阿茲特克的首任新西班牙總督安東尼奧・德・門多薩的姓氏命名，包含了阿茲特克的歷史、歷代君主、貢品列表、日常生活、與後來被西班牙征服的故事，繪圖仿照阿茲特克風格，並加上西班牙文註解。

23 全名為Antonio de Mendoza y Pacheco，一四九五～一五五二年。西班牙貴族、新西班牙首任副王及秘魯第三任副王。門多薩在任期間，各方面建樹頗多，為初創不久的新西班牙帶來了安定和和平。

24 André Thevet，一五一六～一五九〇年。法國方濟會的牧師、探險家、宇宙學家和作家，曾於十六世紀前往近東和南美旅行。

25 Richard Hakluyt，一五五二～一六一六年。文藝復興時期歐洲作家、航海家和探險家。編輯了第一手英國的探險報告。

26 全名為Francis Drake，一五四〇～一五九六年。英國著名的私掠船長、探險家和航海家。據知他是第二位在麥哲倫之後完成環球航海的探險家。

27 全名為Walter Raleigh，英國伊莉莎白時代著名的冒險家、作家和政治人物。更以藝術、文化及科學研究的保護者聞名，是名廣泛閱讀文學、歷史、航海術、數學、天文學、化學、植物學等著作的知識分子，

28 Samuel Purchas，一五七七～一六二六年。英國聖職人員，出版過數冊曾赴國外旅遊者的報告。

29 Kubla Khan，一二一五～一二九四年。蒙古帝國大汗，也是在一二七一年建立元朝的首位皇帝。此也指柯勒律治夢醒之後所寫下的長詩《忽必烈汗》。

30 John Selden，一五八四～一六五四年。英國法學家，精研古代法律和憲法，也是猶太法學者。

31 Thomas Barlow，一六〇七／八／九～一六九一年。英國學者和神職人員，後來成為牛津大學女王學院的教務長和林肯郡主教。

32 西元前約七二二年。以色列王國被亞述摧毀以後，以色列有十個氏族消失於聖經的記載中。

33 Thomas Middleton，一五八〇～一六二七年。英國詹姆士一世時代的劇作家和詩人。是少數幾個在喜劇和悲劇都同樣成功的作家。

34 全名為Christopher Marlowe，一五六四～一五九三年。英國伊莉莎白年代的劇作家、詩人及翻譯家，為莎士比亞的同代人物，以寫作無韻詩及悲劇聞名，亦有學者認為他在生時比莎士比亞更出名。

35 King John，一一六六～一二一六年。英格蘭國王。一一九九～一二一六年在位，而幼王亨利、獅心王理查、布列塔尼公爵若弗魯瓦二世皆是約翰的兄長，由於父王亨利二世把在法國的領地全部授予幾位兄長，已經沒有領地可以封給約翰，所以父親還戲稱他為「無地王」。

36 Richard III，一四五二～一四八五年。英格蘭國王。一四八三～一四八五年在位，也是約克王朝的最後一任國王。在博斯沃思原野戰役的敗戰，為玫瑰戰爭與金雀花王朝畫上句點。

37 全名稱謂為Sir Thomas Isham，一六五六／七～一六八一年。第三任蘭波特男爵，以他在一六七一～一六七三年間寫的日記，反映出英國貴族少年生活而著稱。

38 全名稱謂為Sir Justinian Isham，一六五八～一七三〇年。繼承無子的哥哥，成為第四任蘭波特男爵，英國地主

和保守黨政客，從一六八五年起至去世，一直擔任下議院議員。

39 **Dorothy Osborne**，一六二七～一六九五年。英國書信作家。

40 全名稱謂為**Sir Charles Edmund Isham**，一八一九～一九〇三年。愛好園藝，一八四〇年代從德國引進了許多赤土陶俑，由此開創了英國園林小精靈的傳統。

41 **John Dee**，一五二七～一六〇九年。英國著名數學家、天文學家、占星學家、地理學家、神祕學家及伊莉莎白一世顧問。

42 **philosopher's stone**，一種存在於傳說或神話中的物質，據云能將卑金屬變成黃金，或製造能讓人長生不老或醫治百病的萬能藥。

43 正式名稱為**Queen Mary I**，一五一六～一五五八年。英格蘭和愛爾蘭女王，都鐸王朝第五位及倒數第二位君主。

44 **Prospero**，莎士比亞戲劇《暴風雨》中的主角，曾因醉心魔法而誤國，覺醒後，折斷魔杖，埋於地下，並將魔法書沉於海中。

45 **Frederic Borromeo**，一五六四～一六三一年。義大利米蘭的樞機主教和大主教。

46 典出這樂團一首歌的歌名：〈我不願錯過任何一件事〉（*I Don't Want To Miss A Thing*）。

47 **Cicero**，西元前一〇六～四三年。羅馬共和國晚期的哲學家、政治家、律師、作家和雄辯家，因為其演說和文學作品而被廣泛地認為是古羅馬最偉大的演說家和最具影響力的散文作家之一。

48 **Oliver Reed**，一九三八～一九九九年。七〇年代中期英國最著名的影星。

49 全名為**Alessandro Manzoni**，一七八五～一八七三年。義大利作家。

50 **Antonio Magliabechi**，一六三三～一七一四年。義大利圖書館員、學者和藏書人。

51 全名為**Cosimo di Giovanni de' Medici**，一三八九～一四六四年。義大利文藝復興時期著名的佛羅倫斯僭主（非官方國家首腦）和大商人，也被稱為「老科西莫」或尊稱為「平民的保護者」、「國父」。

52 **Queen Christina**，一六二六～一六八九年。是一六三二～一六五四年間的瑞典女王。最為人所知的是她被認為是一六〇〇年代最博學多聞的女性，喜愛書籍、手稿、繪畫及雕塑。

53 Catherine the Great，比較正式的名稱為Catherine II，一七二九～一七九六年。俄羅斯帝國史上在位時間最長的女皇，一七六二～一七九六年在位，長達三十四年。

54 Juana Inés de la Cruz，一六四八～一六九五年。自學成才的學者，是巴洛克藝術學派的科學思想家、哲學家、作曲家和詩人，也是新西班牙聖哲羅姆派的修女。被稱為「第十繆斯」、「美洲鳳凰」或「墨西哥鳳凰」，生活在墨西哥殖民時期，成為早期墨西哥文學以及更廣泛的西班牙黃金時代文學的貢獻者。

55 St Jerome，約三四二～四二〇年。古代西方教會中最偉大的羅馬學者，建立了古典晚期最卓著的私人圖書館。

56 Ludwig Pfandl，一八八一～一九四二年。德國傳記作家，西班牙學者和羅曼研究學者。

57 法語全名稱謂為Marc Antoine René de Voyer, Marquis de Paulmy and 3rd Marquis d'Argenson，一七二二～一七八七年。是法國、瑞士、波蘭、威尼斯和羅馬教廷的大使，後來成為法國大使戰爭部長，還是著名的藏書家和藝術收藏家。

58 Louis XVI，一七五四～一七九三年。法國國王。一七七四年即位，一七八九年任內發生法國大革命，一七九二年被廢黜，並於次年被送上斷頭臺，他的死亡亦宣告了延續近千年法國君主制的終結。

59 Horace Walpole，一七一七～一七九七年。英國藝術史學家、文學家及輝格黨政治人物。

60 全名為William Caxton，約一四二二～一四九一年。英格蘭人。此指由威廉．卡克斯頓所出版的書籍。

61 全名為Louis César de La Baume Le Blanc，Duc de La Vallière為其頭銜，一七〇八～一七八〇年。法國貴族、藏書家和軍人。

62 全名為Denis Diderot，一七一三～一七八四年。法國啟蒙思想家、唯物主義哲學家、文學家、美學家和翻譯家，也是百科全書派的代表。也是百科全書派的代表。他的最大成就是以二十年之功主編《百科全書，或科學、藝術和工藝詳解辭典》。此書是十八世紀啟蒙運動的最高成就之一。

63 全名稱謂為Abbé Jean-Joseph Rive，一七三〇～一七九一年。十八世紀的法國書目學家，圖書管理員和革命領袖。

64 全名為Thomas Rawlinson，一六八一～一七二五年。以律師為業，但以藏書家聞名。

65 Richard Rawlinson，一六九〇～一七五五年。英國神職人員、書籍和手抄本古籍收藏家，之後全部遺贈給牛津大學博德利圖書館。

66 Jacobites，是一個支持詹姆士二世及其後代奪回英國王位的政治和軍事團體，多為天主教教徒組成。

67 Topham Beauclerk，一七三九～一七八〇，著名的機智人物。

68 Edward Gibbon，一七三七～一七九四年。英國歷史學家，著有《羅馬帝國衰亡史》。

69 Robert Adam，一七二八～一七九二年。位蘇格蘭新古典主義建築、室內設計及傢具設計師。發展出了「亞當風格」。對英格蘭和蘇格蘭的古典建築復興起著至關重要的影響。他的室內設計的影響力更是遠達歐美。

70 Nell Gwynn，一六五〇～一六八七年。英國第一批舞臺劇演員，也是英國國王查理二世的王室情婦。

71 此指西德尼・博克拉克爵士，即托帕姆・博克拉克的父親。

72 Anne Pitt，一七一二～一八六四年。英國貴婦和作家，出自當時統治英國政壇的皮特家族。

73 全名稱謂為Lady Diana Beauclerk，又稱Lady Diana Spencer，第一任婚姻中稱Viscountess Bolingbroke，一七三四～一八〇八年。英國貴族級藝術家。

74 全名稱謂為Frederick St John, 2nd Viscount Bolingbroke，一七三二～一七八七年。英國子爵與地主。

75 全名為Edmund Burke，一七二九～一七九七年。愛爾蘭裔的英國的政治家、作家、演說家、政治理論家和哲學家。

76 全名稱謂為Hugh Lowther, 5th Earl of Lonsdale，一八五七～一九四四年。英國貴族，堪稱當時世界上最著名的英國勳爵。曾隨極地考察隊前往艱苦的北極地區，此行有一百多位嚮導喪命，但他成功歸來，自此成為英雄和名人，一直活到八十一歲辭世。

77 全名為St George Lowther，一八五五～一八八二年。第四任伯爵。

78 Thomas Osborne，一六三二～一七一二年。第一任利茲公爵，知名的英國政治人物。在還被稱為丹比勳爵時，於查理二世國王的領導下，在一六七〇年代中期擔任政府的主要人物。

79 Richard Heber，一七七三～一八三三年。英國藏書家。

80 全名為Frances Mary Richardson Currer，一七八五～一八六一年。英國女性繼承人和藏書家。

81 全名為George John Spencer，一七五八～一八三四年。英國輝格黨政治人物，一八〇六～一八〇七年任內政大臣。

82 全名稱謂為William Cavendish, 4th Duke of Devonshire，一七二〇～一七六四年。一七五六～一七五七年任英國首相。

83 全名為Thomas Frognall Dibdin，一七七六～一八四七年。英國書目學家，出生於加爾各答。

84 Isaac Gosset，一七四五～一八一二年。與同段稍後提到，身為雕塑家的其父同名。他本身是英國書目學家，並於一七七二年六月十八日當選為皇家學會會員。

85 Francis Douce，一七五七～一八三四年。英國的古物和博物館館長。

86 Joseph Banks，一七四三～一八二〇年。英國探險家和博物學家，曾長期擔任皇家學會會長，參與澳大利亞的發現和開發，還資助了當時很多年輕的植物學家。

87 Joseph Nollekens，一七三七～一八二三年。來自倫敦的雕塑家，通常被認為是十八世紀末英國最優秀的雕塑家。

88 David Hockney，一九三七年～。英國畫家、版畫家、舞臺設計師及攝影師。

89 Van Morrison，一九四五年～。北愛爾蘭唱作人和樂手。

90 全名為Michael Phillip "Mick" Jagger，一九四三年～。英國搖滾樂手，滾石樂團創始成員之一。一九六二年開始擔任樂團主唱至今，並演奏口琴、吉他和鋼琴。

91 全名為Steven Patrick Morrissey，一九五九年～。英國創作歌手，一九八〇年代擔任另類搖滾樂團史密斯合唱團主唱與作詞家。

92 Princess Diana，一九六一～一九九七年。英國王儲威爾斯親王查爾斯的第一任妻子，威廉王子和哈利王子的母親。

93 全名稱謂為Georgiana Cavendish, Duchess of Devonshire，一七五七～一八〇六年。英國貴族及社交名媛，是第五代德文郡公爵的第一任妻子，曾與輝格黨政治家霍威克子爵傳出婚外情。

94 William Jones，一七四六～一七九四年。英國語言學和東方學家，專攻梵語，一七八六年在新成立的孟加拉亞洲協會上的演講指出梵語與拉丁語和希臘語有驚人地相似之處。

95 全名稱謂為Margaret Georgiana Spencer, Countess Spencer，一七三七～一八一四年。英國慈善家。

96 全名稱謂為Lavinia Spencer, Countess Spencer，賓漢為娘家姓氏，一七六二～一八三一年。英國插圖畫家。

97 全名為Enriqueta Augustina Rylands ，一八四三～一九〇八年。英國英國慈善家，在曼徹斯特以丈夫之名，建立了約翰．賴蘭茲圖書館。

98 John Rylands，一八〇一～一八八八年。英國企業家和慈善家。他是英國最大的紡織品製造企業的所有者，也是曼徹斯特首位千萬富翁。

99 Sir Thomas Phillipps, 1st Baronet，一七九二～一八七二年。英國古董商和藏書家。積累了十九世紀最大批的手稿材料。身為紡織品製造商私生子的他繼承了一筆不動產，幾乎全部花在了牛皮紙手稿上，之後並在沒有資金的情況下大量借款購買手稿，從而使家人陷入了沉重的債務。

100 全名為James Orchard Halliwell-Phillipps，一八二〇～一八八九年。英國莎士比亞學者、古物學家，也是英國童謠和童話故事的收藏家。

101 Thomas Hardy，一八四〇～一九二八年。英國作家；生於多塞特沒落貴族家庭。小說多以農村生活為背景，著有多部長篇小說，包括國人較為熟知的《黛絲姑娘》。

102 Académie Française，法蘭西學術院具有雙重任務：一、規範法國語言；二、保護各種藝術。

103 King Alfred，八四九～八九九年。英國歷史上第一個盎格魯–撒克遜人的國王。他率眾抗擊維京人的侵略，使英格蘭大部分地區回歸盎格魯–撒克遜人的統治。

104 **Franco-Prussian War**，一八七〇～一八七一年。在法國也稱為法德戰爭，在德國則稱德法戰爭，起因於普魯士為了統一德國，還有與法國爭奪歐洲大陸霸權。雖由法國發動，最後卻是普魯士大獲全勝，建立了德意志帝國。

105 全名為Georges Ernest Jean-Marie Boulanger，一八三七～一八九一年。法國將軍及政治人物，曾利用法國民眾的反德民族主義情緒和對自己的高度支持，險些顛覆法蘭西第三共和國，最後卻身敗名裂，自殺身亡。

106 全名為Émile Édouard Charles Antoine Zola，常作Émile Zola，一八四〇～一九〇二年。十九世紀法國最重要的作家之一。自然主義文學的代表人物，亦是法國自由主義政治運動的重要角色。

107 Octave Uzanne，一八五一～一九三一年。法國藏書家、作家、出版商和新聞記者。因對十八世紀作家的文學研究而聞名。

108 全名為James McNeill Whistler，一八三四～一九〇三年。著名美國印象派畫家。曾入讀西點軍校，二十一歲時懷著成為藝術家的雄心前往巴黎，在倫敦建立起事業，從此未曾返回祖國。多年後，成為十九世紀美術史上最前衛的畫家之一。

109 由優先發展起來的群體或地區通過消費、就業等方面惠及貧困階層或地區，帶動其發展和富裕。

110 Vosges paper，法國孚日省擁有豐厚出眾的森林資源，密集的流水網路和在技術精湛的工人，因此紙業發達，該省也成為法國東部的第一大造紙省。

111 Henri Vever，一八五四～一九四二年。二十世紀初期歐洲最傑出的珠寶商之一，經營祖父所創辦的家族企業。

112 Félicien Rops，一八三三～一八九八年。比利時藝術家，主要製作版畫和蝕刻版畫，因描繪情色和撒旦崇拜的繪畫而聞名。

113 Aubrey Beardsley，一八七二～一八九八年。英國插畫藝術家之一，到過日本，所以受到其藝術影響，也是唯美主義運動的先驅。

114 Nancy，一八七〇年普法戰爭後，阿爾薩斯－洛林的東北部地區被普魯士所占有，南錫因地理位置相對靠南而未被占領。

115 **Art Nouveau**，流行於一八九〇～一九一〇年間，以比利時和法國為中心，乃大眾文化最高點的藝術和設計風格，以感性的有機曲線與非對稱架構的裝飾風格為特徵。

116 全名為**Henry Spencer Ashbee**，一八三四～一九〇〇年。英國藏書家，作家和書畫家。以化名Pisanus Fraxi大量出版的祕密三卷色情文學書目而聞名。

117 **Robert, Comte de Montesquiou**，一八五五～一九二一年。法國唯美主義者、象徵主義詩人、藝術品收藏家和花花公子。

118 全名稱謂為**Antoinette Corisande *Élisabeth*, Duchess of Clermont-Tonnerre**，但一般通稱**Élisabeth de Gramont**，一七八五～一九五四年。二十世紀初的法國作家，以與美國作家娜塔莉．克利福德．巴尼的長期女同性戀關係而聞名。

119 全名為**Joris-Karl Huysmans**，一八四八～一九〇七年。法國頹廢派作家和藝術評論家，早期作品受到當時自然主義的影響，多傾向於個人和暴力。

120 全名為**Paul-Marie Verlaine**，一八四四～一八九六年。法國象徵派詩人。

121 **gesamtkunstwerk**，德國作曲家暨劇作家華格納所提出的美學概念，認為所有的藝術作品都可以在戲劇中集合表現，這一概念整合了詩歌、視覺藝術，歌劇及劇場。

122 *The Philosophy of Furniture*，介紹了愛倫．坡的室內裝飾理論。

123 **Japonisme**，十九世紀中葉在歐洲掀起的一種和風熱潮，盛行了約三十年之久，特別是對日本美術，如浮世繪的審美崇拜。

124 **Billy**，宜家販賣的品牌書架之一。

125 **Aldi**，德國的一家廉價連鎖超市品牌。

126 一次大戰中，德軍首次使用毒氣戰。

127 Jean-Martin Charcot，一八二五～一八九三年。法國神經學家和解剖病理學教授。其工作大大推動了神經學和心理學領域的發展。

128 全名為 Richard Freiherr von Krafft-Ebing，一八四〇～一九〇二年。奧德精神病學家，也是關於研究同性戀／雙性戀性行為的基礎著作《性心理疾病》。

129 Max Simon Nordau，一八四九～一九二三年。猶太復國主義者的領袖、醫生、作家和社會評論家。

130 王爾德因雞姦罪及嚴重猥褻的罪名被捕，他的審判是同性戀平權運動史上被引用最多的案件之一。

131 Boer War，十九世紀末英國與南非波耳人所建立的共和國之間的戰爭。

132 d'Artagnan 出自法國作家大仲馬一八四四年出版的小說，《三劍客》，主角人物達太安乃三劍客的摯友，也是火槍手。

133 Théophile Gautier，一八一一～一八七二年。法國十九世紀重要的詩人、小說家、戲劇家和文藝批評家。

134 Edmund de Goncourt，一八二二～一八九六年。法國小說家。

135 Prix Goncourt，是法國最重要的文學獎之一，授予「年度最佳和最富有想像力的散文作品」的作者。

136 Adolphe Brisson，一八六〇～一九二五年。法國新聞記者和戲劇評論家。

137 Elaine Showalter，一八四一年～。美國文學評論家，女性主義者和文化與社會問題作家。她是美國學術界女性主義文學批評的奠基人之一，發展了婦科批評的概念和實踐，所謂的婦科批評，是對「婦女作為作家」的研究。

138 Juliette Adam，一八三六～一九三六年。法國作家。

139 Hafiz，一三一五～約一三九〇年。波斯最有名的抒情詩人，常被譽為「詩人的詩人」。

140 Julia Bartet，一八五四～一九四一年。乃法國女演員 Jeanne-Julie Regnault 的藝名。在巴黎音樂學院接受培訓之後，於一八七二年開始了自己的職業生涯，從一八八〇～一九二〇年退休，是法蘭西喜劇院的主要成員。演出範圍很廣，包括古典戲劇、現代戲劇、喜劇和悲劇等。

141 belle époque，歐洲社會史上的一段時期，從十九世紀末開始，至第一次世界大戰爆發而結束。

142 一群希望過非傳統生活風格的藝術家與作家，以及任何對傳統不抱持幻想的人所追求的生活方式。

143 Léontine Lippmann，一八四四～一九一〇年。比較為人熟知的稱謂是阿曼德·狄·卡利亞維夫人，是法蘭西第三共和國時期作家安那托爾·佛朗士的繆斯女神，本身不但是一家非常時尚的文學沙龍的女主人，也是《追憶似水年華》書中人物凡爾杜蘭夫人的原型。

144 全名為Albert-Antoine Cimochowski，一八四五～一九二四年。大都簡稱Albert Cim，法國小說家、文學評論家和書目學家。

145 Aurel Stein，一八六二～一九四三年。匈牙利裔英國考古學家、藝術史家、語言學家、地理學家和探險家。

146 隋代至唐朝初年的幽州僧人，生年不詳，只知卒於六三一年。他與弟子所鑿刻的經文應不在泰山，而是坐落於北京市的房山，總稱《房山石經》，而靜琬親自在山上鑿石為室，刻石為經，保存下來的佛經，是在第五洞的雷音洞所留下的《法華經》和《盛鬘經》等。

147 Howard Carter，一八七四～一九三九年。英國考古學家和埃及學的先驅，「黃金面具」的圖坦卡門王木乃伊之發現者。

148 Richard Dawkins，一九四一年～。英國演化生物學家、動物行為學家、科學傳播者及作家，也是當代最著名的無神論者之一。著有《自私的基因》。

149 這部目前所知現存世界最早雕刻版本的《金剛經》尾有題記：「咸通九年四月十五日王玠為二親敬造普施。」應當不是王玠其人親自雕刻，可猜測是其為父母布施而請匠師雕版印刷。

150 Battle of Hastings，一〇六六年英國歷史中決定性的一戰，法國諾曼第公爵，即征服者威廉擊敗英格蘭國王，統治英法兩地。

151 Thich Nhất Hanh，一九二六年～。越南裔佛教禪宗僧侶、作家、詩人、學者暨和平主義者。

152 深層生態學認為生態問題必需從整個生態系的角度，而非以人類為中心的角度來考量。

153 First Folio，現代學者為第一部莎士比亞劇本合集命名的名字。

154 Magna Carta，一二一五年英格蘭國王約翰簽署的文件，乃英格蘭議會接收國王行政及立法權的起點。

155 Paul Pelliot，漢名伯希和，一八七八～一九四五年。法國語言學家、漢學家和探險家。

156 一八七六～一九四八年。日本僧人、探險家，淨土真宗西本願寺派第二十二代當主。一九〇二年開始率領探險隊在中國新疆活動，次年因父親去世回國繼位，其後又三次前往新疆探險。他在吐魯番地帶搜集的木乃伊等在旅順博物館收藏。身為英國皇家地理學會成員之一，其藏品在中亞研究中具有很高的史料價值。

157 全名為Sergey Fyodorovich Oldenburg，一八六三～一九三四年。俄羅斯東方學家，專門從事佛教研究。

158 Fu Baoshu，一九〇四～一九六五年。中國近代畫家與美術史論家。此處所論應為作者引用跨文化間資料的謬誤，並非事實。其實拍攝敦煌壁畫者，是當時與許多、包括傅抱石在內的文化藝術界人士深刻交往的羅寄梅夫妻，而臨摹者，則是張大千。

159 Duke of Urbino，一四二二～一四八二年。義大利傑出傭軍首領及藝術贊助者。

160 全名為Marie Léontine Catherine Pellechet，一八四〇～一九〇〇年。法國書誌學家。

161 全名為Camille Pissarro，一八三〇～一九〇三年。丹麥裔法國印象派畫家，喜好寫生，留下許多風景畫。

162 Foucault's pendulum，依據法國物理學家里昂．傅科Léon Foucault命名，證明地球自轉的一種簡單單擺設備。

163 Dervla Murphy，一九三一年～。愛爾蘭旅遊單車手和旅遊作家，曾騎單車從愛爾蘭到印度。

164 Bill Bryson，一九五一年～。美國作家，著作以筆調幽默的旅遊書籍聞名。

165 Dreyfus case，發生在十九世紀末法國的一起政治事件，起因為一名猶太裔法國軍官阿弗列．屈里弗斯被誤判為叛國，導致法國社會的嚴重衝突和爭議。

166 Konrad Haebler，一八五七～一九四六年。德國圖書管理員，歷史學家和犬瘟熱專家。

167 Eugénie Droz，一八九三～一九七六年。瑞士浪漫學者、編輯出版人和作家。

168 全名為Hans Peter Kraus，也稱為H．P．克勞斯或HPK，一九〇七～一九八八年。出生於奧地利的圖書經銷商，被形容為「毫無疑問，是二十世紀下半葉世界上最成功，最有影響力的稀有圖書經銷商」。

169 全名為**Johann Jacob Zimmermann**，一六四二～一六九三年。德國不墨守成規的神學家，相信太平盛世，還是位數學家和天文學家。

170 **Joseph Sabin**，一八二一～一八八一年。英國出生的布勞斯頓，在牛津、費城和紐約市出生的目錄學家和書商。

171 全名為**Theodore Deodatus Nathaniel Besterman**，一九〇四～一九七六年。出生於波蘭的英國心理學研究者、目錄學家、傳記作家和翻譯家。

172 全名稱謂為**Hugh Redwald Trevor-Roper, Baron Dacre of Glanton**，格蘭頓的戴克男爵。一九一四～二〇〇三年。英國歷史學家、辯論家和散文家，牛津大學雷吉斯現代歷史教授，主攻英國近代史和納粹德國史。

173 **Charles Waddell Chesnutt**，一八五八～一九三二年。非洲裔美國人作家、散文家、政治活動家和律師，以他的小說和短篇小說而聞名。

174 **Harry Ransom**，一九〇八～一九七六年。德州大學校長，德州大學系統校監。

175 全名為**Cyril Vernon Connolly**，一九〇三～一九七四年。英國文學評論家和作家，也是具影響力的文學雜誌《地平線》的編輯。

176 全名為**Federico Borromeo**，一五六四～一六三一年。義大利米蘭的樞機主教和大主教。

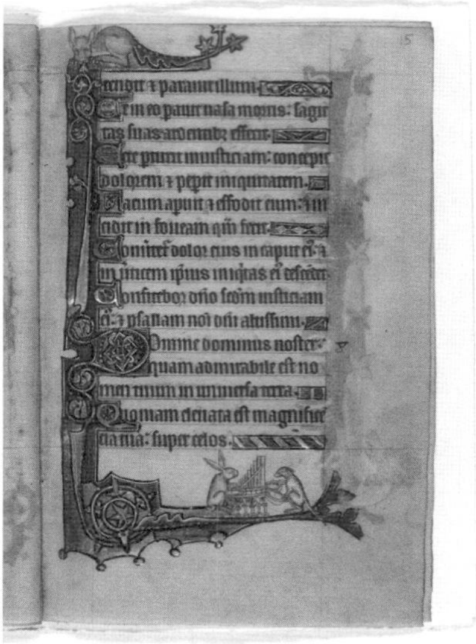

圖7

第七章

邊緣的生命：中古世紀旁註的神祕性

當奧賽羅回憶起和苔絲狄蒙娜[1]的一段情，每個人都可體會其中的美，直到描繪到某一部分，使得許多讀者都不免去查看邊註。奧賽羅敘述苔絲狄蒙娜如何為他的奇遇故事所著迷：

> 她示意我繼續說，過程如此下：
> 提到……
> 食人族，還有那些
> 頭顱長在肩膀下的人：聽到這些
> 苔絲狄蒙娜都非常入迷

《暴風雨》（*The Tempest*）一劇亦然，貢薩羅[2]也談到「那些人的頭長在胸前」。這類怪物的描述令人訝異，正如墨古修[3]離奇描述童話女王的座車，「她的鞭子是蟋蟀骨頭製成……車伕是一隻穿著上裝的蚊蚋」，在人們入睡時，馳騁在人們的鼻尖。這是一個流行神話的失落世界，今日已經難以重新捕捉。幸運的是，這個世界還保存在中世紀藝術中。

中世紀書籍的旁註經過刻意琢磨，有如原本設計的一部分，而且製作標準也如同圖案鮮明的內文一樣珍貴。這些旁註被視為整體內容的重要部分，而不只是隨意塗鴉。旁註內容包羅萬象，或複雜晦澀，或驚世駭俗，因此學者在厭惡與困惑之際，長期忽略它們。那些頭顱長在肩膀下的食人者，經常出現在旁註中，還有美人魚、人獸同體、動物彈奏樂器等有趣形象，以及日常生活中不可思議的罪行。在我研究之際，這種例子看得越多，我越能坦然看待社群媒體中那些貓咪圖，以及網路上那些莫名其妙的貼文。中古世紀的抄書人，包括僧侶和世俗男女藝術家，似乎都欣然擁抱著想像力的極限，儼然受到當時世界地圖標示的激勵，那些地圖邊緣標示著：「這裡有龍。」

二十世紀大部分年間，大英博物館中古世紀書籍的專業管理人都使用不同策略對這些旁註淡化處理。一八八八至一九〇九年大英博物館首席管理員E．曼德．湯普森爵士[4]，也是古文手稿得以公開展示的大師——早期古典手抄本影像化的先驅——安撫大眾，說所有這些奇特的邊緣裝飾都不是針對虔誠的讀者而為，讀者可以謹慎地視而不見。艾瑞克．米勒[5]，五〇年代大英博物館手抄本管理員，認為著名——卻裝飾狂野——的《盧特雷爾聖詠經》（*Luttrell Psalter*）（祈禱書）製作人「腦筋不可能正常」，而在米勒後不久，一名學者也認為「褻瀆作風削弱了中古邊註藝術的整體學術地位」。不過，這時也出現了一個開創性的例外。

一九三八年，一位柏林的歷史教授帶著妻子和七歲女兒莉莉安移民美國。他是逃避納粹迫害而出走的猶太學者之一，另外包括歐文．潘諾夫斯基[6]、尼古拉斯．佩夫斯納[7]及恩斯特．貢布里希[8]等人，都在英國藝術批評領域注入活水。不過此刻所著重的，是那個日後大放異彩的小女孩。莉莉安．蘭德爾（Lilian Randall）婚後成為巴爾的摩沃特斯博物館（Walters Museum）的館長。一九六六年，她在任內撰述了原創性的《哥德體手抄本的邊緣圖像》（*Images in the Margins of Gothic Manuscripts*），不遺餘力地檢視了數百例中古世紀的書籍旁註。她孜孜矻矻地尋訪歐美這些邊際領域，在她自己的博物館也找到一本珍貴的祈禱書，裡面有許多小小的建築工人，吃力地用繩索和階梯將字母拉到應有的位置。蘭德爾很謙遜地表示她對這個主題只是拋磚引玉，但是六十年來，她依舊是這方面的權威，內容經常被引用，而且著作珍貴無價。我剛剛打電話給沃特斯博物館，他們依舊欣然地記得她——「喔，是的，她還在，身體很好、很快樂，已經退休了。」

很多旁註圖案仍然不廣為人知，但是早期書籍數位化的行動每年都在改變這個事實。據悉，這種旁註在早期占出版大宗的宗教書籍中無所不在，另外還出現在法律有關書籍和歷史、羅曼史及詩集中。這些旁註之常見，是今日分散在西方各圖書館的作品可資驗證的。以下將快速遊覽各城市典藏，不過請繫上安全帶，因為在下列幾段文字的時間內，即將目睹一個稍微變樣的世界。正如一名中古書籍經銷商凱特琳．曼寧（Kaitlin Manning）最近所云：「當腦海中浮現出中古世紀社會的實際樣貌時，你不免大驚失色。」比較脆弱的讀者，甚至會如波特萊爾乍見英國啞劇時一樣，陷入眩暈。

這種案例很早便已出現。收藏於都柏林令人驚豔的凱爾經[9]有一頁著名的凱樂符號（chi-ro），上面以希臘文撰寫著基督的名字，其中寄居有貓咪、老鼠和水獺；還有兩隻拍翅的飛蛾藏身其間。在那以後，中古時期的旁註圖案從內文移至書邊，不過這種早期形式反映出塞爾特人（Celt）的神祕主義：自然世界是冥想固有的一部分，所以就自然存在於心靈中。在當時，這些本文外的禽獸並不需要寄身於文學或真實生活的外圍：水獺溫暖著卡斯伯特聖人[10]的腳，老鷹把魚扔在他隱居的牢房旁，一匹馬帶麵包給他，而他頒布了世界上第一紙鳥類的保護令。

進入中世紀，劍橋大學一座圖書館內，一幕釘十字架的場景中，一隻猴子音樂家反身騎著一隻狐狸，一個獅頭人正貪婪地注視著一名拘謹的女子。在貝里聖埃德蒙茲（Bury St Edmunds）一名裝著木製義肢的人，正企圖剃除一隻野兔的毛，反映一句諺語：為其所不能為。在諾里奇一本供奉在天主堂高聳聖壇的聖經中，敘述耶穌在沙漠中受到誘惑的一頁，邊緣畫著動物，互相放屁。在大英圖書館的詩篇六十七，一隻猴子騎著一隻鵝，正朝一名男子的屁股射箭：最近一名學者堅稱那男子便是耶穌。在同一圖書館的一本時禱書中——這種書籍是「中古世紀暢銷書」，跟今日的食譜一樣無所不在——一隻長著翅膀的黑猩猩正試圖把「**神**」一字從文章中拉出來，而一隻戴著小丑帽的蟋蟀則不以為然，面露譏嘲地在一旁觀看；文章下方，一支樂隊正吹笛子打鼓演奏著，其他空間中有一個烹調用鍋子，還有一隻栩栩如生的蝴蝶。在其他祈禱文內，一隻猴子坐在一個大寫「S」字母上吃午餐，美人魚則徜徉在書頁邊緣。

世界各地的圖書館內都隱藏著這類神奇的物件。在牛津大學博德利圖書館，一隻鴿子戴著一頂滑稽的帽子，一場具有宮廷氣派的訂婚場面中，端莊肅穆，只除了那男子的衣袍下方勃然高挺。一隻心照不宣的蟋蟀在一旁廂房旁觀，令人饒有興味地聯想到奧賽羅諷刺的浪漫告白。曼徹斯特的約翰．賴蘭茲圖書館（John Rylands Library）中，一名修女在幫一隻猴子餵奶，而海牙博物館內，一隻猴子對著一名正在書寫的僧侶裸露屁股，另一隻猴子則悄然爬到他身後，對著他耳朵吹號角。法國梅斯一本每日祈禱書內，有兩名男子在鋼索上擊劍，只是兩人都提著自己被砍下的頭顱。在聖奧梅爾，一名弓箭手正瞄準一個魚身男人的屁股。在熱那亞，食人族大啖生殖器。紐約皮爾龐特・摩根圖書館（Pierpont Morgan Library），亡者日課經文下方，腐爛的屍體快樂地舞蹈，祈禱書的一頁中，一對赤裸的男女正以非傳統的姿態交歡（電影《黑色追緝令》〔*Pulp Fiction*〕的臺詞：「我要在你屁股搞點中古世紀的玩意」顯然捕捉到當時的姿勢，也意識到當時的氛圍）。另一件紐約的收藏，在基督遭受鞭笞的圖片下，一個男的用自己的排泄物玩滾球遊戲。在一場靈修活動中，兩隻山羊安靜地交配。在耶魯一本手抄本中，一名修士和一名修女正相互競技。另一處有名女子正含笑馳騁著一個八呎長的肢解陽具，宛如駕駛水上摩托車。

巴黎法國國家圖書館中有一本祈禱書，是一位具名的女性抄寫員所製作，她和丈夫經營一家工作坊，在丈夫過世後仍繼續營業。在「上帝」一字下方，詳盡地描繪一名修女從一株陽具樹木上收割巨型陽具。一群具有巨大陽具的矮小男子，跳上每個經過他們的生物，不論是動物或修女。根據中古世紀學者邁克爾・卡米爾[11]的說法，「無數文件證明，巴黎哥德體手抄本製作中有女子參與其中」，埃蒙・達菲也告訴我們：「很神奇的，現存時禱書中，很大一部分……是為了女子而製作。」

書籍邊緣的不敬之舉直達高層：為凱瑟琳・克利夫斯[12]製作之佛萊明語[13]時禱書，書頁中有使用錯視畫法描繪逼真的花朵，書頁上有隻坐著的蟾蜍以及一個貝殼，還有一隻小手從書頁上一個逼真的洞口中伸出來。布拉格一本為溫塞斯拉斯國王[14]製作的祈禱書，書邊繪有滑稽的偷情圖。羅馬一本為教宗依諾增爵三世[15]製作的法律文書，書頁裝飾有山羊樂師和狐狸僧侶。

有些動物具有某種關聯性，所以到處都是兔子，亦即性行為和趣味性的象徵。猴子是用以諷刺人類行為的簡單工具。由於猴子的使用普遍，北尼德蘭一位匿名畫家便以「猴子大師」聞名。

最令人困惑也曾經在知名文章和無數網站引發討論的，是許多圖案所描繪的巨大蝸牛和騎士交鋒場面，而且經常以勝利收場。其中笑點已不復存在，不過似乎在於大男人氣概的姿態：動作緩慢的蝸牛穿著盔甲，痛毆著騎士，此刻的騎士武器和傲氣均潰不成軍。蝸牛也有高貴的象徵意義，跟月亮（蝸牛的觸鬚時有時無）、永恆（蝸牛殼呈現神聖的螺旋），以及一生穩定前行的概念有關。還有一個辛辣有趣的對比，是相對於騎士的喧鬧狂放，蝸牛是知名的雌雄同體生物。

這所有動物，動物／人類合體，以及未經審查的人性表露，顯示出一個比我們許多人所體驗過的更接近自然的世界，和我們的動物性更有關聯。人體及各部位功能雖然令人尷尬，但更是幽默的來源。死亡無所不在——即使黑死病並不猖獗的時候亦復如此——大便也無所不在：排泄物必須從每家每戶送出，運行在許多城市大街的中心。

我剛剛停筆，喝茶小憩，聽到收音機裡一個女的正喋喋不休地埋怨她買的麵包裡面有一隻蒼蠅。那位英國廣播公司的訪問員——這是廣播的黃金時段，而且眼前正處於憲政危機之中——不可置信地提高嗓門，其驚訝程度凸顯了我們和中古世紀感性的差別，「什麼……在麵包袋裡面？」

我們將大部分自然、死亡和大便都逐出視線，商店裡也陳設成架的迷人液體，企圖消滅「雜草」，殺死謙卑的飛蛾、授粉的黃蜂、故事主角的老鼠、肥沃泥土的蛞蝓，甚至高貴的蝸牛。我們的存在，太多地方受到制約，甚至空氣也制約為冷氣。我們的廁所飄散松林的氣味，頭髮是蘆薈的氣味，我們的火葬場在鄉間小徑。但是蘆薈是無法獲勝的。今日，就像哥德時期，我們越是清潔衛生，說故事者和喜劇演員越是打趣或誇張地帶出我們的人味。人類心理有一個永恆的平衡機制；傲慢自大和矯飾的純潔，總會引來人們嗤之以鼻，或推特文上的譏嘲。

拉伯雷[16]、法斯塔夫[17]和巴頓[18]、吉爾雷[19]和愛麗絲[20]、《呆子秀》（*The Goon Show*）和《分身》（*Spitting Image*）等所詮釋的幽默，都是取材於傲慢自負的傢伙、好色的牧師，以及可笑的軍官等。默劇表演，故意用扮裝、言詞煽動、含沙射影，和中世紀邊註衝撞社會禁忌的諷刺作風無縫接軌。馬克斯．米勒[21]就像建築屋頂的滴水嘴獸，所講的笑話遊走於尺度邊緣，經常令觀眾納悶：「他是真的這樣想嗎？」馬克斯之後不久，另一個滴水嘴獸法蘭基．霍爾德[22]也是位舊派人物，發現大理石座位太冷了，但除了他之外，人人都「坐在」上頭。他是個冷面笑匠，常常除了自己，每個人都被逗得哈哈大笑，言詞遊走於天真無辜和淫辭穢語之間。我們可以開懷大笑，因為沒有淫穢的襯托，神聖便沒有意義了。這兩者之間的分際是迷人的，吸引力大、影響力強，都是創造力的來源。從古以來，神奇的魔力便發生在那「泡沫和水面交會之處」。

以描繪人性汙點著稱的大師格雷安．葛林，堪稱「猴子大師」的文學對手，便曾宣稱自己對這種矛盾情有獨鍾。「我對正直的竊賊，扭曲的神職人員、聖潔的妓女、腐敗的律師很有興趣。」他對小丑的了解尤深，小丑的笑鬧凸顯我們的正經有多麼荒謬，他們的文化內涵遠比現代將其放逐馬戲團所代表的意義還要深奧。「城市和權勢來來去去，」他在《哈瓦那特派員》（*Our Man in Havana*）一書中寫道，他們「沒有永恆性。但是小丑是永恆的，因為他的藝術永遠不會改變」。

約翰．克里斯[23]在談話節目《帕金森》[24]中表示，蒙提．派森[25]劇團所有表演中，最受歡迎的短劇竟是他戴著小禮帽，踏著愚蠢步伐走入「愚蠢步伐部」那段表演。那段表演之所以成為經典，是因為正如中世紀旁註中那些親吻屁股的修士和狐狸僧侶一樣，顛覆了由來已久、習以為常的傲慢與自負。這種機制在中世紀的旁註中運用自如。否則喬叟筆下的朝聖者為何不在慶典或酒店講那些汙穢的故事，而是在歐洲最神聖的朝聖途中大放厥詞呢？

中世紀的神祕劇充滿這種機制：「如果事情真的很嚴重，我們最好拿來嘲笑一番，激起群眾的參與。」佛洛伊德的笑話理論在這裡起了作用；可以消除壓力，提供一種「令人興奮的自由感」，而且「有助社會重新復原」。所以在那些戲劇，亦即陪伴莎士比亞成長的戲劇中，人們將耶穌釘在十字架的同時還在開玩笑，對於約瑟夫戴綠帽的事也津津樂道。這些戲劇承襲了中世紀旁註的幽默和天馬行空的想像力。正如劍橋大學中古世紀與文藝復興英文教授海倫・庫珀（Helen Cooper）二〇一九年的文章：

莎士比亞和其同代人，從神祕劇承襲的最重要的一件事，是可以將任何事、所有事搬上舞臺，一切準備就緒的心態，以及號召觀眾融入劇中，相信舞臺上所展現的不可能的假象。

城市是骯髒的，但也是歡樂的，正如書籍旁註中所反映的。這種情況一直延伸到大教堂的牆壁，包括教堂周圍土地。今日教堂周圍氣氛肅穆，草坪修剪平整，管理人虎視眈眈，只有入口處旋轉門的聲音和打卡的聲音打破四周的沉寂。與此相反，我昨天送四十五本《羅密歐與茱麗葉》（*Romeo and Juliet*）到坎特貝里周遭的學校時，在西側門的低窪處見到一名考古學家；我問他發現了什麼。他指著一塊緊實的白堊岩地面上車輪的痕跡解釋道，中古世紀時，教堂周圍圍繞著市場的攤販。根據中古世紀紀錄，緊鄰教堂處必有一間理髮店，專供朝聖客做最後一刻的打扮用。他說他們剛找到那家店鋪的地基。建築內必定也有小販。正如中世紀的書，以及《坎特貝里故事集》（*The Canterbury Tales*）經常提及的，喧鬧的商業行為和神聖禮拜空間是並肩而存的。

正如風和日麗馬拉喀什（Marrakech）的主要廣場，中世紀的歐洲城市萬頭攢動，吟遊詩人、喜劇演員、賣藥的江湖醫生和雜技演員等等，而且男女比例比我們從電影場景所想像的還要平均。「瑪蒂達・麥克喬」（Matilda Makejoy）是中世紀巴黎的一位著名的雜技舞者。一一〇〇年代，一名英國僧侶警告每位前來倫敦的人：

> 這裡有不計其數的寄生蟲：演員、小丑、皮膚光滑的小子、摩爾人、阿諛奉承的人、漂亮的男孩、娘娘腔、男同性戀者、唱歌跳舞的女孩、庸醫、肚皮舞孃、女魔法師、勒索的人、夜間遊民、魔術師、默劇表演者、乞丐、滑稽演員……所以不要住在倫敦。

大型教堂和天主教堂都裝飾著邊註藝術：雕飾的滴水嘴獸，以及滑稽人物進行手抄本中描繪的各種搞怪行徑，而所有這些物件昔日都曾塗著亮麗的色彩。坎特貝里大教堂具有總主教的莊嚴形象，然而，滴水口卻裝飾著半獸半人的怪物，而一〇九〇年建造的地下室內也安全藏匿著來自市場和傳說領域的各種離奇造型：印度雜技演員、綠人[26]、獅頭羊身蛇尾吐火女怪、兩隻狗騎著一條龍，以及我最喜愛的，波斯神話中一種類似蜥蜴的小型怪獸，可以化身為輪子，以閃電的速度穿越沙漠。在劍橋附近沼澤地區的一所教堂，一名男子俯身從兩腿間朝我們微笑，一條水管從他裸露的屁股間穿出。所有這些藝術都是邊緣性的創作——在屋頂、地底下或折疊椅下方的靠架——不過它仍與聖神對話，驗證著上帝的聖殿，彷彿在說：「進來吧，萬事萬物皆在上帝眷顧之下。」

經過數星期的研究，我每次睡覺時，都不免為這些雕塑的怪物存在目的究竟為何而感到困惑，然後我做了一個非常鮮活的夢，儘管聽來匪夷所思，卻仍然從中領悟了它們存在的精神。我夢到一座大教堂完工了，然後放在一座超大型的老式平面加熱板上。當建築逐漸變熱，裡面吐出一個接一個怪物，地下室的柱頂也活躍地開始旋轉，形成幾個字，乃借自科技界的術語：「必須啟動開啟程式，它才能成為一座大教堂。」怪物啟動了神聖的機制，使其立足於真實。（在書本或石雕中了解旁註，有助於擺脫怪物一詞的刻板印象，畢竟這個詞是現代早期的發明。也許只是我覺得如此，不過經過這段思考歷程，我的肩膀鬆弛了一些，而人類的過去和現在似乎也更能銜接。）

中古世紀，神聖和褻瀆是並存的，如同半人馬，人頭人心，卻加上獸性馬身。或正如法籍保加利亞裔女性主義哲學家茱莉亞．克莉斯蒂娃[27]所言，基督教讓褻瀆作為神聖外袍的襯裡是睿智的。巴赫金也看出其間緊鄰卻相異的關係：「中世紀藝術中……虔誠和怪誕並肩而存，但是絕不融和。」行銷大師約翰．赫加提[28]曾經說過，基督教是最佳的行銷故事版本，具有無處不在、無人不識的商標，作為中古世紀的一個組織，其博大精深的內涵足以容納我們的黑暗面——就像許多深入人心的廣告術——不但有石雕成品，也有言詞敘述。黑暗或猥褻的神話通常都包含有某種寓意；這種種寓意名為「exempla」，因此有了楷模（exemplary）

一詞，而中世紀的傳教士在布道結束時，經常會附上多達五個這類令人捧腹或精神刺激的小故事。這些故事是在一番說教的布道後愉悅的獎賞，但也直接激發了聽眾的想像力。多采多姿的布道反映在植物和礦物調製色彩所點綴的光燦教堂。就像是虔誠的書頁之後加以點綴的邊頁圖案。另一個足以顯示神聖和褻瀆鄰接關係的，是狂歡節（carnival）一詞來自「carne vale」，即一種告別肉體，在齋戒之前任由肉體放縱和歡樂的盛宴。

這星期，我在坎特貝里一家義賣商店（狄更斯書本中所提過的畸形屋，Crooked House）購得一本十二頁的小書冊，棕色鏽蝕的騎縫，褪色卻有質感的綠色亞光漆封面：《坎特貝里大教堂壁畫》（*The Paintings of Canterbury Cathedral*）（價格：兩先令六便士）。那是坎特貝里一家後街小店所印製，歐內斯特・特里斯特朗[29]一九三五年一場演講的抄本。特里斯特朗是威爾斯鐵路工人的兒子，皇家藝術學院的教授，曾周遊全國，揭露油彩下的中古壁畫。（一九三五年是探尋坎特貝里大教堂更深層意義的高峰年。那一年，總主教委託艾略特書寫《坎特貝里大教堂謀殺案》〔*Murder in the Cathedral*〕一書。）想想看，特里斯特朗在挖掘一座中古教堂內部時的發現：

> 屋頂、牆壁、廊柱，甚至墳墓和圍屏都閃爍著斑斕的色彩。牆壁空間充滿成排長條的人物和動物雕像，一排堆疊一排，宛如一本巨型書本的各個書頁（斜體字是我改的）。

我們有中世紀留下的書信，因此人們也許認為某個人，或許在某個地方，會透露這些瘋狂的旁註是如何——套句赫加提的話：「搞定顧客的」，但其實不然，這一切在潛意識中相互交纏，是無法輕易釐清的。我們也許會特意創造類似謎題的東西，讓未來的歷史學家繼續糾纏其間，比如皇家的天鵝計數活動。[30]有兩名中世紀的僧侶確實在文書中直接提到石頭上所雕塑的怪物，幾乎就是當代旁註的寫照。那兩名僧侶抱持著大力譴責的態度，跟我們見到某處神聖的地方竟被胡亂塗鴉時的反應一樣。他們不惜耗費篇幅，詳細描述那些罪大惡極的塗鴉，就像上述那名僧侶對倫敦的形容。就我看來，他們似乎樂此不疲，對淫穢的小丑，也只表現出含笑搖頭的樣子，「我總認為他們抗議得有點過火。」就像苦行僧的舉止一樣，比如貝克特[31]身穿剛毛襯衣，其實渴望、暗示著相反的訊息：對肉身的頌讚。大部分苦行僧似乎都是感官主義者——否則他們何需如此？中世紀的世界尊奉聖潔，但也尊重農家庭院的幽默。

國王愛德華二世[32]對這種內在世界開啟了另一扇窗戶。他肩負若干沉重的負擔：和蘇格蘭人的戰爭、和法國的緊張關係，以及貴族的桀驁不馴，終至置他於死。他喜歡和一般百姓在一起，甚至和他們一起修築樹籬、挖掘溝渠，也喜歡旁註類型的惡作劇，送人的禮物是一匹無法騎乘的馬，或習性懶散的獵犬。愚蠢的玩笑總能逗他開心，他的帳簿上就記載著：「賞賜國王的油漆匠，聖奧爾本斯（St Albans）的傑姆斯。他在一張桌上為國王表演跳舞，讓國王開懷大笑：一先令。」他的廚師更能幹，獲得二十先令的獎賞，「因為他在國王面前騎馬，經常從馬上摔下來，使得國王開心得大笑不已。」現在的國君很少公開展現被逗樂的一面，不過自相矛盾和惱人意外的情景卻經常出現在諾曼．威斯頓[33]，休洛特先生[34]的電影中，以及《湯姆與傑利》卡通影片，現在已經有線上版。

邊註藝術家讓我們變成猴子，部分是因為思想革命所形成的餘波。從大約一一〇〇年起，奧維德和亞里斯多德等作家重新受到重視，在歐洲引發了一次無聲地震。亞里斯多德的教導讓中古世紀學者領悟，誠如一名歷史學者所言：「認知的整體過程是發生在日常經驗的領域中。」亞里斯多德認為上帝和自然使得「任何事物的存在都有其目的」。這種新的思維，亦即經院哲學（scholasticism），特別和坎特貝里的安色莫[35]的鼓勵方言有關——真實是透過探索對立面而獲得的——也納入異教徒的古典故事，形成嶄新的基督教。坎特貝里的藏經樓是歐洲最豐富，最具有創意之處，實非偶然。哥德世紀的抄寫員在精神上受到這些震盪的激勵，因此比他們的盎格魯－撒克遜[36]前輩更能表達自己的人性面和個人的獨特性。

中古世紀史專家和文藝復興史學家互不對盤，因為後者主張他們是自我意識開花結果的唯一功臣。結果雙方都出現過於極端的立場。一位中古世紀的衛道者堅稱，邊註是「自我意識的藝術性起源」——那當然是胡說八道，反而貶低了石洞壁畫家的智力。事實上，這不是單純兩元化，而是持續性的現象：藏身教堂高處的石雕，以及鎖在圖書館的中世紀書籍的邊緣，透露出帶有野性和多重含義的自我意識，是延續「黑暗時代」[37]藝術的階段，卻也蘊含有十六世紀文藝復興時代的心態。就像哈姆雷特，這些無名的雕塑者和抄寫者明明可以分辨出「老鷹和鋸子」[38]，卻故意展示兩個如此對立的主題，目的僅僅只為了惡趣味，為了樂趣。

這一切後來如何？中世紀的邊註逐漸絕跡，不是因為我們停止大笑，而是因為印刷術興起的關係，使得書頁的邊緣變得比較狹窄，襯托本文似乎比較具有權威性。更重要的，印刷術和宗教改革的時代重疊，也與嚴峻的審查制度年代重合——該年代一直延續到內戰結束[39]。亨利八世對於任何塗損他所頒行的新版禮拜儀式一書者，均處以重刑，而遲至一六六一年，當權者似乎仍為哥德時代的圖像受到創傷，有一道命令特別規定：「句首大寫字母不得印有淫穢圖像。」因此，不再有八呎長的陽具。當宗教禮俗政治化，書籍邊緣便再也不是遊樂場所。

此刻，我們該向那些瘋狂的中世紀情境道別了。笛子和小鼓逐漸淡去，露天舞臺倉促離去，留下奇特的臨別一屁，猴子再度回復安靜，蝸牛放下了長矛。水花四濺，美人魚也不見了身影。

譯註

1 Othello & Desdemona，典出莎士比亞的悲劇《奧賽羅》，苔絲狄蒙娜是一位威尼斯美女，和摩爾人的威尼斯將軍奧賽羅私奔。

2 Gonzalo，莎士比亞的悲喜劇《暴風雨》中那不勒斯國王的顧問。

3 Mercutio，莎士比亞悲劇《羅密歐與茱麗葉》中羅密歐的密友。

4 全名稱謂為Sir Edward Maunde Thompson，一八四〇～一九二九年。通稱Sir E. Maunde Thompson，英國古文字學家，大英博物館的首任館長。

5 全名為Eric George Millar，一八八七～一九六六年。大英博物館泥金裝飾手抄本專家。

6 Erwin Panofsky，一八九二～一九六八年。德國猶太裔藝術史學者，以圖像學三段分析理論奠基後世圖像學研究基礎，並明確界定出「圖像誌」與「圖像學」以及其分析應用。其藝術史研究範疇主要在中世紀與北方文藝復興藝術。

7 全名稱謂為Sir Nikolaus Bernhard Leon Pevsner，一九〇二～一九八三年。德裔英國藝術及建築史學家，以《英格蘭建築》一書出名。

8 全名稱謂為Sir Ernst Hans Josef Gombrich，一九〇九～二〇〇一年。英國藝術史學家與藝術理論家。

9 Book of Kells，八〇〇年左右由蘇格蘭西部愛奧那島上的僧侶凱爾特修士繪製的一部泥金裝飾手抄本，是早期平面設計的範例之一。這部書由新約聖經四福音書組成，語言為拉丁語。是有著華麗裝飾文字的聖經福音手抄本，每篇短文的開頭都有插圖，總共有兩千幅之多。

10 Saint Cuthbert，約六三四～六八七年。紀諾森布里亞的凱爾特聖人，曾在古梅爾羅斯和林迪斯法恩等地傳教。不僅是中世紀英格蘭北部最重要的聖人之一，也是諾森布里亞的主保聖人。

11 Michael Camille，一九五八～二〇〇二年。頗具影響力和挑釁性的英國藝術史學家，專門研究歐洲中世紀，是一位有影響力的中世紀藝術史學家和歷史學家，也是歐洲中世紀的專家。

12 Catherine of Cleves，一四一七～一四七九年。與海爾德公爵阿諾德結婚，成為海爾德公爵夫人。

13 Flemish，歷史上比利時和荷蘭曾是一個國家，佛萊明語即為當時的語言，也是現在的南部荷蘭語。

14 King Wenceslaus，即 Václav IV，一三六一～一四一九年。在父親卡雷爾一世過世後，接任波希米亞和羅馬人的國王，可是儘管已經當選為神聖羅馬帝國的君主，但從未加冕為皇帝，所以較為人知的頭銜，一直是羅馬人民的國王。

15 Pope Innocent III，一一六一～一二一六年。於一一九八年當選羅馬主教，任職至過世為止。在位的時候，中世紀的聖座權威與影響到達登峰造極的狀態。

16 全名為 François Rabelais，出生年約在一四八三～一四九三年間，卒於一五五三年。法國文藝復興時代的偉大作家，也是人文主義的代表人物之一，代表作為《巨人傳》。

17 Falstaff，莎士比亞《亨利四世》和《溫莎的風流婦人》中都出現過的角色，是體型臃腫的牛皮大王和老饕的同義詞。

18 全名為 Nick Bottom，莎士比亞《仲夏夜之夢》中的一個角色。

19 全名為 James Gillray，一七五七～一八一五年。英國諷刺漫畫家和版畫家，蝕刻版畫政治和社會諷刺性強。

20 Alice，美國漫畫家西格筆下的卡通人物。

21 Max Miller，一八九四～一九六三年。英國喜劇演員，以藝名聞名，並被譽為「厚臉皮」。

22 Frankie Howerd，一九一七～一九九二年。英國滑稽劇和喜劇演員，同樣以藝名聞名，職業生涯長達六十年。

23 全名為 John Marwood Cleese，一九三九年～。英國演員、編劇和電影製作人。

24 Parkinson，為麥可·帕金森主持的英國廣播和電視脫口秀。

25 Monty Python，英國的一組超現實幽默表演團體。

26 Green Man，乃傳說中的存在，象徵重生，造型多為樹葉包圍的面孔。

27 Julia Kristeva，一九四一年～。法籍保加利亞裔哲學家、文學評論家、精神分析學家、社會學家及女性主義者，近年也投入小說創作。

28 John Hegarty，一九四四年~。英國知名廣告主管，也是百比赫機構的創始人。

29 Ernest Tristram，一八八二九~一九五二年。英國藝術史學家和藝術家。

30 中世紀，天鵝被視為奢侈品和美味佳餚，也是地位的象徵，只有貴族才能擁有。英國皇家每年會在泰晤士河就其所擁有的天鵝舉行「普查」活動。

31 全名為Thomas Becket，一一一八~一一七〇年。是與英王亨利二世交惡，在坎特貝里大教堂遇刺殉道的總主教。

32 King Edward II，一二八四~一三二七年。英格蘭國王，一三〇七~一三二七年在位，金雀花王朝成員，一生皆為其寵信的弄臣和叛亂的貴族所主宰，以致最後悲慘地死去。

33 Norman Wisdom，一九一五~二〇一〇年。英國喜劇演員和創作型歌手，以其製作於一九五三~一九六六年之間的一系列喜劇電影而聞名。

34 Monsieur Hulot，法國漫畫家雅克．塔蒂創作並扮演的角色，出現在一九五〇及六〇年代的一系列電影中。

35 Anselm of Canterbury，一〇三三~一一〇九年。義大利中世紀哲學家和神學家，一〇九三~一一〇九年任天主教坎特貝里總教區總主教。

36 Anglo-Saxon，五世紀初到一〇三三年被諾曼征服之間，生活於大不列顛的民族。

37 Dark Age，在編史工作上是指在西歐歷史上，從西羅馬帝國的滅亡到文藝復興開始，一段文化層次下降或者社會崩潰的時期。不過因為整個時期都屬於中世紀，所以在一些現代學者中，這個說法一直有所爭議，他們會比較傾向於避免使用該詞。

38 典出《哈姆雷特》一劇。

39 英國內戰是指一六四二~一六五一年發生在英國議會派「圓顱黨」與保皇派「騎士黨」之間的一系列武裝衝突及政治鬥爭。

圖8

第八章　使用的符號

我相信，一旦涉及書本，傳統道德觀並不存在。

——阿圖洛・貝雷茲—雷維特[1]，《大仲馬俱樂部》（*The Dumas Club*，一九九三年）

在邊緣書寫

紐約作家經紀人邁克爾・斯坦恩斯（Michael Stearns）對書本的態度，從原本的恭敬虔誠，到在書本中批註，由於寫得太多，乾脆買了好幾本「摩爾[2]、孟若[3]和齊佛[4]」的作品，「研究他們是如何創作的」。他在部落格中坦白，引發了一長串真情表露。我喜歡這篇來自「克莉絲汀」的貼文：

啊，搞笑五貓，我在成長期間，都是向我哥哥借書看，即使書背出現一丁點裂痕，一旦被他發現，他絕對會發飆。由於這種手足關係的創傷，我現在每本書必定把書背摺裂，而且肆意在書邊批註（不過不會在圖書館的書上亂來，凱麗，妳這叛徒）。

這種追求自由的程度算是罕見。我們大多數人還是像「蕾娜」一樣恪守本分：

我好想在書上寫字，但就是沒有辦法迫使我的手寫下去。好像書頁上環繞著某種力場。

在書本批註是和書本內容進行一場游擊戰，雖然長久以來均受到非議，但也有一連串有力的支持者。激進的思想者是最夸夸其談也最厚顏無恥的批註者。他們並不尊重文章內容，反而取出作者所表達的概念，來回玩弄，然後在書邊加以評論。當今流行的「混音文化」無情地汲取作者概念和音樂，品嘗體驗、穿鑿附會，也是和內容的對話。對博學者喬治．史坦納[5]而言，一個真正的知識分子「很簡單，就是一個看書時手中一直拿著一枝鉛筆的人」。《紐約客》（*New Yorker*）作家馬克．康奈爾[6]也認同這個想法，「一枝削得尖尖的ＨＢ鉛筆」是把利器，還玩笑地表示：

> 我習慣把鉛筆塞在右耳上面，木匠作風；在我搭公車回家，坐著閱讀《米德爾馬奇》時，我喜歡給人一種強悍，隨時可以上場的感覺。

和書本交流會改變看書的經驗，就像古典印度音樂依賴聽眾的反應而決定其結構和走向。沒有交流的閱讀經驗，可能比較容易忘記。

我經常聽到顧客這樣說：「喔，是啊，是很精彩，我看過了——但是卻記不得裡面的內容了。」蒙田也曾忘記他讀過的整本書，此舉促使他書寫大量批註，也在讀過的書後面添加讀後感。受到他的激勵，去年當我終於看完《安娜．卡列尼娜》（*Anna Karenina*）時，我也仿效他寫下摘要。此刻回顧我寫的摘要，裡面的確充滿我已經忘記的感想。

亨利．米勒在他已經絕版的古怪作品《我一生中的書》（*The Books in My Life*）中指出，此種忘性意味人性是無法正確記憶的，因此才有歷史不斷重複的現象。米勒評論，蒙田躲進他的圖書室，因為他所處的年代「跟我們一樣（當時為一九五二年）是個不寬容、迫害和大屠殺的時代」。蒙田抗拒我們閱讀記憶的流失；那是改善未來和還原過去所必須的。米勒又說：

> 在書邊註解中，人們可以發現自己的過去。一旦領悟自己一生中的巨大演變，勢必捫心自問：……我這輩子是否學到教訓了？

紐約客斯坦恩斯也發現忘性是件很有趣的事。他注意到自己很久前在一本書的邊緣寫了一句「狗屁！」心想：「真的嗎？真有那麼糟糕嗎？」書邊批註可以是和作者的對話，也可能是和自己的對話。我們會保存假期照片，會寫旅行日記，所以將自己的閱讀之旅記錄下來似乎是合理的，而且不光寫在別人送的「閱讀日記」中，或像某些人記錄在Excel文書軟體中，而是直接寫在書本上。然而，我們已受到某種幽靈力量的制約，不要「毀損」書本。這是一個令人不解、相當現代的觀點。

即使印刷業終結了中世紀批註的絕妙異國情調，有些早期的印刷教科書確實設計有讓學生評論的空間：一本一五二五年版本的蓋倫[7]的《醫學方法》（*Methods of Medicine*），書邊故意留下大篇空白，以供醫療觀察記錄之用。還有一本一五九五年帕多瓦（Padua）出版的《塞內卡》也有同樣設計；而一五八〇年一本倫敦的法律書，裡面穿插有空白頁，讓讀者可對文章內容加以評論。印刷書籍的狹窄書邊，對批註者通常是種限制，對數學家費馬[8]尤為如此。他在批註中對未來世紀語帶誘惑感慨道：他原本研究出一套紐結理論（knotty theorem），結果書邊空間不夠，所以無法記錄下來。

儘管印刷書頁的邊緣狹窄，但是從印刷術初期開始，一直到十九世紀中葉，人們還是自然而然闖入其間，我最近在建築風格粗獷的肯特大學圖書館發現，許多早期印刷書籍還刻意模仿手抄本模式，讓傳統型的讀者能擁抱新的技術。當天在圖書館，坎特貝里大教堂還因強風暴雨造成三樓窗戶和中世紀外牆脫落，掉至河邊。早期印刷書籍很容易偽造，就像曼谷被掃蕩的亞曼尼偽造名牌牛仔褲。一家優秀的義大利書商，眼見自己庫存受到這類偽造品的汙染，索性關門大吉。

在古老手抄本或其他原文書的書頁旁邊加註，插入圖畫，或裝飾大寫字母等，可謂比比皆是，但是很少有文件紀錄——因為這種作品很難編目，而且在我們過於光潔的現代，這類作品會被視為一種毀損行為。但是若干跨學科歷史學家對此卻抱持著讚賞的態度，例如如今已經退休的福坦莫大學布朗克斯（Bronx）校區的瑪麗．埃勒[9]，藝術／英文科際研究的先驅。她發現在印刷業興起的頭一百年間，女子切割、雕刻、撰寫在羊皮紙上，將其視為一種虔誠的默想和內在修行，就像情侶在法國藝術橋[10]掛上吊鎖的行為一樣。科陶德藝術學院的烏蘇拉．魏克斯[11]也表示同意，她還發現過一本德文版時禱書，裡面圖畫是巧妙的用混色繡線縫製的：彩線愉悅地遊走在文字間，針法的先進無異於傑克遜．波洛克[12]或法蘭西斯．培根用手指塗抹畫面之舉。小吉丁（Little Gidding）社區的神祕，在於他們有如苦行僧，專注於聖經的邊註和剪貼，將操弄筆管、剪刀和漿糊視為靈性修為。國王查理一世聽說他們製作的書本，也索取了一本，視那本書為「一顆鑽石」，比他「珠寶屋」裡的任何一件物品還要珍貴，並開始在自己的聖經裡批註。根據巴利奧爾學院（Balliol College）書籍歷史學教授亞當・史密斯（Adam Smyth）的論點，書籍的剪貼工作「大部分都遭到忽視」。如果說批註是書籍歷史的窮親戚，剪貼工藝可謂被斷絕關係的私生子，在激情中誕生，卻被拒絕列入親屬關係。

在我們尊重書籍內容的現代之前，批註真的很普遍嗎？沒錯，根據加州大學海蒂・哈克爾（Heidi Hackel）教授所提供的證據，的確如此。她研究一百五十本一五九〇年版本菲利普・西德尼[13]所寫的《阿卡迪亞》（*Arcadia*），發現其中百分之七十都有批註。更令人欣喜的是其中兩本書內還有押花，一本上面留有剪刀的鏽痕，可見該篇詩文是家務工作的一部分，每天都要應用。

一六〇〇年代早期，身為獨生女的安妮・克利福德（Anne Clifford），私下是反清教徒的，她在自己的大量藏書中積極批註，而且設計一種獨特的方式廣泛閱讀，在「她的牆壁，床鋪、簾子和家具上」釘滿了「詞句或評論文辭」。

在好幾個世紀裡，於書頁批註是一種智慧而非褻瀆的象徵，代表一顆探索的心靈，而非植物般被動。一名歷史學家發現，「附加批註的書本，儼然成為（近世）喪禮儀式中對亡者的稱頌」。早年在書本加註普遍被接受，沒有加註反而成為膚淺的表現。一六〇六年獻給已故英格蘭德文郡伯爵（Earl of Devonshire）的獻詞中就是這麼寫的：「你坐擁大量書籍，不是為了炫耀，而是真正使用的，有太多書籍寫滿你的註解。」

卡萊爾主教愛德華・藍柏[14]一六四九年在蘇珊娜・霍華德[15]的喪禮上，大肆稱讚她的批註，視為她勤奮聰慧的明證。主教的褒揚特別令人動容，因為蘇珊娜二十二歲便已辭世，而且她剛得知愛書人父親已被保皇黨人判處死刑。

> 她消化了她所讀的書籍……一如書中所顯現……書本邊緣的批註。她在她最喜歡、最打動她的幾種書籍中都留下了印記，記錄在批註中。

「最打動她的」。是否每個人都知道什麼最能打動自己？我希望我父母能在他們的書本中留下憤怒挫折的咆哮，而不是一些整潔的簽名。就像我們大多數人，我父母不寫日記，而且大多數開始寫日記的人，很快便會對日記裡堆砌的瑣碎記載和狹隘抱怨感到噁心，因為這使得剛開始時普魯斯特式的追憶反思完全走樣。不過當一本書打動人心，讓人感受到溫暖的時刻，哪些頓悟值得記錄並獻給和藹親切、心胸寬廣的閱讀之神呢？我想像他們名叫畢必禮（Biblia）和殷泰美（Intima）。他們會含笑對待在書邊書寫的作者，把書背壓出摺痕的讀者，還有那些狂熱追隨他們的苦行僧。他們的地獄是虎視眈眈的圖書館管理員掌控之地。在他們的天堂裡，蓬頭亂髮的讀者躺靠在涼亭、樹屋、床鋪和窗戶座位，忙著書寫和摺頁，自在地浸淫於心靈的交流。

蘇珊娜．霍華德的葬禮十年後，亦即一六五九年，捷克哲學家約翰．康米紐斯[16]一段有關汙染書本的主張，可謂史坦納的先驅：

書房是什麼？是一個學生獨自端坐，專心研究，看書的地方……從書本中挑出最好的部分，然後用橫線或星號在旁邊標示出來。

這些小記號有一整套系統。羅伯特．格羅斯泰斯特[17]有如中世紀沙福郡的史蒂芬．霍金，研究這個領域領先他所處時代數百年之久，他發明四百多個批註符號，豐富的符號表迄今仍在解碼中。這類力求複雜豐富的批註，是史坦納／格羅斯泰斯特之類博學家，跨領域研究先驅者的特色。

根據瓦爾堡研究所（Warburg Institute）的比爾．謝爾曼（Bill Sherman）表示，術士兼哲學家約翰．迪，乃將書邊視為「處理繁複資訊」的空間；謝爾曼是少數研究所有迪的書邊編碼的學者。迪在書中的各個標註有不同相對應的內容，由謝爾曼所謂迪的「神妙分析」而定。可悲的是，迪在旅行期間，將他的書囑託給他姻親尼古拉斯．桑德斯（Nicholas Saunders）保管。桑德斯盜取並販售許多他的書，出售前還刮除或漂白迪的名字和許多邊註，這些偽造行為最近才經由X光揭發出來。

文藝復興時期典型多才多藝的學者伊拉斯謨不但書寫邊註，還指示應該書寫的方式，告訴我們，當我們見到「某個令人震撼的字眼，或某項具有卓越創見的辯證……任何有記憶價值者，這些段落應該使用適合的記號標示出來。」他還喜歡「各種不同的記號」。馬丁．路德很同意他的敵手伊拉斯謨對於註解的態度，在他擁有的伊拉斯謨版本新約聖經[18]中，（用邊註）狂熱地表示不同論點（「我不是仁慈的讀者，你也不是仁慈的作者」），對他的標點符號也抱持著吹毛求疵的態度。

路德是在出氣，這是書旁塗鴉可以紓解的壓力之一。另一種壓力，是當我們首次閱讀一本困難的書籍時。笛卡爾知道他的《談談方法》（*Discourse on Method*）是一本極具挑戰性的書。我在標註該書重要段落時的確有此感受，不過標到一半時，就興奮地發現他竟然表示──且容我轉述他的大意──「你瞧，如果你不完全懂，別擔心。我建議讀者先跳過這些部分，用筆把不懂的部分好好標示清楚，然後有空時再回頭看，看看第二次有什麼感覺。」

我們只發現批註世界的一小部分；艾薩克．牛頓的批註還在解碼和分析中。直到一九六〇年代末期，書商和拍賣商──包括最有名的倫敦誇里奇（Quaritch）──對於寫有批註的書籍交易價都比較低廉，還將其編目為「帶有標記」或甚至「汙損」。這天早上（二〇一九年），《衛報》的半個版面都在報導美國費城或許發現了米爾頓標註的莎士比亞集。直到一九六〇年代，大圖書館依然忽略書邊批註或將批註漂白處理。甚至現在，我們對批註的了解依然是模糊的。當批註逐漸受到重視之際，如果能為其舉辦特展，那麼書目或許可以這樣寫：「請盡情欣賞，不過除非你日後成為名人，否則別想太多。」

神奇的咒語和採購清單

雖然在早期近代，在祈禱書中記錄非議宗教言論是非法的，不過由於紙張昂貴，使得所有書本都因廣泛需求而成為聚寶盆。家庭用聖經通常用來登記家庭成員的出生、結婚和死亡。今天很少人會有一個現成空間用來記錄我們巨大的傷痛，計算多餘的床被，不過宗教改革時期的瑪麗・埃芙拉（Mary Everard）卻在聖經裡哀嘆，當地靠近北諾福克區（North Norfolk）巴克頓（Bacton）的聖十字聖殿被摧毀了，然後下方又寫道：「我的箱子裡有十二條毯子和一床床單」。安・魏西坡（Anne Withypoll）每天記錄玫瑰戰爭[19]的情況，其中關鍵事件，比如未來的亨利七世[20]抵達米爾福德港（Milford Haven）等，更以英國廣播公司新聞快報的方式，橫跨在祈禱書的下方。

其他的書本中還記載有採購單和食譜。都鐸時期一本薄伽丘的情詩或許打動了讀者，但是一名女讀者也利用詩集書名頁的大片空白，寫下一道看似美味的韭菜和香草調味醬食譜。批註傳統迄今仍愉悅倖存者，便是和食譜的對話。一五八〇年，一名女子刪除食譜中大量篇幅，並註明：「這些食譜錯得離譜，不過已經在此修正。」詩人托馬斯・葛雷嘗試一道用板油包覆醃漬的鯡魚，裡面包裹「牛犢的心臟」，不出所料，在食譜後面寫著：「試過，難吃。」另一個來自菜園，令人耳目一新的聲音，是一本中世紀末的醫用藥草，在所有植物旁邊加註英國俗名，字體大而粗獷，顯示其對當時的拉丁語潮流深感不快。「Basilisca」旁加註「拳參」（Adderwort），「Artemisia」旁加註「艾草」（Mugwort），字體優美。提到「Philomena」時加註「夜鶯」（Nightingale），而慎重提及「constipatus」（擁擠）一詞時，那位不知名的作者似乎已失去耐性：「不能去拉屎的地方。」近世書籍中，類似的懊惱言詞也在威爾斯、蓋爾（Gaelic）與康瓦爾（Cornish）地區發現。

一六〇〇年代一名小佃農大發雷霆，在塞內卡的《道德論》（*Seneca's Morals*）一書的書名頁背面，以兩百五十個字痛罵地主不讓他割除荊木樹籬充當柴火。他似乎無法說服地主，只希望在一本永恆的書本中，記錄這段不公不義之舉，辯證是非曲直。在美國麻塞諸塞州，希瑟・柯波森（Heather Kopelsen）在批註中發現一段來自一六九八年北美土著的遙遠聲音，雖然只是關係一個陶壺，但柯波森說，當時「我的下巴真的掉下來了」，「一個麻州尼瑪斯基（Nemasket）的印地安女人告訴我，原來Nunnacoquis一字指的是陶壺。」

這些連綿不絕的民間神奇故事一直存續到基督教時期，遠比歷史紀錄告訴我們的還要長久。它們挑逗地出沒在批註中，就像森林之神在林木間飛閃而逝。莎士比亞時代的人，會在書邊記錄各種咒語：愛情的魔咒、繁衍的魔咒，在牛油或蘋果上寫下咒語可以治癒牙痛或止住鼻血，書本中許多咒語是詛咒小偷的，令人聯想到吟遊詩人在自己墓碑上的警語：「詛咒任何企圖移動我骸骨的人。」一本時禱書上記載滅火的魔咒和占星的推測。埃蒙・達菲指出這類咒語「普遍存在於各階層」，而據他推測，咒語「廣泛受到歡迎」，是因為在布道中咒語常常受到譴責。

這種平凡卻勾人回憶的書邊評語可謂無所不在。泰德・休斯在《精靈》[21]的扉頁以其厚實有力的筆法批註時，顯然深諳其意境。他解釋書上一長條棕色汙漬是茅草屋頂滴水造成的；那是他和妻子希薇亞・普拉斯在英國德文郡（Devon）的住家，夫妻倆在那裡很快樂，直到希薇亞覺得自己「變笨」才遷離。那本書的汙漬連結那段過去；那段她在菲茨羅伊路（Fitzroy Road）二十三號陰暗歲月之前的年華。

有時候，批註當下記錄的東西比一整本詩句或析理拙劣的書籍還有詩意。最近一名不知是男或女的牛津大學學生在一個枯燥文學批評網站熱切批註時，突然冒出一句：「老天，我忘了把烤箱關上了。」出版文章的作家努力燃起人們生命的熱度，而有罪惡感的批註者則隨興在他們的書頁中留下真實的片羽，正如記者和批註者亞莉珊卓・墨洛考（Alexandra Molotkow）所說的，「我將原文包覆在我自己的酵素中。」文章內容經常有如乏味的郊區或計劃都市的街道圖，而斜置的批註或古靈精怪，或充滿哀思，帶領我們來到樸實的巷弄或邁入開敞的歷史荒原。好的批註可以拯救二流書籍免於扔入垃圾筒的命運。沒有任何藝術作品具有加上批註而成為一項新的創作的潛力：繪畫、雕塑、建築顯而易見地都是以未經碰觸的原作品為尊。書籍則可以附上任何人的基因，有一天，我們所留下的蹤跡或許會經由分析，留下我們的一部分。

不過對我們大多數人而言，書頁上仍具有某種令我們卻步的力場。多產的批註者海絲特・皮歐奇[22]一七九〇年在日記中坦承自己的罪惡事跡：「我有個怪癖，會在我的書本旁邊書寫，這不是一個好的怪癖，但是當下總想說點什麼。」這位精通數國語言，詹森博士的朋友，後來慢慢「出櫃」，公開書寫批註，乃至今日成為十八世紀文化歷史學者的寶藏。一九二五年，她的很多隨筆出版成書，還有很多隨筆正在挖掘中。她在書邊記錄當時人們的穿著，提及一個朋友利用一個矮精靈[23]（她名之為來波康仙〔Lypercorn Fairy〕）在牌戲中作弊，還有孩子們對韓德爾[24]音樂會的反應，威爾斯倖存的習俗，以及威爾斯親王的弄臣戲稱徽章上的德文口號「Ich Dien」（為民服務）代表「Dying of the Itch」（死於發癢），是一種性病。我們都有這類零星的珍聞，而海絲特的珍聞卻拜她的「怪癖」所賜而記錄下來。

在書寫這本書期間，我無意中發現一件事，縱觀歷史，女子對於自己的書籍似乎特別縱情於身體的交流；嗅聞、親吻、擁抱書本，在樹上、燈火邊（此點令業餘收藏家最感頭痛）看書，以及在書本上大量書寫。也許因為女人的直覺比男人強吧。和一本書進行身體接觸，是和書本妥協，讓它進入自己的感情世界。喜歡這麼做的人，對於模糊的感覺比較自在，對於狂歡喜慶和荒誕不羈興味十足。以超人為例，無論穿著超人裝，或者化身整潔帥氣的克拉克・肯特（Clark Kent），他都不屬於會浸淫批註或折疊書角的人。而蝙蝠俠則對生命的多樣性比較自在，也比較可能在書本上批註或折疊書角。他的同性戀男伴羅賓（Robin）象徵他對社會化的男女感情極為不耐。他和有如父親的管家阿福（Alfred）平起平坐，顯示他沒有戀母情結或施虐受虐傾向。他通往象徵潛意識的蝙蝠洞的祕密通道，使得他的家成為一個接收中心，可以盡情遊樂之處。這種人才比較可能在漂亮的書房內，運筆如飛地在書邊書寫，對書頁所顯示的人性斑斕的美驚呼不已。反之，超人則只會玩弄他的氪星石，或對著鏡子整理儀容。

在我面試有潛力的書商時，我總試圖探索候選人的本性，因為真正的書商在工作時是全力以赴的，而不是把本性留在家中。我一個每每得到最多回饋的問題是：「你覺得吸血鬼和狼人，哪一個會在酒館停車場的鬥毆中獲勝？」這個問題會讓面試者討論這兩者的本性，冷酷算計和狂野直覺。正如史蒂文森筆下獸性化的海德（Hyde）會在傑奇（Jekyll）[25]的信仰書上書寫「令人震撼的猥褻言詞」，狼人是比較會在書本批註的人。

個人政治信仰

不過，儘管海德有批註的習慣，在亨利八世的統治下，這種習性也不可能維持長久。亨利統治年間，明顯呈現出「四海臣服」的景象，甚至存在歐威爾式的恐懼心理。亨利與羅馬教廷決裂後，讀者一再詆毀某些聖者的形象，特別是昔日王朝的禍根湯瑪士．貝克特，他的宏偉聖殿在一五三八年被毀。有關他的祈禱文被抹拭；如果面積太大，則用紙貼上。在英格蘭東部伊普斯威奇（Ipswich），有人刮除他的名字，並寫上：「上帝保佑吾皇」。煉獄[26]論述也被擯棄，從祈禱文中抹除，儘管整篇文章為之七零八落。教皇獲得最多鞭笞：他的皇冠被抹去，頭銜被貶為「主教」，而反基督的批評也不絕於耳。這些有部分是為了討好湯瑪斯·克倫威爾的思想警察，比如一本時禱書的註明：「我完全否認和擯棄教宗之名。」

理查德·托普克里夫[27]很熱衷於自己的酷刑工作，他在書本邊緣稱呼那些受刑人為「邪惡的天主教禽獸……完全落後的。」他在自己的宗教革命歷史書中，「為教宗」繪製了斷頭臺，在其他頁面還稱呼教宗為「毒蛇」和「雜種」。在書本後段——這是一本義大利人寫的書——他更火冒三丈地幻想：「我希望把這本書的作者抓到聖約翰伍德（St John's Wood）來，面對我的雙手劍。」

大英圖書館一本祈禱書中有著令人痛心的一頁，讓我們體會到宗教改革的嚴峻考驗。亨利八世在書內寫道，希望人們能為他頌念這些祈禱文。亞拉岡的凱瑟琳[28]也寫道：「我想一個朋友的祈禱是上帝統御之下最值得接受的，因為我把你視為我的朋友，我為你祈禱，乞求你在祈禱中記得我。皇后凱瑟琳。」然後她女兒瑪麗公主也寫道：「你在祈禱中要記得我。」亨利離婚後，這兩個女子的簽名都被仔細而無情地抹除。

魔法和神話傳說世界能挺過宗教改革和清教徒共和國[29]是一項奇蹟。艾德蒙·斯賓塞的《仙后》（一五九〇年）、莎士比亞的《仲夏夜之夢》（一五九五年），以及亨利·珀塞爾[30]的《童話女王》（*The Fairy-Queen*，一六九二年）都獲得很大成功。一六一一年，一篇斯賓塞的詩篇中的批註有強烈的批判，可見當時國人心理對立的氛圍猶深。那是一九五三年以八英鎊——因為有書寫批註，因此價格低廉——自劍橋的大衛書店（David's Bookshop）購得，被如今已退休的教授史蒂芬．奧格爾（Stephen Orgel）買去。那家書店如今還在，已有三百年歷史，位於一條林蔭蔽天的行人通道。那本書的第一任主人毫不妥協地批評：「仙女是魔鬼，所以仙境想必也是魔鬼的地界。」旁邊不遠處，又將「朱比特」名之為「除了魔鬼還能是什麼」，聖喬治[31]「一群無聊的僧人製造的天主教聖人」，而在提及聖母瑪利亞時，更怒氣騰騰地批評「偶像崇拜」。我們逐漸發現，在那段期間，聖母的雕像和聖器仍在私下受到膜拜，而且經常收藏在牆壁或閣樓中，以待日後重見天日。

大約一九三八年，我早已仙逝的父親以幾先令價格，在波多貝羅市集（Portobello Market）發現另一本政治時光旅行的書籍，那些文筆生動的讀者將涵蓋三百年的歷史平行記錄下來。書如今還在我家中。那是普魯塔克[32]的《希臘羅馬名人傳》（*Lives of the Noble Greeks and Romans*），一五九五年由莎士比亞的出版商友人斯特拉福德的理察．菲爾德（Stratfordian Richard Field）所出版。譯者理察德．諾斯（Richard North）一手生動的伊莉莎白時期散文，文筆精湛，因此莎士比亞甚至整段擷取：在《凱撒大帝》（*Julius Caesar*，一五九九年）、《安東尼與克麗奧佩托拉》（*Antony and Cleopatra*，一六〇七年）和《科利奧蘭納斯》（*Coriolanus*，一六〇九年）劇本中大量引用。在我那本普魯塔克的書中，所有跟這三齣戲劇有關係的人物，都標註括號和底線，還附有都鐸時期文風的評論，顯示莎士比亞不是唯一從該書中嗅到時代氛圍的都鐸人物。《科利奧蘭納斯》一劇，是莎士比亞檢視一六〇一年埃塞克斯[33]反抗伊莉莎白女王一案的安全方式。埃塞克斯深獲寵信，曾整晚和女王休閒玩牌，後來率領叛軍進入倫敦，導致身首異處的下場。在一本描述科利奧蘭納斯一生處境的書中，都鐸讀者寫著：「很像埃塞克斯伯爵率軍進城。」另外還有一處也有關於埃塞克斯的批註，顯示環球劇場（Globe Theatre）的觀眾應該能夠體會《科利奧蘭納斯》一劇隱藏的意思。我不確定那名批註者是不是某位都鐸時期的老人，但是當我見到書中言及布魯圖斯[34]生平，有關三月十五日[35]一段下方所標註的底線時，不禁感到一股寒顫。不過，莎士比亞本人的《普魯塔克》（*Plutarch*）流落在波多貝羅路，未免太不可思議了。

內戰後，這本書改由約翰和伊莉莎白・道克斯福（Doxford）所擁有，他們在好幾處書頁上肆意揮灑他們的簽名。大約一個世紀後的一七七二年十一月，艾莉諾・戴伊（Elinor Day）宣示對書本的擁有權：兩年後，她在書中敘述阿爾西比亞德斯[36]處，顛倒記錄一筆「收自羅伯特」（Robert）的款項。至於維多利亞時期的擁有者——他提及一本霍林斯（J. Hollings）早經遺忘的書籍，我可以追溯到一八三九年——寫了十數則詳盡的評論，比如「所以權力太大會導致膽大妄為」，「這類派系之爭是國家毀滅的根源。」在這之後，距離首次在倫敦販售大約三百年後，這本書遭到最大的磨難，重新裝釘，包括切除邊緣部分，因此消除了大部分批註。最後，一九六五年，我那身為圖書管理員的姊妹安，用鉛筆記錄她如何在書名頁佚失的情況下，從少量印刷細節判斷，這本書是一五九五年的版本。

內戰時期改變了書籍的政治性批註，進入史學家史蒂文・茲維克[37]所謂的「糾正、否認、擯棄的戰場」，又因大量宣傳手冊的出現，使得情況更為複雜。茲維克認為這種閱讀的泛政治化，「營造出一種新的政治文化，辯論和參與成為常態——形成咖啡館和俱樂部文化、政黨政治。」如此一來，在書邊批註有助我們挑戰權威。在都鐸時代的書房安靜地用鵝毛筆書寫，和在國會中激烈地爭辯是兩回事，兩者不致相互影響。但是用筆寫下不同意見，確實有助我們習慣對現狀提出強烈質疑。一七七二年，反奴隸制度的人權主義者格蘭．夏普[38]選擇在一名擁有奴隸者的書中逐條反駁其論點，將每一主張奴隸制度的部分畫線註記，在書邊進行駁斥。

我們這一代也有些著名的事例，不無承襲這種歷程的意味。比如令人驚異的，愛德華．薩伊德帝國主義理論的來源之一，是他最仰慕的威廉．布萊克在約書亞．雷諾茲《皇家美術學院十五講》一書中的激烈批註。毛澤東和希特勒私人書籍上的邊註，充滿自我辯解和對大災難來臨的預言。

最近的例子，是葛雷安．葛林熱中釐清事實之舉。他取得一本克里斯多福．安德魯[39]的英國情報史，《特情局》（*Secret Service*，一九八五年）特別訂正其中幾處涉及蓋伊．伯吉斯[40]的部分，以淡化自己和那名叛徒的關係。性別政治也在邊註中有所進展。維塔．薩克維爾．韋斯特[41]在閱讀愛德華．卡彭特[42]的《中間型性向》（*The Intermediate Sex*）一書時，在書名旁謹慎寫下「中性」一詞，反映出她的信念，日後性別流動將終為人們所接納，她一襲毛呢馬褲和繫帶長靴裝束也不再引人側目。近日，牛津歷史系學生不再有所保留。他們的辯論分析包括「蠢蛋！」和「啊，八〇年代的」。在評論百年戰爭[43]之際：「蘇格蘭人實在是無聊陰沉的一群人」，很傷人——你或許會這樣想——某個蘇格蘭人也許欠缺口才，卻簡短回了一句：「滾開。」

創造性對話

批註者是評論家的先驅。他們的文筆也許缺乏修飾，但是反應快、參與度高卻足以彌補他們的不足。讀者——我想，應該比評論家還要多——有時真會氣得把書仍到牆壁：有如上述托普克里夫恨不得把作者拖到聖約翰伍德洩憤的心情。有一次，我唸童話故事給一個剛學步的孩子聽，結果兩人都很火大，於是決定把書從二樓臥室窗戶扔出去。這樣做有發洩的效果。回想起來，我前妻一定也有過同樣的經驗，因為分居後，她把我最喜歡的書本之一扔出我們臥室窗口（我們現在是朋友了）。這星期，我把一本新出的奧利佛・李德傳記扔下樓，因為裡面敘述他在《三劍客》（*The Three Musketeers*，一九七三年）中所展現的劍術十分逼真，乃至「有人見到若干特技演員在角落乾嘔」。很精彩的故事，不過特技演員？我就是不相信會有幾個特技演員一起在旁邊吐。爛故事，我一面想著，一面聽到書本墜落樓梯，以及樓下家人氣惱的叫嚷聲。

這種把書當作活物的感覺，有時會令讀者失去控制，正如最近一名批註者對大衛・席爾[44]某部作品的反應：「我真想給這本書一拳，如果它還敢這樣說的話。」如此沁人肺腑的，還有一名讀者，在讀到《包法利夫人》（*Madame Bovary*）最後一段時，不禁寫下：「他媽的！」然後，「完完全全的諷刺」。

從牛津學生的批註中，可以感受到他們拋開年輕人的樂趣，埋首評論作業時的挫折感，此舉已然侵犯他們對書本的喜愛：在一篇有關品達[45]的分析中，「從頭到尾都是空話」；在艱辛地看完福樓拜[46]的作品後，「不要用這本書。完全一堆蠢話。」我是從牛津大學的批註社團得悉上述案例，這個社團成立於二〇一二年，當時一名學生愛波．皮爾斯（April Pierce）看到一則批註，提醒她書本是關於生命，勿本末倒置：

> 讓我們重新尋回詩意的經驗，對這種經驗而言，文字不過是痕跡，就像雲室（Cloud chamber）中顯現的軌跡，只能顯示粒子曾經駐足的地方。

當批註廣泛數位化並獲得重視後，明顯地，書本所引發之熱切評論也成為文學批評的祕史。悄無聲息地，我們已將書本轉化為砧板。法國評論家雅克．德希達推翻書本內容的權威性，儼然成為後現代主義的第一小提琴手，喜歡批註，他有一本著作，甚至將自己在書邊的批註也印刷出來，一種近乎文字間的自慰行為。

布雷克重新塑造一本書的可能性，完全擺脫以書本內容為尊的心態，熱心批註，對他美學上的對手哲學家法蘭西斯．培根（「那個壞蛋！」）或肖像畫家約書亞．雷諾茲，更是毫不留情。一本對雷諾茲歌功頌德的傳記，被布雷克當成抨擊對象，如今都已經數位化，放在大英圖書館的網頁。他在書名頁宣稱：「這人是受雇來壓制藝術的。」這是威爾．布雷克的意見，下列註解是我提的證據。」他在這本傳記中的註解，包括評論，諸如「所有精華都在細微處體現」，使其成為了解布雷克心理的重要資源。學者們同意，就他所使用的口氣而言，他的批註面對的是他死後的讀者群，希望有一天會有更多讀者閱讀他的批註，正如他在批註約翰．拉瓦特[47]的《箴言錄》（*Aphorisms*）時所說：

> 我希望人們不要認為我的評論收效甚微，而宣稱我的論述只是在吹毛求疵，因為這是我發自肺腑所寫。我無法壓抑內心的衝動，必須糾正我深愛之書中的錯處。

柯勒律治創造了「批註」（marginalia）一詞，他的評論展現淵博學識且富有詩意，查爾斯．蘭姆甚至把書借給他，讓他批註，笑稱可以讓書價增值三倍。這位詩人在他的年代也是一位像齊澤克[48]一樣能言善辯的風雲人物。他和布雷克一樣，意識到自己的批註將來會擁有更廣大的讀者群；目前，他的讀者已經將他的批註編輯為六卷書。在一本德國哲學家謝林[49]的作品中，柯勒律治在批註中宣稱：「一本我珍視的書，在論理時，我會和它理論，和它爭執，如同跟我自己一樣。」埃德加．愛倫．坡在閱讀時，手中也同樣拿著一枝筆，以發抒「感想、認同和不同意見」。這種利用一本書磨練心智的情形，同樣可以在佩脫拉克所批註的

《李維》、克里斯多福．哥倫布的《馬可．波羅》與吉朋的《希羅多德》中見到。

濟慈批註的《失樂園》特別令人興奮，因為他盛讚米爾頓如何利用奇特的連接詞製造效果，然後真的成功營造出神奇的效果。如今兩冊複製本陳列於倫敦濟慈之家，其中批註之豐富，可謂書中之書。最近這些批註已透過數位化保存。他稱讚米爾頓的「布局」，以現代視覺藝術的專有名詞稱讚他捕捉某一片刻的手法：亞當目睹啖食禁果的一幕，不只感到驚恐，他

震驚地站著，腦袋空白，同時恐懼的寒意襲來
穿過脊骨，所有關節鬆弛……
他一語不發站著，臉色蒼白

濟慈評論：「他目睹飛掠而過的美，撲身捕捉在手。」他也被米爾頓對哀愁的頌吟深深感動，他在書邊稱之為「陰暗的光明」。透過整部《失樂園》，濟慈的批註顯示自己的感官有如搭乘雲霄飛車，透過聲音、嗅覺和觸覺經驗的啟發學習。他告訴利．亨特[50]，他認為米爾頓的失明[51]令他浸淫於感官之樂。根據濟慈評論，在《失樂園》中，甚至感官的嫌惡也是透過布局來呈現，比如墜落天使（fallen angels）品嚐鮮血，大嚼灰燼，「發出飛濺的聲音……滿懷恨意地扭動著下巴」。濟慈在《失樂園》第二卷的扉頁寫下他的詩《詠睡眠》（*To Sleep*），似乎

也迸發出接近米爾頓的才華。

另一對文人間的批註，亦即柯勒律治和華茲渥斯之間的激烈對峙，對十九世紀美學中心思想的分裂開啟了一扇窗戶。華茲渥斯在批註中認為某些莎士比亞的十四行詩「粗糙晦澀而且沒有價值」。柯勒律治大怒：「我絕不認同上述威廉．華茲渥斯鉛筆寫的論點；雖然我很希望如此，但是那些論述絕對不能擦掉……英國人已經墮落了。」其實他希望保留批註之舉，就已經超越他的時代了。他自己的批註已經踏入二十世紀，但就像米爾頓的若干批註一樣，也受到忽略，甚至損毀。柯勒律治利用很多其他書籍當作他的工作坊，在上面發表論述，比如布雷克的《純真與經驗之歌》（*Songs of Innocence and Experience*）——雖然那本書已經遺失——還有威廉．戈德溫[52]的戲劇《阿巴斯》（*Abbas*），獲得的評價只有諸如「平淡或平庸」、「用詞有如備忘錄」和「韻律感差」等。

一名都鐸時期的讀者在《喬治．a．格林》（*George a Greene*）這本不知名的戲劇中，猜測這本書可能的作者，包括下列這行令人驚愕的話：「莎士比亞說，是一名教士寫的，那教士也參與了戲劇演出。」

珍．奧斯汀在戈德史密斯詩集中的批註讓人可以看出她的思維運作，接近書尾時，她對自己作結，到目前為止，還是古柏的作品比較好。稍後不久，歷史學家托馬斯．麥考利[53]利用約瑟．米爾納（Joseph Milner）冗長的《教會歷史》（*History of the Church*）當工作檯，跟書本對話，直到快結束時，他寫道：「我到此放棄了。我已經盡力而為——只是這人用詞單調荒謬、欺三瞞四、居心不良，實在超出我的忍耐範圍。」

魯珀特．布魯克[54]的鉛筆批註內容豐富，但顯得懶洋洋的，正如他一個好友的評論，即使在康河：「他也用左手持槳，另一隻手拿著鉛筆批註……把書抵在膝蓋上。」

詹姆斯．弗雷澤[55]也是那種在文字上來回鑽研的人，不過對象是他自己。他一八九〇年的第一版《金枝》（*The Golden Bough*）有兩卷，是對全球神話和魔法的浩大分析工作。雖然若干基督徒對這類比較宗教學的鉅著大為憤慨，但是這位格拉斯哥化學家的兒子才只是開始而已。他有一種獨家版本，書頁內加入空白插頁。他在這些頁面增加的文字，終於結合成一九一五年的最後版本，共十二卷，乃人類學的基石。

有時候，比如當《化身博士》中海德損毀傑奇的書本時，批註會顯現出性格的轉變。亞莉珊卓．墨洛考在整理她第一個小型公寓，準備搬到曼哈頓一間比較大的住家時，對自己「二十五歲，目中無人」時暴躁傲慢的評註感到尷尬不已。她仍為自己辯護，說書邊是她「形塑自我」的空間。

雖然艾略特比較不可能在書邊留下年少輕狂的紀錄，卻在埃德蒙．胡塞爾的《邏輯研究》（*Logische Untersuchungen*）中留下若干迷人的真情流露：「這是什麼鬼意思？」「可惡的洛克[56]」（布雷克看到會不覺莞爾），還有「總要有點東西吊人胃口」。

有時候，只是書邊一個小小記號，便能有意義地改變文學的景致，就像從休火山中噴出的岩漿。一本梭羅的《湖濱散記》（*Walden*）中，「旅行者在這條路上勢必獲得重生」這畫有底線的句子旁，標示了一個小而齊整的勾號。那本書一九四九年從圖書館借出而從未歸還，標示勾號的是傑克．凱魯亞克（Jack Kerouac）。

愛與死

據說愛和死之間有個祕密通道。兩者都試圖從日常逃避到祕境。面對這種令人困擾的輝煌時刻，我們通常會訴諸書頁間的祕境以開啟我們的心靈。當日記似乎太冷情，信件似乎太公開，閱讀之神畢必禮和殷泰美必然會理解的。

柯勒律治樂將批註運用為欺騙死神的方式。在一本查爾斯．蘭姆的《博蒙特和弗萊徹戲劇集》（*Plays of Beaumont and Fletcher*）中，柯勒律治寫道：「我不會在這裡太久的，查爾斯！然後就走人了，你不會介意我破壞一本書吧！」還有其他人也利用書本的持久性記錄死亡的訊息。一三四八年佩脫拉克在他的《維吉爾》一書中，哀傷地記錄他夢中情人蘿拉（Laura）的死訊。查理一世在遭受處決前一日，把他蒐集的莎士比亞作品送給他的僕人湯瑪士．赫伯特（Thomas Herbert），赫伯特在國王簽名的下方記下他主人的死訊。在一場書籍有關活動中，有人介紹現代批註研究大師希瑟．傑克遜（Heather Jackson），形容她是專門研究名人的批註，她當時在想：「其實應該反過來說，批註是一群無名人士的聲音。」基於她的說法，中世紀末一位無名的讀者，在福音月曆十一月二十七日旁邊，寫下這句感人的註記：

「我母親追隨上帝而去」。

再來談愛。一段親如情侶的友誼消失在歷史長河，只剩下新約聖經的一頁，如今保存在大英圖書館。在那裡，伊莉莎白女王一世寫下一段衷心的懇求，足以引起任何工作負擔沉重者的共鳴：「在我體驗和尋覓的美好事物中，安靜平淡的歲月是其中最美好的，令人心滿意足，沒有任何財富足以取代。」她簽名送給女侍安．波茵慈（Ann Poynts）：「妳鍾愛的朋友。」但是，記起自己的身分，女王把「朋友」刪掉，改為「夫人」。安在後面寫了下列一段話，以她自創的韻文表達：

比燕子飛翔還要快速
我們的年輕歲月飛馳而過
然後年紀召喚我們，主張它的權利
死亡也將不再駐留
無論白天或黑夜

字裡行間似乎洋溢著愛侶般的親暱，而安也刻意忽視她女主人的拘泥，而直接簽下自己的名字，「妳的朋友安妮．波茵慈」。在都鐸時期倫敦的另一地方，一個苦於相思的無名男子，利用一本無趣的教科書一吐衷情：「伊莉莎白．泰勒（Elizabeth Taylor）是香奈兒路

（Channel Row）的美女。」（這條窄路，已更名為佳能路〔Canon Row〕，如今還在原處，距離大笨鐘只有一箭之遙。）就像有些情侶會在樹上刻字一樣。

一名美國婦人在一本一七九〇年代的祈禱書中也同樣情難自抑，中斷一張貨單——「火柴兩分錢，豬油八分錢」——「我親愛的伯朗先生，我全心全意愛你，希望你也同樣愛我。」在同樣年代，愛爾蘭浪漫派小說家蕾吉娜．羅什里[57]在書中描述批註對情人間所能產生的浪漫綺思。在《修道院的孩子們》（*Children of the Abbey*，一七九六年）一書，陷入愛河的亞曼達（Amanda）發現「一些新鮮的東西讓她聯想到莫蒂默（Mortimer）爵士」：寫有批註的書本「由他的手所寫，特別讓她細讀。喔！這些書是最好的紀念品，令她回想起昔日在小屋中度過的快樂時光。」亞曼達徹夜未眠「流淚到天明」。一個和她有同樣際遇的男子是《咆哮山莊》中的洛克伍德（Lockwood），他深夜發現凱瑟琳（Catherine）的書邊筆記「填滿印刷者所留下的每處空白」，讓他夜不能眠。「立刻點燃了我的興趣，」然後，「我開始破解她褪色潦草的筆跡。」《浮華世界》（*Vanity Fair*）中的葛洛維娜（Glorvina）利用批註施展愛情魔力，結果徒勞無功。她企圖勾引竇賓少校，向他借書，然後「在那些令她心動的，比如描繪情感或幽默感的段落，留下自己美妙的鉛筆註記。」「呸，」竇賓告訴他一個同袍軍官：「她只是找我練手而已。」

正如「佳能街之美」的崇拜者應該體會，愛的批註可以撫慰痛苦的心靈。這種感覺一直存續至今，進駐公廁的牆壁——根據一種民間巫毒信仰，絕望的感情可以鐫刻在大地的記憶，可以藉著書寫成為事實。這種愛的表露甚至可以應用到自戀的情況。瑪琳・黛德麗[58]這位緋聞不斷的女藝人，在最後十年定居於巴黎樓上公寓期間，將她的哀傷傾吐在書邊。極其巧合的，她所住的那條街，正是以另一位遁世孤立的批註者的名字命名：蒙田街（Avenue Montaigne）。一九九二年，高齡九十的黛德麗過世後，巴黎的美國圖書館在接到通知僅僅幾小時後，後門便來了一卡車黛德麗的藏書——超過兩千本英文、法文和德文書籍。

黛德麗視歌德為神人，在歌德作品中留有熱烈批註；至於比較近代的書本中，則有各色鋼筆註記，多為澄清事實的記載。比如亨利希・曼[59]對一九三〇改編自他小說《藍天使》（*The Blue Angel*）的電影所發揮的影響力，那部電影是黛德麗的成名作，在她二十九歲時拍攝。查爾斯・海厄姆[60]為她所撰述，可信度頗高的傳記中寫道：「全是謊言」、「不是真的」、「我為什麼老是穿灰色的長襪？」還有「我這輩子最恨貓了。」雖然這些細節或許可以證實她女兒的評語：瑪琳這輩子的摯愛就是瑪琳自己，但在她交往的小圈子中，她也曾透露過一段偉大漫長的精神戀情：厄內斯特・海明威。在長達三十年的書信來往中，他們倆人在情感上相互挑逗，心智上也相互激勵；海明威曾送給她若干故事草稿請她評論。就海明威的話而言，他們只是「激情無法同步的犧牲者」。黛德麗的德文字典中，只有一個字是仔細圈起來的：「德國佬（Kraut）」，海明威對她的暱稱。

T・H・懷特[61]的《永恆之王》（*The Once and Future King*），是許多人心滿意足的庇護所。尼爾曼・蓋曼和J・K・羅琳了解懷特筆下古怪魔法師的影響力，也知道其筆下的神話動物具有溫暖的人性。悲哀的是，作者本人懷特卻始終無法擺脫內心的折磨，那是他酗酒的父親和殘忍的寄宿學校所造成的。他有一次說，學校的杖刑使他成為自我鞭笞的苦修者。他比黛德麗更甚，將自己的折磨傾吐在藏書的批註間。在異性戀的年代，他遊走於兩性間，他不免在日記上感慨自己「醜陋的命運」，「對愛情和喜悅有無限的能力，卻沒有加以運用的希望」。自然作家海倫．麥克唐納[62]認為他是「世界上最孤單的人之一」。生為心思細膩的做夢者，懷特閱讀佛洛伊德、阿德勒和榮格的作品以窮究其理。在佛洛伊德解夢理論的書邊，他督促自己：「要反覆看這裡。」榮格則促使他做更深入的分析和論證。夢裡的屋子隔間，象徵內心的隔間，這個概念讓他很興奮：「我確定這個說法是對的。」隨後，懷特的思緒又開始自由飛揚：

我企圖死於痢疾（dysentery）。酒。不准——進入（Dis-entry）。去除步哨（De sentry）。死於不准進入。進入失敗。絲（silk）。病（sick）。六（six）。鞭笞……我母親的名字是K，代表反對（con）……

小說家吉姆．克萊斯[63]是懷特的崇拜者，當他受邀擔任懷特檔案的顧問時不禁感動落淚。檔案中包括四百本書，其中許多都有批註。跟柯勒律治一樣，懷特當然也希望自己的批註得以存續，成為作品的一部分加以研究。此舉，不啻將自己牢牢架住，呈現給眾人檢視，將可怕的過程轉化為有用的信息，恣意呈現出一個毫不在乎的男同性戀面貌。這一點是他出現在英國廣播公司老朽的電視訪問節目，接受油腔滑調，自高自大的羅伯特・羅賓遜[64]訪問時，絕不會流露的一面；羅賓遜的訪問讓懷特緊緊閉上了嘴。懷特的批註令人煩惱，但也正顯示一旦開啟後臺古怪的燈光，作家們多會反射出太多層次。海倫・麥克唐納傑出的作品《鷹與心的追尋》（*H is for Hawk*），其直白坦言之處，有部分正是來自懷特的影響，懷特是她著作潛藏的發動機。

鏽蝕或毀損？

有些顧客對於書本上的些微記號會要求店家打折賤售，但有些人則愉悅地願以原價購買，即使我主動指出他們沒有注意的損壞之處，並自願降價，他們也不以為意。我以前認為後者不是太有錢，就是趕著離開，但是我逐漸了解，他們是真的不在意書本零星的撞擊或凹痕。這種大相逕庭的心態，可以追溯到久遠之前，追溯到人們對批註、折角，以及所有各種磨損的態度。

對有些人而言，使用過的痕跡是深遠情感、悠久歷史的印記，但對其他人呢？謝里丹《情敵》一劇中，富有的女繼承人莉迪亞對一本書極其厭棄，那本書真正殘留有另一人的DNA：

嘿—吼！——不錯，史萊頓（Slattern）女士每次比我先看我都知道。她有一隻最會觀察的大拇指；而且，我猜，她一定很寶貝她的指甲，因為方便她在書邊做記號。

她的女僕表示贊同，認為這本書「好髒，而且還折角……不適合一個基督徒閱讀」。

查爾斯・蘭姆很渴望自己的書本中也有這種人體的印記。對於二手書，他寫道：「對於真正喜愛閱讀的人，這些汙染的頁面、破舊的外觀，對，還有這種氣味……是多麼美麗啊！」蘭姆將真正的閱讀描述為更廣泛的人性介入，包括各式各樣歡鬧喧嘩的人性。對他而言，古老的書籍「意味著一千個大拇指」。他饒有興味地想像著一幅美妙的畫面。「孤單的女裁縫師……在漫長的針線苦力後」展書閱讀，「沉浸於她的喜好，直到深夜」。

蘭姆渴求二手書，而浪漫主義者也同樣表示「誰會希望書本裡的汙染少些呢？」他們希望書本保持原樣，不要經過人手或其他方式的整修。當柯勒律治和赫茲利特[65]在德文酒店（Devon Inn）窗口座位上發現一本破舊的詹姆斯・湯姆森[66]的《季節》（*The Seasons*）時，柯勒律治大叫：「這才是真正的名氣！」——意指一本書經過使用和愛護，而不是權威地呈現在一座偉大圖書館或古物書櫃。湯姆森一七三〇年的詩深入我們日常生活，兩百五十年後，我母親還會無意間引用他的詩句告誡我們八個小孩，吃東西只要吃到「優雅足夠的分量」。

喬治・艾略特一八五〇年代的作品也顯示她對二手書的喜愛。在《佛羅斯河畔上的磨坊》（*The Mill on the Floss*）一書中，瑪姬（Maggie）在書攤以六便士購得一本《師主篇》（*The*

Imitation of Christ），「有許多處書角都摺著」，還有「雄厚的筆和墨水痕跡……早經歲月染成棕色」。對瑪姬而言，這本書中「小小、古老、純樸」的鏽斑，可以對應到文章中的神祕主義，那是一本講述基督般的謙卑，以及對財物斷捨離的書籍，其二手資源的概念也就是日後的童貝里式[67]。喬治．艾略特跟狄更斯一樣，在逐漸講求功利主義的年代，對鏽斑抱持頌揚的態度。希瑟．傑克森發現，批註在賣家書目中原本會主動登錄價位，直到「大約一八二〇年代」才告終止。

工業革命將許多東西都從自然界割離，對於生物群系的嶄新威權態度，也規定我們不得在書本留下個人註記，而在僧侶、律師、政客和老師的干預下，書本內容的地位也往往被神聖化。

這種講求衛生的熱潮在維多利亞盛世達到最高點，結束了中世紀到浪漫主義年代批註盛行的時期。一名圖書館歷史學家寫道：「一八五〇年後，公共圖書館剝奪人的感官，不但不准飲食，連談話也遭到禁止。」最令人感到諷刺的，切開一本新書中沒有分開的書頁，其聲音也會惹來別人側目。（露西亞．柏林[68]在小說《清潔女工手記》〔*A Manual for Cleaning Women*〕中曾回味這美好聲音。

十九世紀末美國版的近藤麻理惠[69]，斷捨離的宣揚者，鼓勵群眾將所有無法「激發喜悅之情」的書本掃出門。在《室內之美》（*Beauty in the Household*，一八八二年）一書中，瑪莎．杜茵[70]建議採用附門式小型書櫃，如此就不會讓開放書櫃中布滿「腐蝕的飛蛾和灰塵」的書本

「弄髒了手」。這也許是美國清教徒的餘風吧。杜茵熱也出現在同時代的倫敦，夏洛特．永格[71]警告讀者，不要讓僕役「弄髒」了書本。瑪麗．柯雷利[72]這位明顯抱持基督信仰的小說家，在她的年代甚至比柯南．道爾還有名氣。根據詹姆斯．阿蓋特[73]的描述，她具有「保母的心態」。當年，皇室人員和中產階級很願意傾聽她對生命的高尚觀點，跟她私下雙性戀的隱蔽生活形成強烈的對比。對柯雷利而言，二手書是完全錯誤的：

> 真正的愛書人是絕對不會閱讀經過數百人的手翻閱和汙染的書籍。從免費圖書館借用別人的精神糧食是一個骯髒的習慣……就像從地上撿東西吃……一本乾淨清爽的書……比半打汙染的……書本……還要有價值……那些書還帶有致病的細菌。

法國里昂市立圖書館的莫妮克．哈維（Monique Hulvey）檢視來自歐洲若干國家的數百本二手書，證實了十九世紀對書本全面清理的熱潮。

> 十九世紀摧毀手稿批註之舉到達巔峰狀態，印製的書頁也普遍遭到清洗漂白，重新裝訂時盡可能切除邊緣部分，以去除「殘害性的批註」。

這種移除書本批註的渴望有部分是出於工業時代對新產品的尊重心態。大量生產使得新產品比較普及化，因此二手物品變成位階較低的標誌。追求富裕和現代化，就要擁有新產品。這一態度對於書本而言，不免呈現出奇特的現象。追求書本原貌，變成一種追本溯源的病態現象，就像酒產區的起源地之爭。

對書籍原貌的渴望

擔心書本受到汙染，就字面而言，就是害怕「骯髒的書」；一八五七年〈猥褻出版物法案〉通過，便是意圖將審判長所謂的「比氫氰酸更致命的毒藥」列為非法。人們對酸劑的新認知，掀起了一場化學戰，對象是書本，以及我們即將看到的，住家。

圖書館改革家腓特烈．格林伍德（Frederick Greenwood）將書本為汙物的概念發揮到邏輯的極致，建議使用「書本消毒設備」。正如他在一八九〇年《圖書館管理手冊》（*Manual for the Management of Libraries*）中自滿的報告，丹地圖書館利用一種有蓋的「馬口鐵」櫥櫃，雪菲爾（Sheffield）圖書館則將書本加熱至「水沸騰的溫度」。他認為苯酚是一種很好的薰蒸消毒劑，但也承認薰蒸的氣味會殘留一陣子。他的終極瓦斯烤箱，在他描繪下可謂既有左腦的關注，也照顧到韻律學：

> 最簡單有效的處理方式是……十六號線規鐵皮製造之金屬薰蒸消毒器，附有角鐵樞紐，側板撐架。重量三點二五英擔（譯註：約一百六十五公斤），售價五英鎊十先令。

神經敏感的讀者應該跳過下一小段：

複合硫磺酸放在一盞小油燈內燃燒……書架應該使用多孔架面，以便於酸劑氣體自由流通。

這種強制性的基督精神和威權性的衛生要求是一種時代潮流，而不是什麼古怪行徑。一九一〇年國會通過一條法案，禁止在宣誓時親吻聖經。那些支持法案的人很幸運沒有血壓爆衝，因為他們從未聽過我所發現的一則鮮為人知的報導：十七世紀維吉尼亞州皈依基督教的印地安人，渴求英國船隻運送而來的聖經，因此狂喜地剝除死者衣物，搶奪他們身上的聖經。女人和窮人經常冒犯到神聖的清潔精神。一九二〇年代阿諾德·貝內特[74]在文章中狂熱地再度出擊：

走進那間平凡的住家……在寧靜的下午茶時間，你會看到一個年輕女孩面前放著一樣夏洛特·永格或查爾斯·金斯萊[75]撰述的物品。那件物品發出令人嫌惡的臭味，油膩、黏手、黑色的（附著）人體穢物。

為什麼市立衛生稽查員沒有摧毀那個女孩的書本？值得注意的是，細菌終結者巴斯德[76]

的傳記家，對女子在書本方面的骯髒習慣也坦言不諱：「在她們眼裡，一本書跟一份報紙差不多，可以隨便摺疊、弄皺。」

M．R．詹姆斯對古文物有令人驚嘆的想像力，但是對於寫有批註的書本，以及「醫院帳單等」則完全沒想像力。二十世紀初期在劍橋大學編排書目時，他用衛生人員的用詞形容這些批註：「一種渣滓——或者應該說沉澱物。」

和上述貝內特引言同時代，各家住戶雖然還不知道細菌的普遍和必要，也開始在住家實施焦土政策。以鹽酸為主的「瑕辟」[77]一九二一年首度出現，然後是牙醫發明以漂白為主的「家淨」[78]一九二九年問世。浴廁清潔之王「布洛巴」（Brobat）一九三五年上市。「家淨」報紙廣告中，一名整潔漂亮的女僕問道：「你們也是這樣做吧？」挑動人們對骯髒的厭惡。

第一次世界大戰中人體遭到貶抑——滿是跳蚤、泥濘，行走在腐爛的屍體上——是歐洲集體屈辱中前所未有的一章。我們西方也共同捲入以往難以想像的惡劣衛生環境。在這段期間，托爾金創作了經常處於汙穢場景的《魔戒》，相反的，葛雷厄姆[79]的《柳林風聲》（*The Wind in the Willows*）則退回田園，住在地下洞穴的是鼴鼠和獾，而非屍體。諾博特．伊里亞思[80]這位德國護工，則以《文明進程》（*The Civilizing Process*）兩大巨冊回應。該書控訴「文明之人」的興起，而個人衛生習慣的養成是一大重心。伊里亞思，支持巴赫金的辯證與拉伯雷的假設，認為我們對身體機能都有一種後中世紀的拘謹。他的書本是逐漸透過翻譯為人所知，一九六九年才波及英國學術界。他認定衛生和美德有助社會氛圍的奠定，而批註也因此受到忽略，甚至移除。

遲至一九七〇年代，當希瑟．傑克遜第一次接觸柯勒律治浩瀚的批註之海，一名資深學者還勸告她「把它們清除掉，以後不要再談論了」。安娜．米特佳（Anna Midtgaard）也曾爭論，圖書館員對批註的立場內心是分裂的。她在哥本哈根皇家圖書館（Copenhagen's Royal Library）的珍稀書籍部門工作。她注意到這些時日，圖書館員使用客製化的吸塵器清理書籍，其中許多人「覺得能盡量移除古書的汙漬和灰塵是很重要的，認為新書才是理想的」。至於世界其他地方，安娜揭露，不但清理而且還會熨燙書籍，她認為古書的汙漬可能是汙垢，也可能是鏽斑。不過潮流已在轉變。目前社會學家和書籍歷史學家對於古籍都頗為著迷。正如其中一人的描述（雖然他描述的畫面讓人絕對不會想讓他教授自己的孩子）：「就像會哭、會尿褲子的洋娃娃，透過這類分泌物，過去的讀者才會鮮活起來。」

研究汙漬的女性哲學家則抵制阿諾德．貝內特和諾博特．伊里亞思的心態。一九七〇年瑪麗．道格拉斯[81]爭論道，清潔的概念「完全是儀式性的」，比大部分女子所痛苦承受的宗教禁忌好不了多少。茱莉亞．克莉斯蒂娃——我一九九二年曾在坎特貝里參加過她的艾略特演講會（Eliot Lecture）——則將儀式性的清潔視為一種怪異的想法，認為清潔才能維持身體的完整，也是一種恐懼感，「唯恐被母親——亦即擁抱一切的大地之母，或謂大自然所吞噬」。瑪莎．努斯鮑姆[82]一九九九年爭論說我們西方對清潔的關注是「承襲自對生命的敵意」：「厭惡，表示拒絕攝取養分，也拒絕被提醒自身生命的有限和動物性」。另一名少數團體的哲學家，波蘭猶太裔的齊格蒙・鮑曼[83]將對汙漬的厭惡連結到種族淨化。芬蘭哲學家奧利・拉格培茲（Olli Lagerspetz）則對人們質疑衛生習慣深感快慰。

> 過度的清潔習慣不是近乎神聖，反而有法西斯主義和仇外之嫌，這種看法對於我這種時不時就犯懶的持家者……當然是一大安慰。

值得慶幸的是，現在有數百名學者正致力將批註數位化。主要圖書館在這方面也多少有些興趣，雖然編目科技還沒有做好登錄批註書籍的準備。感謝麗莎・渣甸[84]和匹茲堡的安德魯・梅隆基金會（Andrew Mellon Foundation）的補助計畫，目前已經成立了閱讀考古學（Archaeology of Reading）計畫，由倫敦大學學院和普林斯頓大學負責，專注於批註的數位化工作。其清爽美麗的網頁——對於我這種數十年來流連網頁，從事龐雜批註研究者而言——委實令人驚嘆。

奧登的傳記家對奧登的字典的評語，為對待書本的態度設下限制，他發現奧登的字典「幾乎被爪子撕成碎片」：「在這種情況下，一個詩人和他的字典實在應該罷工了。」古籍書本商的目錄，已經不再將批註書籍列為「汙染」書籍，而且發揮房地產經紀人的修辭技巧，開始稱呼這種留下使用印記的書本為「誠實版本的書籍」。

凡物必朽，沒有任何事是持久不變的。我們一生致力於自我蛻變和轉型精進，最後只落得死亡證明書的一行字和少數家族軼事。這個事實令人嗟嘆也令人釋懷。正如E．M．福斯特《印度之旅》（*A Passage to India*）一書對主角阿茲（Aziz）的描述：「不錯，那些全部都是真正的他，但是他的本質已經被殺了」。我們的本質也許更能保存在一本破破爛爛、可能帶有批註的安撫之書中，而不是我們的職場頭銜，或是在家譜中的位置。

如果外在的層層社會面向被焚毀，那麼我們的個人面貌是否多多少少仍能存在於一本書中，如果我們在那本書上留下筆跡，甚至剪貼某些想法或剪報呢？

這是直覺性的想法，而且正如麥可．翁達傑受訪，被問及他是如何構想出《英倫情人》（*The English Patient*）時，他幾乎慚愧地回答，他不是想出來的，而只是從他腦海中浮現的一幅畫面開始動筆：一個病人，因為沙漠墜機燒傷而意識模糊，他不知道自己是誰，也沒有人認出他是誰，但他始終抓著一本《希羅多德》，裡面寫滿了批註。

讓我們在我們的書本上留下DNA吧。有一天，那也許是我們唯一遺留在世間之物。

譯註

1 Arturo Pérez-Reverte，一九五一年～。西班牙的暢銷作家，被譽為西班牙的國民作家。

2 全名為Lorrie Moore，一九五七年～。美國小說家，主要以幽默而淒美的短篇小說而聞名。

3 全名為Alice Ann Munro，一九三一年～。加拿大女作家，被譽為「加拿大的契訶夫」，幾乎囊括世界各大文學獎。

4 全名為John William Cheever，一九一二～一九八二年。美國小說及短篇故事作家。

5 George Steiner，一九二九～二〇二〇年。法國裔的美國文學批評家、散文家、哲學家、小說家和教育家。

6 Mark O'Connell，一九七九年～。愛爾蘭當代作家。

7 完整英文名為Claudius Galenus，一般慣稱Galen，一二九～二〇〇年。是古羅馬的醫學家及哲學家。他的見解和理論是歐洲重要的醫學理論，長達一千年之久。

8 全名為Pierre de Fermat，一六〇七～一六六五年。法國律師和業餘數學家。但在數學上的成就不低於職業數學家，似乎對數論最有興趣，亦對現代微積分的建立有所貢獻。

9 全名為Mary Carpenter Erler，美國文學學者，專門研究中世紀和近世的英國文學和印刷，以及同一時期婦女的閱讀和書籍所有權等等。

10 Pont des Arts，塞納河上的一座人行橋，世界各地的情侶來到這裡將鎖掛在護欄上，再把鑰匙丟入塞納河裡，以象徵兩人永恆不朽的愛情。

11 Ursula Weekes，庫塔爾德藝術學院的客座教授，教授蒙兀兒繪畫。

12 Jackson Pollock，一九一二～一九五六年。美國畫家，以獨特創立的滴畫而著名。

13 Philip Sidney，一五五四～一五八六年。英國詩人、朝臣、學者和士兵，被公認為伊莉莎白時代最傑出的人物之一。

14 Bishop of Carlisle, Edward Rainbow，一六〇八～一六八四年。英國學者、英格蘭教會的牧師和著名的傳道人。

15 **Susanna Howard**，一六二七～一六四九年。英國虔敬生活的代表人物。

16 全名為**John Amos Comenius**，一五九二～一六七〇年。以捷克語為母語的摩拉維亞人，職業為教師、教育家與作家。

17 **Robert Grosseteste**，約一一七五～一二五三年。英國政治家、經院哲學家、神學家和林肯教區主教。

18 伊拉斯謨主編希臘文新約聖經，後來經馬丁．路德譯為德文。

19 **Wars of the Roses**，一四五五～一四八五年間，英王愛德華三世的兩支後裔為了爭奪英格蘭王位而斷續發生的內戰。

20 Henry VII，一四五七～一五〇九年。英格蘭國王，都鐸王朝第一任國王，一四八五～一五〇九年在位。此指一四八五年，當時，他率領兩千名法國僱傭軍抵達英格蘭，兩週後擊敗了理查三世國王後，成為英國國王。

21 *Ariel*，休斯妻子希薇亞的第二本詩歌集，最初於一九六五年出版，即她自殺去世的兩年後。

22 **Hester Piozzi**，一七四一～一八二一年。英國作家。

23 愛爾蘭非常有名的傳說生物，共通特徵是紅色鬍子和整齊的綠衣綠帽。

24 全名為**Georg Friedrich Händel**，一六八五～一七五九年。巴洛克音樂作曲家，創作作品類型有歌劇、神劇、頌歌及管風琴協奏曲，著名作品為《彌賽亞》，出生於神聖羅馬帝國，後來定居並入籍英國。

25 出自史蒂文森的名作《化身博士》。

26 **Purgatory**，意思是洗滌，是天主教用來描述信徒死後，洗滌靈魂，然後方得上天堂的中介之地，是天主教教義之一，不被大多數新興宗教所接納。

27 **Richard Topcliffe**，一五三一～一六〇四年。英國伊莉莎白一世統治時期，反天主教之酷刑實踐者。

28 **Catherine of Aragon**，一四八五～一五三六年。亨利八世第一任王后。

29 Puritan Republic，一六五三～一六〇〇年由清教徒奧利弗．克倫威爾廢除君主制，解散國會而成立。

30 Henry Purcell，一六五九～一六九五年。巴洛克時期的英格蘭作曲家，吸收法國與義大利音樂的特點，創作出獨特的英國巴洛克音樂風格。

31 St George，著名的基督教殉道聖人，英格蘭的守護聖者，經常以屠龍英雄的形象出現在西方文學、雕塑、繪畫等領域中。

32 Plutarch，約四六～一二五年。生活於羅馬時代的希臘作家。以《希臘羅馬名人傳》一書留名後世，作品在文藝復興時期大受歡迎，蒙田對他推崇備至，莎士比亞不少劇作也都取材於他的記載。

33 全名稱謂為Robert Devereux, 2nd Earl of Essex，一五六五～一六〇一年。英國伯爵，曾為伊莉莎白一世的寵臣，因在愛爾蘭的九年戰爭中慘敗，於一五九九年遭軟禁。一六〇一年發動政變失敗，被以叛國罪處決。

34 全名為Marcus Junius Brutus，西元前八五～四二年。羅馬共和國晚期的一名元老院議員，組織並參與了對凱撒的謀殺。

35 Ides of March，依照羅馬曆記錄，是刺殺凱撒的日子，成為羅馬歷史上的轉折點。

36 Alcibiades，西元前四五〇～四〇四年。雅典傑出的政治家、演說家和將軍。

37 全名為Steven Nathan Zwicker，一九四三年～。美國文學學者。任教於聖路易華盛頓大學。

38 Granville Sharp，一七三五～一八一三年。最早廢除奴隸貿易的英國運動家之一。

39 Christopher Andrew，一九四一年～。英國劍橋大學史學家。

40 Guy Burgess，一九一一～一九六三年。英國外交官和蘇聯特工，一九五一年叛逃到蘇聯，導致英美情報合作遭到嚴重破壞。

41 Vita Sackville-West，一八九二～一九六二年。英國作家和園林設計師，和女作家吳爾芙有段同志情。

42 Edward Carpenter，一八四四～一九二九年。英國社會和政治改革家，是早期支持同性戀權利和監獄改革的積極分子，倡導素食主義並反對活體解剖。

43 Hundred Years' War，一三三七～一四五三年期間，發生在英格蘭王國和法蘭西王朝間的一系列戰爭。

44 David Shields，一九五六年～。美國作家和電影製作人。

45 Pindar，約西元前五一八～四三八年。古希臘抒情詩人。

46 全名為Gustave Flaubert，一八二一～一八八〇年。法國文學家。《包法利夫人》為其最知名作品。

47 全名為Johann Kaspar Lavater，一七四一～一八〇一年。瑞士詩人、作家、哲學家、面相學家和神學家。

48 全名為Slavoj Žižek，一九四九年～。斯洛文尼亞多語言哲學家、社會學家、文化批判家和心理分析理論家，也是目前歐美有名的左翼學者和馬克思主義理論家。

49 全名為Friedrich Wilhelm Joseph von Schelling，一七七五～一八五四年。德國哲學家。一般在哲學史上，謝林是德國唯心主義發展中期的主要人物，處在費希特和黑格爾之間。

50 全名為James Henry Leigh Hunt，一七八四～一八五九年。英國評論家、散文家和詩人。

51 米爾頓於一六五二年失明，名揚後世的鉅著皆為口述作品。

52 William Godwin，一七五六～一八三六年。英國記者、哲學家和小說家，被認為是效益主義的最早解釋者之一和無政府主義的提出者之一。

53 Thomas Macaulay，第一代麥考利男爵，一八〇〇～一八五九年。英國詩人、歷史學家和輝格黨政治家。曾擔任軍務大臣和財政部主計長。

54 全名為Rupert Brooke Chawner Brooke，一八八七～一九一五年。英國詩人，以第一次世界大戰期間撰寫的理想主義戰爭十四行詩而聞名。

55 全名稱謂為Sir James George Frazer，一八五四～一九四一年。蘇格蘭社會人類學家、神話學和比較宗教學家。

56 全名為John Locke，一六三二～一七〇四年。著名英國哲學家，是最具影響力的啟蒙哲學家之一，也被廣泛形容為自由主義之父。同時在社會契約理論上亦做出重要貢獻。

57 全名為Regina Maria Roche，一七六四－一八四五年。今天被認為是一位在安・拉德克利夫的陰影下創作帶有黑暗元素的哥德小說家。不過在自己的時代時，卻曾紅極一時，是位暢銷小說家。

58 加上藝名的全名為Marie Magdalene "Marlene" Dietrich，一九〇一～一九九二年。德國演員兼歌手，擁有德國與美國雙重國籍，演藝生涯長達近七十年，且在這近七十年的演藝生涯中持續自我革新，由此保持了頗高的受歡迎度。

59 Heinrich Mann，一八七一～一九五〇年。德國作家，作品內容多涉獵社會議題。

60 Charles Higham，一九三一～二〇一二年。英國傳記作家、編輯和詩人。

61 全名為 Terence Hanbury White，常簡稱 T. H. White，一九〇六～一九六四年。英國作家和詩人。

62 Helen Macdonald，一九七〇年～。英國作家和博物學家。

63 Jim Crace，一九四六年～。英國作家和小說家。

64 全名為 Robert Henry Robinson，一九二七～二〇〇一年。英國廣播及電視、遊戲表演的主持人，也是新聞記者和作家。

65 全名為 William Hazlitt，一七七八～一八三〇年。英國散文家、戲劇和文學評論家。英國散文家、戲劇和文學評論家、畫家、社會評論家和哲學家，被認為是英語歷史上最偉大的評論家和散文學家之一，

66 James Thomson，一七〇〇～一七四八年。蘇格蘭出身的英國詩人和劇作家。

67 全名為 Greta Tintin Eleonora Ernman Thunberg，二〇〇三年～。瑞典的一名學生。氣候及環境或動家，為提高全球對全球暖化和氣候變遷問題的警覺性，而在瑞典議會外進行「為氣候罷課」行動。因此也被稱為「瑞典環保少女」。

68 全名為 Lucia Brown Berlin，一九三六～二〇〇四年。美國短篇小說作家，生前只有少數忠實讀者，但去世十一年後的二〇一五年，小說集《清潔婦女手冊》卻一舉成名，成為暢銷書。

69 日本專業整理師及作家，以自研的居家物品整理顧問諮詢為人所知。

70 全名為 Martha Dewing Woodward，一八五六～一九五〇年。美國藝術家和藝術老師。根據她在紐約時報的訃文，是為「全國領先的畫家之一」。

71 全名為 Charlotte Mary Yonge，一八二三～一九〇一年。為教會服務的英國小說家。

72 Marie Corelli，本名為Mary Mackay，一八五五～一九二四年。英國小說家。從一八八六年出版第一本小說到第一次世界大戰，一直享有巨大的文學成就，小說的銷量超過了亞瑟．柯南．道爾。

73 全名為James Evershed Agate，一八七七～一九四七年。兩次世界大戰之間的英國日記作家和戲劇評論家。

74 全名為Enoch Arnold Bennett，一八六七～一九三一年。英國作家，代表作是《老婦人的故事》。

75 Charles Kingsley，一八一九～一八七五年。英國文學家、學者與神學家，早年曾先後就學於皇家學院、倫敦大學以及劍橋大學，後常年擔任牧師、教授並開始發表作品。擅長兒童文學創作，作品具有世界聲譽。

76 全名為Louis Pasteur，一八二二～一八九五年。法國微生物學家、化學家，法國微生物學家、化學家及微生物學的奠基人之一。他借生源說否定自然發生說、倡導疾病細菌學說，以及發明預防接種方法以及巴氏殺菌法而聞名，為第一個創造狂犬病和炭疽病疫苗的科學家。被世人稱頌為「進入科學王國的最完美無缺的人」。

77 Harpic，廁所清潔劑的品牌。

78 Domestos，一種用來清洗抽水馬桶、水槽等的漂白消毒劑。

79 Kenneth Grahame，一八五九～一九三二年。英國作家。

80 Norbert Elias，一八九九～一九〇〇年。猶太裔德國社會學家。

81 Mary Douglas，一九二一～二〇〇七年。英國人類學家，因其對於人類文化與象徵主義的作品而聞名於世。

82 Martha Nussbaum，一九四七年～。美國哲學家。

83 Zygmunt Bauman，一九二五～一九七一年。波蘭社會學家。一九七一年年因波蘭反猶主義被迫離國前往英國定居，成為英國利茲大學的社會學教授。鮑曼因將現代性、大屠殺以及後現代消費主義聯繫起來而廣為知名。

84 Lisa Jardine，一九四四～二〇一五年。英國近代早期的歷史學家。

圖9

第九章

倖存於索邦神權：舊政權[1]時期的書籍

過去三十年，我的坎特貝里書店曾雇用過幾名法國實習生，他們讓我了解了兩件事：法國人非常重視書籍銷售行業，還有法國機關很喜愛文書工作。每個派遣實習生給我的大學都會寄給我一式三份的合約書，需要我簽名蓋章。幸好我費力找出了書店的橡皮圖章——那可是從八〇年代以來都沒有使用過，上面還有傳真號碼——才能完成那些厚重的文件。也許這些都跟熱情有關吧！那些實習生是展現對書本的熱情，法國官僚則是展現對掌控的熱情。伊弗林．沃描述過一間樓上的巴黎餐廳，參議員們進餐時「保持絕對安靜」，體現法國人對食物的熱情和尊重，正如大學區[2]對控制法語的狂熱，可推測他們對管制文字的狂熱。

法國革命前的書籍史是一則熱情對抗控制的故事，其中很多對峙都發生在巴黎一小塊河濱地區：拉丁區（Latin Quarter）。一二五七年，羅貝爾．德．索邦[3]在今日的拉丁區創建了一所大學和一座圖書館。索邦的學生迄今仍在咖啡館進行理念爭辯，那裡也仍有不少優秀的書店。中世紀時，該地是法國的修道院手稿製作中心，印刷術興起後，拉丁區更促使巴黎成為在歐洲僅次於威尼斯的大量書籍印製中心。

印刷業最初由移民經營，大多為來自德國的移民。比如約翰．海因林[4]從一四七〇起便在索邦經營第一家印刷廠，在他的廠址創造了「cliché」（陳腔濫調）一字，那原本是指一群常用單字的金屬字模正確置入排字工人字模盤所發出的聲音。早期巴黎印刷業很保守，使用哥德體以模仿手抄本，甚至預留空白處以便手工增添圖案之用。

印刷技術使得巴黎當權者大為驚恐，他們為了對付新教徒的異端邪說和伊拉斯謨之類人文主義者的改革勢力，已然焦頭爛額。其中尤以索邦大學為最，發展出一套法國印刷史領銜學者呂西安．費夫賀[5]所謂的「完全鎮壓政策」。索邦的神學家成為書籍合法性的最終裁判官。法國貴族路易．德．柏金[6]翻譯伊拉斯謨的作品，結果在索邦當局的壓力下被捕，並被迫目睹自己的書本被當眾焚毀。他的舌頭被刺穿，被判處公開懺悔及終生監禁，不得看書。他拒絕懺悔，被燒死於火刑柱。

不久之後的一五三五年，法國國會竟令人震驚地完全禁止印刷，隨後燒死二十三名和書本交易有關的人士，處死之前，「還飽受酷刑，其手法之殘酷，如果不是出於信仰基督的僧侶之手，我們會以為只有惡魔才會發明出那些招式」，一位史家如此評論。這種克努特大帝[7]式的印刷禁制令並沒有維持多久，但是隨後又頒發一連串規定，包括蒙佩利爾敕令，規定每本書的印刷必須經過皇家認可，以及穆蘭（Moulins）條例，印刷廠只有通過新設立的政府審查單位授權，才得申請許可證。

從印刷商所遭受的嚴峻懲罰，顯見當權者對於書本大量生產所抱持的態度。艾蒂安．多雷[8]便是一個悲慘的例子。多雷是個受人喜愛的聰明學者，特別喜歡音樂和溪流游泳。在擔任駐威尼斯法國大使期間，愛上當地一名女孩埃琳娜（Elena），還為她寫過美麗的拉丁情詩。回到法國後，國王私下頒發十年期許可證給多雷，讓他從事印刷工作。威尼斯的文化點燃他對新文學的喜愛，於是他大膽印刷了各種危險的文章，包括自己主導的柏拉圖的翻譯工作，和他前衛友人拉伯雷的作品。

多雷無懼無畏，經常幾近毫無顧忌，比如跟土魯斯總督格拉蒂安・杜邦（Gratien Du Pont）的交惡。土魯斯是法國鎮壓力量最強、管制最狂熱的都市，也是法國宗教法庭的根據地。直到一七七二年，土魯斯當局在皇宮都掌握著宗教法庭庭長的有給職。杜邦寫了一首反女性的敘事詩，聲稱揭露女性的真面目，說女人是魔鬼的代言人，男性的壓榨者。他的妻子離他而去。法國也沒有隨波逐流，對那首詩的廣泛評價是「法國詩的下流作品」。一名評論者表示，那是「一連串無聊冗長的訓話」。古傑特神父[9]也在他一七五九年法國文學史第十一卷中對該文大肆抨擊，認為該文「形式野蠻，令讀者反胃，既缺乏智慧，也毫無創意」。

多雷曾經表示妻子路薏絲（Louise）是他的珍寶，比任何金銀還要珍貴，因此以拉丁文詩句對杜邦此詩加以無情的調侃，認為這本書的最大功能是給雜貨商包水果用，想了想又認為只適合當草紙。多雷這篇拉伯雷風格的詩盛行一時，一位詩人甚至發表一篇拉丁詩文相互應和：他曾在廁所試用杜邦的書頁，但是文句太過粗糙，不適合當草紙。

多雷被捕入獄，但是他和獄卒交好，建議獄卒：一，讓他回家，因為某個欠他錢的人只願意在他家把錢還他，而且二，回他家時，他們可以一起享用一瓶他貯存多年的麝香葡萄美酒。當那名獄卒上當，把他送回家時，他從後門逃脫，直奔義大利。

幾個月後，他回到法國，和路薏絲母子一起生活，繼續經營印刷業，還開了一家店鋪。他在店外掛了一個金斧頭的標誌，代表斬除無知；斧頭標誌也出現在他所印刷書本的開始和結束部分。這時，他支持印刷工的權利，反對一項禁止印刷工公會納入任何聯盟或協會的敕令。導致他敗亡的，或許正是這項舉動，因為得罪了大印刷商，亦即僱用這些印刷工的僱主。一批內容激進的書本運往巴黎，收件人是艾蒂安．多雷，而且很順利地被海關攔截，此舉幾乎可以肯定是大印刷商所設計的圈套。多雷被捕，並接受長達兩年多的審訊。法院很難將他定罪，部分因為法院院長皮埃爾．利澤[10]的愚蠢與虛榮。利澤是出身奧弗納特（Auvergnat）的小農，「沉迷酒色，臉孔和鼻子特別紅潤」。他拉丁文程度之低，據說是國王下令法院禁用拉丁文的原因；他痛恨書商和印刷商，甚至因此付錢給一名書商打探自己的夥伴。

多雷駁斥那批書的證據效力：他跟那些書沒有關係。法院院長斥責他撰文諷刺腐敗的神職人員和自大的索邦學院：他辯稱那是他的權利。他不是在大齋期吃肉嗎？對，多雷回答，不過是奉醫生的命令，且獲得教會允許。那彌撒時四處走動呢？「我只是伸伸腿。」多雷回答。

最後還是仰賴索邦神學家的詭辯將多雷定罪。他們發現他的柏拉圖譯著中有三個字暗示異端邪說。儘管喜愛書籍的瑪格麗特[11]公主領導高層人士為之請願，呼籲寬大處理，他還是被攆往拉丁區心臟地區的莫貝廣場（Place Maubert），他自己書店的書本被人堆成柴堆，他被處以火刑。

那座廣場之所以中選，乃因其中心位置和忙碌景象。這處古老的莫貝食物市場，今日仍擁有美好的獨特氛圍，頗值得造訪，一則因為美食，二則可以站在那裡追悼有趣、勇敢與早經遺忘的多雷，矗立於廣場的多雷雕像，在德軍占領期間被熔化來鑄造武器。

在接下來的幾個世紀，直到一七八九年大革命爆發前，巴黎印刷商和書商繼續以各種方式規避審查。未獲許可的小冊子——亦即有名的藍皮書（livres bleus）——可以由密室中的印刷工迅速生產，再透過街頭小販，或塞納河邊的攤販販售，從一五〇〇年代起，那裡便逐漸充斥著未獲許可的書攤。藍皮書大部分已在歷史的長河中遺失，不過近日拜學術偵探工作之賜，發現單單一五八九年間便出版四百餘種不同書名的藍皮書。書籍走私也變成一種大宗生意，甚至幾近職業化的行業。根據一項研究推測，到一七八九年時，巴黎塞納河畔有三百家書店，超過十萬書本在此販售，而其中百分之四十的存貨都是非法的。

無論宗教法庭或索邦當局都無法制止巴黎人對書本和理念的熱情。極端的審查制度和控制手段，似乎助長了這種熱情。十八世紀一個德國訪客便頗感震驚：

> 巴黎每個人都在看書，尤其女人，口袋裡總帶著一本書來去。人們在馬車裡看書，散步時看書；在戲劇中場時間看書，在咖啡館看書，甚至洗澡時也看書。女人、小孩、旅行者和學徒在商店裡看書。星期天時，人們坐在屋子前面看書：僕役坐在後座看書，馬伕坐在駕駛前座看書，士兵在守衛時看書。（摘自貝琳達．傑克〔Belinda Jack〕的《女性讀者》〔*The Woman Reader*〕）

這可是當時充滿阻礙的時代背景：拉伯雷和蒙田的作品只可以在巴黎以外的地方合法出版，但帕斯卡[12]的出版商無限期被關在巴士底獄，莫里哀[13]和拉辛[14]的作品受到嚴格審查，伏爾泰的作品則根本不受歡迎。他的《憨第德》，即使今日仍然在世界各地持續販售——而且讀者是因喜愛而購置，而非因為指定讀本，但當時打從開始便為巴黎當局所明令禁止。

正如藍皮書一樣，舊政權時期的法國書籍走私者沒有組織紀律，沒有信譽，大部分為歷史所吞噬。但是我們現在了解，如果沒有他們，啟蒙運動絕不會發生。伏爾泰將盜版書和藍皮書稱為「低級文化」，但是普羅大眾只有透過走私書籍和簡易版本才能和改變世界的最新哲學接軌。有人說，如果沒有盜版書和走私客，啟蒙運動「也許還停留在名流聚集的交誼廳」。

有一個人獨領風騷，研究這門聲名狼藉的行業，其關懷和照顧的態度，堪比考古學家對精緻脆弱的出土物。這人便是《紐約時報》（*New York Times*）記者轉任普林斯頓大學歷史學者的羅伯．丹屯[15]，他每年造訪法國檔案保管處，期間長達五十年。在他深愛的法國各省，寄居檔案管理人員家中，幾乎成為他們家庭的一分子。

丹屯所發現的一個典型的例子是樂．桑尼神父（Abbé Le Senne）這名十八世紀的神職人員，此人決心普及啟蒙主義思潮，甚至反對神職人員的腐化。他選編伏爾泰和其他激進分子的文章，自己撰寫，結果一再遭到逮捕，他搬家的頻率，幾乎和改名易姓的速度不相上下。在一次突擊中，警方從他住處沒收了二千本書。他就像格雷安．葛林筆下的人物，似乎將理念的堅持和閃躲迴避融合為一。一名書商認為他是「一個沒有誠信的人，道德低下」。有個住處他住得比較久，是國王護衛隊一名退休隊員甘剛谷（M. Quinquincourt）（這個名字唸起來就讓人開心）靠近河邊的家。他在那裡的出版品都印有「金色草束的符號」，並將那棟住家做為書本走私分銷的樞紐，在收買副總警監尚－皮耶．勒努瓦（Jean-Pierre Lenoir）後，勒努瓦允許樂．桑尼進口各種自由思想的書籍，但不包括色情書刊。

樂．桑尼寫了幾封文辭並茂的信給他在瑞士的書本供應商，將自己描繪為真理的高貴守護者。在其中一封信中提出緊急要求，因為他的主教指證他為一個反教會的詭辯者。他只想「像個哲學家」，住在瑞士山中的小茅屋，但是，如果可能的話，能否把他的「嫂嫂」（情婦）和她的（他們的）兒子送過來？

當瑞士方面無法提供協助，樂．桑尼逃離巴黎，前往北方十六哩歐塞爾（Auxerre）的一座城堡，然後以化名進入沙特爾（Chartres）修道院，在被識破後，他成為普羅萬（Provins）的一名僧侶，然後前往特華（Troyes），在那裡再次向瑞士的聯絡人求援，聲稱自己已經淪落到跋涉而行，腳上「濺滿泥巴」。我們最後聽到有關樂．桑尼的消息，是他利用聖德尼（St Denis）（今日仍為一處愉悅放浪的地區）一家雜貨店，作為走私書本進入巴黎的倉庫。

樂．桑尼的處境困難，部分原因是他逗留在巴黎附近，必須面對森嚴的審查體系。大革命前的法國，還有一處書本販售和印製中心——里昂。里昂的歷史有助於解釋其特殊情況：里昂是羅馬移民定居地，便於通往德國、瑞士和義大利，較之神學人士坐鎮的巴黎，一向對古典學識和激進的歐洲思想比有包容力。在整個文藝復興時期，它都是法國的知識中心，十八世紀時，也相對不受索邦、教會和法庭的邪惡勢力影響。里昂市集是某種自由交易的節慶活動，從早期印刷業興起的幾十年間，直到十八世紀初期，每年舉行兩次，一次長達十五天，市集範圍遍及好幾條街道。來自各地的商人都獲准在各街道和橋梁設立店面，無須申請許可，也無須通過移民檢查。攜往市集的商品可以免除進口稅，其中書商是整個市場的重心。當時的里昂正如今日一般，富裕、自由、前衛、充滿學生氣息。

里昂具有文化卓越性的最大理由，是其擁有大量移民人口——其中百分之五十九來自佛羅倫斯王朝（Florentine dynasties）——而吸引他們前來的是當地絲綢工業，以及位居法國和義大利間所有商業交流中心的有利條件。早在一四八五年，當地便有十二處印刷廠，一四九〇年時，更成為僅次於巴黎和威尼斯的歐洲第三大活躍印刷中心。里昂在希臘文印刷方面獨占鰲頭——當地的古希臘學者和希臘移民比法國各處為眾——希伯來文印刷也首屈一指——有段時期，巴黎甚至禁止希伯來文研究，以防堵任何人就聖經原本內容自行詮釋。十六世紀的里昂還有一個現象為一名歷史學家所稱道：「世界各都市中，沒有一處擁有這麼多有教養的女性。這裡的女性不但是值得尊重的伴侶，在追求更高尚事物方面，也是男性的對手。」

路易絲．拉貝[16]，又名「美麗的繩索製作人」（La Belle Cordière），是里昂自由主義的美好代表人物，她有張「有如天使」的臉孔，擅長多種語言，是一名詩人——日後受到里爾克[17]的愛慕，詩作今日仍在印行——還是個貪婪的讀者、優秀的歌者和魯特琴（lute）演奏者，還擅長馬術。男人像蜜蜂一樣圍繞著她，有些人還出版詩集歌頌她。即使她堅持穿著男裝，也嚇不了當時的里昂人。只有一名腦筋骯髒的歷史學家日後將她汙名化，稱她為「娼妓」，甚至（徒勞無功地）將她的作品歸屬於其他男人之手。

里昂的書販使用一套繁複的書籍走私網路攀越阿爾卑斯山脈，行事作風頗有法國之風：在他們口中，走私者是「**保險人**」，走私費用是「**保險金**」，走私經紀人是看門人。對於沿途賄賂還有一個委婉的名詞：「**排除路障**」。沒有許可證的活動書商是**活動商販**，他們經常在大衣底下販賣書籍。情色作品是**哲學書刊**，而且並不如想像中低級。內容主要是有關色迷心竅的傳道人的故事，這類故事助長反教權主義，亦即革命思潮重要的一部分。

里昂走私者供應鏈的樞紐是瑞士，主要是日內瓦。書本用布包裹，偽裝成其他物品，用驢子馱運，或由醉醺醺的男子背運，穿越大雪覆蓋的山隘，送到里昂外圍由「祕密友人」經營的指定旅店，再在當地重新包裝販賣。至少有一次，走私者曾經使用槍枝擊退關務人員。很有趣的是他們極其看重自己的名譽，甚至很氣惱被稱為走私者；對他們而言，書本審查制度是沒有道理的非法侵入，當地審查制度也全由巴黎關稅機關運行。這種地方精神迄今仍活躍於英格蘭西郡。我記得當地人曾使用一座ＪＣＢ牌[18]迷你挖土機，在格拉斯頓柏立藝術節[19]場地的圍籬下方，挖出一條非法通道。對於別人的質疑，他們會挑釁地回答：「我們一向自由進出，現在也不例外。」

十八世紀一名來訪的出版商推銷員發現，里昂舊政權的書商格外有自信，而且商業手段高明。他評論其中一人：「像是一把雙鋒利刃，最好別跟他糾纏。」另一個人：「精明強悍。」而第三個，佩里塞兄弟出版社（Perisse Brothers），「我的天，根本撬不開他們的嘴。」離開里昂時，那名推銷員回憶：「我在這座城市待了很久，但是每次試圖跟這些人談話時，他們從不理會你，好像自己統領著一個王國似的。」那些書商確實如此：他們擁有自己的龐大走私網路。如果海關人員逼得太緊時，里昂的書商便賄賂海關首領，或者發幾封效忠信函——另一個優異的婉轉用詞——亦即瑪麗・惠特豪斯[20]這類人物會發的信函，指責革命浪潮和法國的道德淪喪，其實是經過精心設計，意圖讓警方攔截和閱讀的。

里昂的進口書籍將革命思潮散播至法國每一角落，主要包括普瓦捷、波爾多和馬賽，甚至廣達西班牙。書本流動商（colporteur）將籃子掛在脖子上四處兜售，或駕駛馬拉的拖車，必要時馬上可以轉變為書店，如此既無需許可，也無從查緝。

和里昂交易最特別的都市是亞維農，通常經由駁船沿著隆河來往。亞維農之所以成為歐洲啟蒙運動重要點火石，背後也有其歷史因素。一三〇五年，羅馬教宗選舉會議無法就新教皇的人選達成一致協議，法國國王腓力[21]打破僵局，強迫他們推舉波爾多總主教戈特的培特朗[22]為教皇。新教皇採用克萊孟（Clemens）這個名字，決定進駐亞維農，而非羅馬。

亞維農教廷時期（Avignon Papacy）在一三七六年正式結束，但是組織鬆散的羅馬教皇使節繼續監管亞維農飛地[23]，因此，法國海關直到一七八〇年為止，在亞維農都沒有管轄權，使得該地成為盜版書市的天堂。一七六〇年，亞維農有六十家印刷廠，二十二家書店，人口卻只有兩萬三千人。（坎特伯雷二〇一九年人口為四萬三千人，書店只有兩家。）亞維農的印刷業技術精良。他們使用羅馬體，而非哥德體，今日仍有人認為當時亞維農一名神祕的捷克人普羅科匹厄斯．渥佛戈（Procopius Waldfogel），也許比古騰堡更早發明印刷術。正如文森．吉魯[24]在他的法國圖書史中所言：

> 經常有人指出，人文主義來到法國，是拜教宗駐留亞維農之故，此舉把佩脫拉克和薄伽丘帶進國內。

這則由教宗齟齬事端所帶來的愉悅而奇異的餘波，在法國大革命時告終，亞維農也完全回歸法國懷抱。法國人文思想最終獲得勝利，大舉戰勝了偏執。不過啟蒙運動和大革命不單是由狄德羅和伏爾泰、丹敦[25]和羅伯斯比[26]之流所成就，也是靠一群無數早經遺忘的下層階級的小販、市場商人、走私客、藍皮書作者、理想主義學者兼印刷商，以及英勇的書商所成就。

今日的法國政府已經不再由索邦集團或教會所控制，對如何支持實體書方面，也替全世界上了很好的一課。他們補助書店，規範惡性削價競爭。儘管國家預算出現巨額赤字，二〇一三年文化部長安瑞莉．費里佩提[27]依舊宣布成立五百萬歐元基金，提供書商低利貸款。她本人是個小說家。法國支持書商，正如英國支持農戶一樣。一名法國書商笑謔地解釋，這是因為在英國，農人是上帝；在德國，音樂家是上帝；在義大利，畫家是上帝；而在法國，作家是上帝。英國二〇一九年有大約八百家獨立書店，法國則有兩千五百家。

譯註

1 Ancien Régime，指法國十五到十八世紀，亦即從文藝復興末期，到法國大革命之間的時期。

2 Académie，法國的大學區係專為教育行政設施而設立的行政區域，大致上與地方行政區域相配合，只有在人口數較多的行政區才分設一至二個大學區。

3 Robert de Sorbon，一二〇一～一二四七年。法國神學家。曾擔任法王路易九世的私人神職人員。他是索邦學院的創建者。

4 Johann Heynlin，約一四二五～一四九六年。德國學者、人道主義者及神學家。

5 Lucien Febvre，一八七八～一九五六年。法國歷史學家，與布洛克皆為年鑑學派的創始人。

6 Louis de Berquin，約一四九〇～一五二九年。法國律師、語言學家和新教改革者。一五二九年四月，因拒絕放棄自己的信仰而被判為異教徒燒死在火刑柱上。

7 Cnut the Great，九九五～一〇三五年。中世紀英格蘭、丹麥和挪威國王，丹麥稱克努特二世，英格蘭稱克努特一世。

8 Étienne Dolet，一五〇九～一五四六年。文藝復興時期歐洲法國人文主義者。由於喜歡古典作家的懷疑論，因而否認靈魂不朽，索邦神學院的神學家宣判其有罪，被處以火刑。

9 全名稱謂為Abbé Claude Pierre Goujet，一六九七～一七六七年。法國文學家和修道院長。

10 Pierre Lizet，一四八二～一五五四年。法國治安法官。一五二九～一五四九年擔任巴黎高等法院院長。

11 全名稱謂為Marguerite de Valois，一五五三～一六一五年。又被稱為瑪戈王后，是法國和納瓦拉的王后，也是瓦盧瓦女公爵。在瓦盧瓦王朝最後一名帝王亨利三世駕崩之後，人生即為醜聞、陰謀和悲劇所圍繞。

12 全名為Blaise Pascal，一六二三～一六六二年。法國神學家、科學家，哲學家、數學家、物理學家、化學家、音樂家、教育家和氣象學家。

13 Molière，一六二二～一六七三年。法國喜劇作家、演員和戲劇活動家。他是法國芭蕾舞喜劇的創始人，也被認為是西洋文學中最偉大的喜劇作家之一。

14 全名為Jean Racine，一六三九～一六九九年。法國劇作家。與高乃依和莫里哀合稱法國古典戲劇三傑。

15 Robert Darnton，一九三九年～。美國著名的歷史家，學術專長是十八世紀的法國文化史。

16 Louise Labé，一五二四～一五六六年。為繩索製造商的女兒。

17 全名為Rainer Maria Rilke，一八七五～一九二六年。出生於奧匈帝國之重要的德語詩人。

18 J C B為創始人Joseph Cyril Bamford的姓名字首縮寫，世界五大工程機械、農業製造公司之一，歐洲主要的工程機械製造商，為英國最大的家族所有的公司。

19 Glastonbury Festival，目前世界最大的的露天音樂節、表演藝術節，始創於一九七〇年。

20 Mary Whitehouse，一九一〇～二〇〇一年。英國教育家和保守主義者，反對社會自由主義和主流英國媒體，並指責這兩者都鼓勵更加寬容的社會。

21 全名稱謂為Philippe IV le Bel（Philip），一二〇八～一三一四年。即俗稱的美男子腓力四世，卡佩王朝第十一位國王和納瓦拉國王。

22 Raymond de Got，即教宗克萊孟五世的原名，生卒年不詳，只知於維朗德羅出生，一三〇五年當選羅馬主教，同年十一月即位至一三一四年為止。

23 Enclave，飛地是一種人文地理概念，意指在某個地理區劃境內有一塊隸屬於他地的區域。

24 Vincent Giroud，一九五三年～。法國編輯。

25 全名為Georges Jacques Danton，一七五九～一七九四年。法國大革命初期溫和派的領導人物，在革命爆發時角色一直有爭議：很多歷史學家形容他在「推翻君主制和建立法蘭西第一共和國過程中是主導的力量。」對雅各賓派有調節的作用，但因為主張恐怖統治的擁護者指控他受賄並且憐憫革命的敵人，最終被送上斷頭臺。

26 全名為Maximilien Robespierre，一七五八～一七九四年。法國大革命時期激進派政治人物，一七八九年法國三級會議、國民議會代表和雅各賓俱樂部的成員。

27 **Aurélie Filippetti**，一九七三年～。義大利裔的法國政治家和小說家。二〇一二～二〇一四間擔任法國文化和通訊部部長。

圖10

第十章 塞納河畔的書商

一九五〇年代，法蘭索瓦．楚浮[1]這名年輕的演員和有抱負的電影導演，沿著巴黎塞納河逛書店，發現了一本破破爛爛，已遭遺忘的自傳體小說《夏日之戀》（*Jules and Jim*），自此改變了電影歷史：楚浮依據該書拍攝的影片，將法國的新浪潮[2]電影帶入更寬廣的世界。楚浮發現該小說上了年紀的作者，亨利－皮埃爾．羅謝[3]依然健在，他找到那作者，兩人成為好友。羅謝追述記憶中的畢卡索和杜象，以及葛楚．史坦和大戰前波希米亞風的巴黎，令楚浮神往不已。

這些塞納河畔的書店是沒有載入歷史的神奇現象，是世界上最大的露天二手書店。有些作家間或會計算這些書店的數字：一七〇〇年代早期，沿河有一百二十家店鋪；一八二四年，六十八家書商從一千零二十個書箱內，售出七萬本書；一八九二年，一百五十六家書商販售超過九萬七千本書。相較之下，根據史蒂文．費雪[4]二〇〇四年之《閱讀史》（*History of Reading*），到一八〇〇年為止，傳統巴黎書店販售「約十萬本」書，而「歐洲大部城市書籍販售量大抵都是如此」。因此，塞納河的書店絕對不僅僅是一般周邊的街頭市場而已。

在露天市場意外撿到寶貝，自有其迷人之處，也靠幸運之神的眷顧。史蒂芬．格林布拉特[5]便是在這種情況下，於紐約人行道一間販賣亭撿到盧克萊修的《物性論》（*On the Nature of Things*）。他承認他最先是被六〇年代俗麗劣質書面上的性感女子所吸引。這項發現使他重塑文藝復興起源的概念。演員安東尼．霍普金斯[6]一九七〇年代在倫敦有過一次更離奇的巧遇。當時他獲邀在改編自喬治．費佛[7]《鐵幕情天恨》（*The Girl from Petrovka*）的電影中演出，但是到處都找不到那本書的原著，直到他在一張長椅坐下等地鐵時，發現身旁竟然就有一本。兩年後，喬治・費佛跟他提起，他原本也有一本，卻不幸地被朋友給弄丟了，書邊還寫滿了他的批註。很神奇的是，那本正巧擱在霍普金斯身邊的書，就是作者本人原來的那本。

塞納河畔的書商，原名bouquinistes（小書販）。有關這個字的來源有幾種說法，而學術界比較傾向的說法是來自巴黎早期許多印刷商的祖國：德國。那個單字融入法文，字面意思是「小書」。

「小書販」從事這一行已超過五百年歷史。他們從新橋[8]發跡，橋面禁止營業後，他們便移轉到河岸。在十九世紀建築堤岸之前，他們可以自由搭築店面，不需繳納許可費。歷經宗教革命和大革命，「小書販」販售各種二手書和手稿，而且經常是多方遭到取締的書籍和地下文學。

他們和海盜一樣具有顛覆性，在其他方面也頗有海盜特質，暴露於各種天氣之下。十九世紀時，保羅・拉克魯瓦[9]是當地的常客。他比較喜歡非典型的巴黎──他竭盡心力所寫的六卷賣淫史，想必也讓人心力交瘁──他注意到「『小書販』對他書本的狀況逃不了責任──讓書本暴露於天氣的變化多端，在太陽下枯萎，承受風雨的吹打」。他們和水手一樣，可以讀懂天氣；巴黎人經常會跟他們討教氣象變化。而正如海盜戴耳環，穿著炫目的衣服以表達其自絕於社會之外的形象，塞納河的書商，無論男女，都穿著怪異的羽飾服裝，風格花俏不羈，甚至今日都能在當地書商中瞥見這種裝束。

河流的心理地理學——探討其心理流動性——影響著其居民的生活方式。一九〇八年，旅者E・V・盧卡斯[10]納悶泰晤士河為何不像塞納河，從未吸引書商的進駐。其實，泰晤士河老爹是男性，莊嚴、憂鬱，是一條屬於薄暮和夜晚的河流。正如通往帝國之路，帶有一種康拉德式的深沉憂傷。橫跨泰晤士河的倫敦塔橋（Tower Bridge），雄壯威武，城堡造型，很難想像它座落於塞納河的景象。塞納河是女性的，名字來自賽爾特族的女神塞夸納（Sequana）。它是一條光明和創意的河流，正如它所流經的城市。情侶和逛書攤的人彷彿是塞納河畔的自然景觀。

早先提及的歐達夫・烏扎納，是個早經遺忘的古怪交際高手，和書商打成一片。且讓他帶領我們沿著河流認識一下這些「小書販」吧。他提到高蘭德（Gallandre），曾經擔任過鐵路職工，總是穿著一身經過修改的法國國家鐵路公司（SNCF）制服；高大富裕的李皋特（Rigault），以宏亮的嗓門聞名，戴著一頂黑色獵鹿帽，完全拒絕「現代書籍」交易。他還提到柯瑞尼（Correonne），前共和衛隊（Republican Guard）士兵，書本排列得井然有序，放在他的小型碉堡中。還有謝瓦利爾（Chevalier），原本是位侍者，因為年紀太大無力清理餐桌而換工作；他女兒是書攤的智囊，負責購書、陳列，以及任何較重要的協商。似乎沒有人知道瘦高虛弱的韋塞（Vaisset）來歷，但是大家都喜歡他，還給他取了個綽號「骨頭架」。總而言之，烏扎納發現，書攤一般都會相互支援，當書攤主人出去辦事，或冬天溜到附近酒館來杯溫暖的君度（Cointreau）橙味甜酒時，一個人經常會照顧到三個攤位。

老德巴斯（Debas）的學識淵博是項傳奇，不過主要都是關於他所謂的「偉大世紀」：十八世紀。他反政府，任何政府，對僧侶、警察以及若干他的常客，包括雨果，都抱持著不敬的態度，他覺得雨果「有點空話太多」。德巴斯似乎是個快樂的人，個頭不高，坐在長椅上，手中拿著一罐漿糊，修補來自他所愛世紀的受損書籍。如今已沒沒無聞的作家安那托爾·佛朗士[11]——曾經為歐威爾和普魯斯特所推崇——注意到內心滿足的德巴斯，稱他為「一個藝術家和哲學家」。德巴斯販書長達六十年，直到妻子的死令他心碎，乃至未能挺過一八九三年寒冬。不過天氣似乎對羅賽斯（Rosez）有好處，他經營書攤，直到八十三歲才開始在戶外賣書以賺取菸費，因為妻子告訴他，他們文具店的收益已經無法負擔他的菸費。同樣的，諾曼人馬洛雷（Malorey the Norman）也工作了六十二年，直到八十二歲，他保持年輕的方法，是每天和烏扎納（「在天氣晴朗的日子，我會和這位好先生聊上一個鐘頭」）還有許多其他人聊天，那些人都很欣賞他的模仿本事。

馬洛雷的模仿對象之一很容易仿效——矮矮胖胖，自以為了不起的梅納德（Maynard），此人不但有股貴族的氣焰，還常常拿他右翼議員的朋友來吹噓，習慣在攤位前鋪放一塊高貴的波斯地毯，而且堅持自己是書商，不只是看守攤位的「小書販」，綽號「男爵」。老沙利耶（Charlier）更古怪：他每天坐鎮書攤，顧客似乎想翻書時，他老是瞪著顧客吼道：「不要碰！」是因為有人每年暗中資助六千法郎，他才能這樣輕蔑顧客。

萊克里萬（Lécrivain）代表另一種不同的挑戰：「他的氣味可以讓一個奧弗納特人醉

倒。」他經常下午才過一半就醉醺醺的，開心地賤價出售庫藏。不過很少人敢接近伊斯納德（Isnard）或他的庫藏。他曾經在美國荒野西部做過理髮師：

> 他身上穿著臭氣撲鼻的破爛衣服。靠麵包和大蒜維生，無視所有清潔概念，成為移動的一群害蟲，也是其病態靈魂的居所。

不過他附近的拉奎因（Raquin）則是個年輕人，個性快活，一口流利的古希臘語，他的書攤很優質，販售文藝復興時期的書本和古版書，應該是以老攤販亞先德（Achaintre）為師。亞先德學問精深，是賀拉斯[12]和其他古典文學作品編輯者。當一名顧客要求他一篇翻譯作品時，一旁觀看的烏扎納不禁暗自微笑。這種情景跟勒蓋耶（Lequiller）真是強烈的對比，勒蓋耶對書本一知半解，他是憑書本的「外貌和氣味」估價的。

在法國造幣廠計程車招呼站，康法特（Confait）賣書賣了十五年。他凸出的雙眼前架著大銀框眼鏡，一頭直挺的長髮，和他「同樣引人注目」的妻子和一隻有點瘋狂的貴賓狗並排而坐。曾經當過律師的布雪（Boucher），由於對書本的熱愛而投入書攤行業，和妻子經營一家井然有序的良好攤位。身為新來者，他受到頗多好心熟手的幫助，比如一頭華髮的老派羅沙林（Rosselin），此人腳踏農人穿的木屐，戴著大藍框眼鏡，外套下是一件鬆垮的荷葉邊白襯衫。

這位老衛兵對一位名叫德拉海（Delahaye）書商的新穎想法抱持著懷疑的態度。德拉海打算天黑後繼續營業——利用一排煤油燈提供光線。他的懷疑證明是有道理的，在當年生物多樣化的巴黎歲月中，飛蛾和蚊子很快便迫使這個生意點子鳴金收兵。

尚默如（Chanmoru）是眾多長袖善舞的「小書販」之一，矢志販售激進派文學書籍。他在衣著方面的選擇也展現出華麗的雙性激進主義，有時戴著一頂象徵自由的紅帽子，有時戴著一頂高聳的十六世紀無邊女帽，亦即日後的廚師帽；金色長髮束成一個髮髻，綁著一條藍絲帶；白色木屐裝飾著農人團結標誌，最後則是一身荷葉邊的長襯衫。儘管經常遭到逮捕，尚默如每次都對經過的政客們大吼：「打倒毛賊！」他的二十箱書擺設美麗，分類妥當，附近還豎立著禁止抽菸的牌子，以免菸灰飄落其間。

烏扎納對這些書商的喜愛，促使他加入象徵主義運動[13]，尊重「自由、特異性和個人的多樣性」，日後逐漸演化為超現實主義、情境主義[14]和龐克文化[15]。

「小書販」在數世紀後仍得以倖存，可謂一項全球性的奇蹟。書店業者將他們視為下階層市民，厭惡他們，因為他們可以逃避租金，獲取比他們還高的收益。「小書販」最先是在市政單位的規定下撤出新橋，不過那只是回應書店商人的壓力。「小書販」所帶來的威脅有如亞馬遜線上書店——不公平，租約也啟人疑竇。

巴黎是一個各方狂熱勢力撕扯的都市——比如一五七二年聖巴托羅繆節大屠殺[16]，街道上至少有兩千人遭屠殺——審查制度嚴格，執行手段殘酷（雖然保護主義者財政部長柯爾伯特[17]懊惱地發現，他的車伕竟然利用他的馬車走私違禁書籍）。在數世紀中，許多書商和出版商均被燒死於火刑柱。這使得流氓行徑的「小書販」地位更形重要，成為地下文學通道之一，法國印刷史學家丹尼斯．帕里爾（Denis Pallier）在一九七五年一項研究中指出，單單在一五八九到九〇年間，巴黎便發行了兩百萬份非法的書籍和宣傳手冊。購買這些文物最安全的地方，便是塞納河邊。這些「小書販」的影響力在歷史中所遭到的漠視，可以從呂西安．費夫賀的重要著作《書本的來臨：印刷帶來的衝擊，一四五〇～一八〇〇》（*The Coming of the Book: The Impact of Printing*, 1450-1800）一窺端倪。那本書中對於街面書店描繪詳盡，卻完全沒有提及「小書販」。不過從費夫賀在照片中一身銀行經理的西裝領帶打扮，可見他對於塞納河書販的態度，正如皇家第一海務大臣對上加勒比海海盜。

巴黎歷史學家安德魯．赫西[18]屬於一個比較新的聲音，堅持「法國大革命部分歸因於『小書販』」。大革命後，這些書販仍未脫離麻煩。一八二二年，警察局長發布命令管制「小書販」，因為他們「經常販賣危及或違反法律的書籍」。一八二九年又有一道命令，要求他們在登記簿登錄每筆交易，以及出售書籍給他們的人的名字和地址。尤有甚者——而且居心不良的是——禁止貧困學生、孩童和僕役跟著「小書販」兜售書籍。這兩條命令起初斷續執行，然後便形同虛文了。

十九世紀書攤經歷的較大動盪是：今日人們所深愛的那條沿著塞納河築起的石造堤岸。雖然我們今日視塞納河堤岸為「小書販」安身立命之處，當時卻代表另一個規範壓頂的新紀元，亦即奧斯曼男爵[19]的世紀。這位專業公務員以盡量掃蕩巴黎中古遺跡，興建綿長、無聊的大道為終生志業。大道的潛在含意，便是全景模式的：非常寬廣，無法架設路障，而且很容易維持治安。特拉法加廣場（Trafalgar Square）的噴泉也有同樣隱密的目的，以避免群眾大規模集會。

奧斯曼的自信有如壓路機。內政部長佩爾西尼[20]曾如此描述他，言詞間幾乎流露同性情愫：

> 高大，有力，精力旺盛，可以毫不中斷地聊上六個鐘頭，聊他最喜歡的話題：他自己。這位健壯的運動員，肩膀寬闊，脖頸厚實，而且膽氣十足，精明狡猾，有如一頭高大威武，老虎之類的動物。

對於巴黎城名聲不佳的低俗地區，男爵態度冷漠，因為他幼時曾在那裡得了嚴重的氣喘。甚少造訪那些地區的他，每早從六點就開始在辦公室努力籌畫那些地區的末日，甚至在馬車車廂裡也不例外，他從未下車和當地人打過交道。有一名歷史學家是這麼形容的：「他幾乎從未和城市有實質的接觸。對他而言，巴黎有肢體、有管脈，就是沒有心臟。」他製作了一張一百六十平方呎的巨幅巴黎理想地圖，稱之為他的「聖壇」。那張地圖不只顯示出每條大道，而且不可置信地，奧斯曼竟打算剷平過分隆起的丘陵地區，包括將一座歷史性的高塔整個抬起，移往比較低的地層上。

此舉也有關連到零售型態的意義：大道意味著大商店和許多連鎖店。他還考慮清理西堤島（Île de la Cité），「那裡住著一群壞人」，他這麼認為。至於「小書販」，他們使得巴黎蒙羞，必須從堤岸清除。套句烏扎納的話：

> 這種不規則和奇特的毒瘤深深困擾他的美學靈魂。那條綿長的矮牆必須清除寄生蟲，展現直線造型，用鹼水清理，再以浮石磨平。

「直線型」：這是笛卡爾信徒喜愛的形狀，是所有奧斯曼之類左腦型統治者所偏好者。（作者註：歷史神經科學有關直線性的神奇分析，可以參見《大師及其使者：分裂的大腦與西方世界的形成》，伊恩．麥吉爾克里斯特著〔擴充版第二版，耶魯大學出版社，二〇一八年〕四四六－四四九頁和五〇九頁，註一二九）。

左腦是語言和秩序的源泉，但右腦則是使用語言說故事。塞納河書販本身是童話故事人物，與資本主義的實用性語言相互牴觸。這項衝突是商業性，也是哲學性的。奧斯曼男爵希望將故事直接關在屋內。他向他的摯友皇帝拿破崙三世建議將所有「小書販」遷移至一個市場大廳，一種目錄化的阿戴爾購物中心（Arndale Centres），而且課以較高的租金。我們實在難以想像激進的尚默如、博學的拉奎因和病態的伊斯納德之流會乖乖搬遷。當代一名巴黎歷史學家和精美書籍收藏家也隨聲附和：「堤岸的情況比以前更糟，只看得到一些愚蠢瑣碎的文章……『小書販』把書名都毀了。」

幸虧，我們那位也是皇帝親信的性學專家保羅・拉克魯瓦直接找上皇帝，勸服他親自去看看塞納河的書商；拉克魯瓦願意親自伴隨皇帝陛下前去。對於這次皇家造訪，書販並沒有表現出最好的一面。老激進派的佩爾・佛伊（Père Foy）正忙著撕開一本書，扔進火爐。當皇帝詢問什麼書如此無足輕重，佛伊安靜地把書名頁遞給他：《法國人的征服和勝利》（*Conquests and Victories of the French*）。不過，這趟造訪已經足以勸服拿破崙三世抗拒奧斯曼的計畫，拯救了「小書販」。烏扎納表示，「親愛的老拉克魯瓦」約一八八〇年步入老境時，「每當夜晚將盡，都會喜悅地提起這段往事，聽他說話是件很快樂的事。」那棟差點成為書商市場的大廳，現在是一個公車總站。

奧斯曼的傲慢自有其天敵：一本手冊——想必是塞納河畔的熱銷品——首先挑起事端，抨擊男爵迫使巴黎背負四億法郎債務。而當新聞揭發他有兩名情婦——一為芭蕾舞者，一為歌劇演員——甚至指控他利用自己女兒芬妮（Fanny）博取皇帝的恩寵時，男爵的形象頓時有如紙塑雕像般崩裂。一八七〇年，在一場兩小時的會議中，拿破崙正式解除了奧斯曼的職務。

一八八八年，攤販主人可以將自己的書箱固定在堤岸欄杆，但是有個條件：書箱必須符合某一尺寸，塗成規定的綠色，而且必須負擔租賃費。

在世紀轉換之際，澤維爾・馬爾米[21]是眾多長期顧客之一。他專精於晦澀的民俗傳說和義大利文學，是位彬彬有禮的善心人士，許多人目睹他對乞丐的慷慨，以及特別穿來逛書攤的大衣，口袋「像麻袋一樣深」，以便購物之用。馬爾米的遺囑中有項令人意外的條文：

為了紀念我在碼頭書販間度過的快樂時光——那些時光是我一生最快樂的時光之一——我留下一筆錢，讓這些好心的書販能享用一頓快樂的晚餐，在享用宴飲的一個鐘頭中想起我。

九十五名書販，男男女女，參加了餐會，餐會以冰鎮香檳開始，以咖啡和干邑白蘭地作結。

二十世紀出現新的挑戰。德國占領期間，納粹緊緊控制了書店。莎士比亞書店停業，蓋世太保在里沃利路（Rue de Rivoli）著名的W．H．史密斯書店（W. H. Smith）安插職員——大家不妨想像一下其客服情形——櫥窗裡塞滿納粹作品。「小書販」被忽視；有些照片還顯示德國軍人逛書攤的情景，渾然不覺塞納河攤販間所存在的強大抗拒力，他們冒著生命危險運作一套藏在書本間的密碼訊息系統。

一九六〇年代另一波威脅再度來襲，前堤岸管理者龐畢度總統[22]的下令沿塞納河建築快速道路（黛安娜王妃日後即殞命於其中一條快速道路）。對於抗議聲浪，他的回答是「巴黎必須適應車輛的運行」。這種說法今日看來似乎很愚昧，而那些快速道路日後有一部分也確實遭到拆除。後來另一位總統，也是前抗議鬥士密特朗[23]則經常流連於書攤之間。

現在呢？儘管紀念品攤位增加，塞納河畔仍有超過兩百家書攤在交易。神奇的際遇仍然繼續發生，比如美國人安妮・帕里什（Anne Parrish）在這裡發現她幼年的安撫之書《冰霜傑克和其他故事》（*Jack Frost and Other Tales*），最令她震驚的，是書內還有她孩童時的題詞。不知怎麼的，這本書竟從科羅拉多州旅行到塞納河畔。

有兩件事讓塞納河女神塞夸納可以展顏而笑：大西洋鮭魚二〇〇九年回到她的河流，而在我書寫之際，聯合國教科文組織（UNESCO）宣布塞納河的書攤成為具有世界性文化意涵的世界文化遺產。

譯註

1 全名為François Roland Truffaut，一九三二～一九八四年。法國著名導演，法國新浪潮的代表之一。

2 New Wave，是影評人給予一九五〇年代末至六〇年代一些法國導演團體的稱呼，他們主要受到義大利新現實主義與古典好萊塢電影的影響。法國新浪潮的特色在於導演不只主導電影，更成為電影的作者和創作人。風格特色包括快速切換場景鏡頭等創新剪輯手法，或是「跳接」，在整體敘事上製造突兀、不連貫的效果。

3 Henri-Pierre Roché，一八七九～一九五九年。法國作家，對於巴黎藝術和達達運動影響深遠。

4 全名為Steven Roger Fischer，一九四七年～。紐西蘭的語言學家。為紐西蘭奧克蘭玻里尼西亞語言和文學研究所的前任所長，著有超過一百五十多本關於語言學的書籍和文章。

5 全名為Stephen Jay Greenblatt，一八四三年～。美國莎士比亞文學史學家和作家。

6 Anthony Hopkins，一九三七年～。出色的電影與電視演員，出生於威爾斯，在二〇〇〇年成為美國公民。

7 George Feifer，一九三四年～二〇一九。美國作家。

8 Pont Neuf，法國巴黎塞納河上最古老的橋。

9 Paul Lacroix，一八〇六～一八八四年。法國作家和新聞工作者。以化名P.L. Jacob或藏書家雅各布最出名，顯示出他對圖書館和一般書籍的濃厚興趣。

10 全名為Edward Verrall Lucas，常簡稱E.V. Lucas，一八六八～一九三八年。英國幽默作家、散文家、劇作家、傳記作家、出版商、詩人、小說家、短篇小說作家和編輯。

11 Anatole France，一八四四～一九二四年。法國詩人、新聞記者和小說家。

12 拉丁語全名Quintus Horatius Flaccus，一般稱Horace，西元前六五～八年。古羅馬詩人，奧古斯都時期的著名詩人、批評家和翻譯家，代表作有《詩藝》等，是古羅馬文學「黃金時代」的代表人之一。

13 Symbolist movement，約一八八五～一九一〇年間發生在歐洲文學和視覺藝術領域裡一場頗有影響的運動。

14 Situationism，一九五七～一九七二年。一個由先鋒派藝術家、知識分子和政治理論家組成的左翼國際組織。主要活動於歐洲。

15 Punk，一種起源於一九七〇年代的次文化。最早源起於音樂界，但逐漸轉換成一種整合音樂、服裝與個人意識主張的廣義文化風格。

16 St. Bartholomew's Day massacre，發生於一五七二年的法國宗教戰爭，由法國國王發動，期間大肆屠殺新教徒。

17 全名為Jean-Baptiste Colbert，一六一九～一六八三年。法國政治人物及國務活動家。長期擔任財政大臣和海軍國務大臣，是路易十四時代法國最著名的偉大人物之一。

18 Andrew Hussey，一九六三年～。英國歷史學家和傳記作家。

19 全名為Georges-Eugène Haussmann，一八〇九～一八九一年。法國都市計畫師，因獲拿破崙三世重用，主持了一八五二～一八七〇年的巴黎城市規劃而聞名。當今巴黎的輻射狀街道網絡即是其代表作。現今巴黎的奧斯曼大道亦以其命名。

20 全名稱謂為Jean-Gilbert Victor Fialin, Duc de Persigny，一八〇八～一八七二年。法國第二帝國時期的政治人物。

21 Xavier Marmier，一八〇八～一八九二年。法國作家。

22 全名為 Georges Jean Raymond Pompidou，一九一一～一九七四年。法國政治人物。一九六九～一九七四年任法國總統兼安道爾大公。

23 全名為François Mitterrand，一九一六～一九九六年。法國政治人物。一九八一～一九九五任法國總統兼安道爾大公和法國社會黨第一書記。

圖11

第十一章

為何是威尼斯？

書商的保護神是聖若望「由天主者」[1]，一個有點煩人的西班牙宗教宣傳單供應者，還有自虐的傾向。其實，鮮為人知的威尼斯神父保洛．薩爾皮[2]，或許是更有啟發性的人選；他在文藝復興時期一直英勇捍衛威尼斯所有的書商，可說是「出版界的搖籃」，對抗宗教裁判所（Inquisition）。

威尼斯在文藝復興時期是書籍城市中最資深的元老。雖然印刷術最先興起於德國，但是眾多印刷商很快便移居威尼斯，亦即當時的威尼斯共和國[3]。早在一四八〇年，印刷書籍還在歷史上的搖籃時期時，就有四十位德國排字工人住在威尼斯。二十年後，已有兩百部印刷機在運河上操作，城市裡也有幾百家書店。

即使在威尼斯共和國沒落後，一七五〇年的威尼斯仍有五十一家書店。今日的威尼斯以建築和氛圍聞名，但書店數量已不到二十家：當年作為書籍製作者和捍衛者的隱晦歷史已經輕易為人們所遺忘。昔日，那裡可曾是印刷書籍的救星。

為什麼是威尼斯？作為海上貿易的樞紐，威尼斯到處都是有錢人。他們懷抱文藝復興的行事風格，把錢花在精采的人文藝術上。城內有一個古老的希臘人殖民地，還有許多希臘和拉丁文手稿寶藏等待付梓。這是個多語言的地區，為了繁榮，這裡需要各色人種的入住。結果，文藝復興時期對重新發現希臘和羅馬古典文學的渴求，可以在威尼斯獲得無可取代的滿足。這裡的人普遍都懂拉丁文，希臘文排字工人也隨手可得。想想看，尼古拉斯．簡森[4]這位曾在法國皇家鑄幣局任職的銀匠（活字製作師多半都是以前的銀匠），當年在房間內偶然發現「喜劇之父」阿里斯托芬初次印行的作品時，其內心的激動。

再者，威尼斯造紙技術的卓越傳統也是重要因素。十九世紀前的紙張因為是由碎布而非木頭所製成，所以迄今仍維持美麗的白色。威尼斯是歐洲進口碎布的集散中心。威尼斯總督（The Doge）——儘管戴著可笑的帽子，但在職者始終是擁有健全商業頭腦的領導人——限制威尼斯紙張出口，以確保供應這城市的印刷廠所需。威尼斯的油墨也是全義大利最好的。最後一點，威尼斯的自由貿易哲學延伸到他們的理念，因此大體而言，這個城市可說是痛恨審查制度的。

威尼斯的印刷業王子是阿爾杜斯・馬努提烏斯[5]；他也是最多產的印刷師傅。滿腹經綸的他，為古典文學愛好者所創辦的學院，是以傳奇性的宴會為中心，參與者如果不說希臘語會被罰錢。不過阿爾杜斯絕非精英主義者。他很熱衷透過印刷書籍普及學術知識；可謂企鵝平裝書創始人艾倫・雷恩[6]的精神祖先。馬努提烏斯首創小型口袋書，企鵝日後即據以大展鴻圖。他設計了一種清晰的新型字體，並發明了斜體字。我們今日所使用的逗點、分號以及其他便於閱讀的新工具，也都歸功於他。蘇福克里斯[7]和柏拉圖、亞里斯多德和伊索[8]的作品，都是阿爾杜斯首先付梓的。為了確保人們能閱讀這些作品，他還領先印製了若干古典語文的字典。雖然他最終死於貧窮，卻廣受愛戴：遺體停放在威尼斯最古老的教堂供人瞻仰，周圍擺滿他所編輯的書籍。那些美麗和清晰的典範版本，如今在拍賣會仍屬於高價拍賣品。

文藝復興時期的威尼斯，有若干書店足以匹配這類書籍。那些書店占據了馬賽利區

（Mercerie）這個街道縱橫的迷宮，今日是古馳（Gucci）和普拉達（Prada）等眾多時尚商店進駐之地。其實，當年如果沒有五年學徒經驗，通過資深出版商組成的專家小組的口試，是無法開設書店的。口試內容涵蓋自然、哲學和數種語言。書店是文化和辯論的溫室，是崇尚民主的地方，顧客用錢付帳，但也可用他們擁有的其他物品支付：例如普遍使用的酒、花和油。

當時的威尼斯是閃閃發光、以書本為重的文藝復興共和國，但是許多教會人士對其自由散播文字給普羅大眾之舉感受到威脅。梵諦岡將印刷廠視為邪惡的主要來源。好幾世紀以來，教會，尤其是修道院，控制了書本的生產。耐人尋味的是，正是一名僧人薩佛納羅拉[9]主導一四九二年惡名昭彰的「虛榮之火」（Bonfire of the Vanities），焚燒佛羅倫斯的樂器和印刷書籍。薩佛納羅拉和他手下一幫嘍囉的行徑，即使對教皇而言也太過偏激，教皇唯恐失去表現機會，把薩佛納羅拉的書籍也焚毀，然後判處他絞刑和火刑。書本激發人們焚燒的衝動，這種情形一直延續到希特勒以後。

一五六二年，教皇儒略三世[10]告訴總督，威尼斯所有新書都必須通過宗教裁判所審查官的檢查才能販售。此舉不為威尼斯皇宮中說話溫和的法律專家保洛・薩爾皮教士所接受。伽利略是他的朋友，此外他還和威廉・哈維和羅傑・培根[11]有書信往來。他身為多才多藝的文藝復興學者，日後給了史學家愛德華・吉朋很大的啟發。因為具備了良好的職位和背景，薩爾皮可以和梵諦岡爭辯，他有權威性的神學文件，而且從十五歲起便是一名教士。這位才學兼備的教士發表一連串宣傳手冊反對書本審查制度，甚至前往羅馬親自和教皇爭辯。

教皇不為所動，下令發行《禁書目錄》（拉丁語：*Index librorum prohibitorum*），該出版品一直持續到一九六六年最終版，所禁書目包括沙特和西蒙．德．波娃的作品。威尼斯宗教裁判所庭長和其屬下開始根據《禁書目錄》在城內展開獵巫行動，搜尋可能擁有禁書者。他們搜索愛書成性的貴族祖安．史佛沙[12]的宅邸。當遍尋不到任何禁書時，他們盯上一個上鎖的箱子，在索取鑰匙遭拒後索性打破箱子：裡面的書本使得史佛沙被逐出教會，亦即剝奪其參加彌撒、聖禮和進天堂的機會：他將終其一生處於煉獄，滌清其罪行。威尼斯所有可疑的書籍均送抵羅馬，放入梵諦岡一個名叫「異端監牢與地獄」的地下室。修女們負責照顧這個奇特的罪惡圖書館，那段期間想必不乏偷覷者。

薩爾皮巧妙而果斷地對抗宗教裁判所。當他奉命在威尼斯天主堂燒毀所有《禁書目錄》裡面的書籍時，他設法在一家偏遠的教區教堂燃起一小堆火，燒了幾本書。當一紙教皇詔書以逐出教會來威脅書商和購書人時，他將詔書貼在幾間乏人造訪的教會，而沒有貼在聖馬可大教堂（St Mark's）。

當希臘學者教士馬克西莫斯[13]這位威尼斯居民因為支持異端印刷廠營運而被召往羅馬時，薩爾皮撰寫一篇有說服力的抗辯書，控訴此舉是對威尼斯主權的侵犯。毫不意外地，教皇儒略三世回應說馬克西莫斯不會受傷害，只是接受裁判所的訪談，這時薩爾皮也沒有改變立場。教皇的下一步行動，是指示接受最多信徒告解的神父教團，通報告解中所透露的任何不當閱讀行為。在薩爾皮的建議下，威尼斯總督驅逐了整個教團。

一名同時代的人士表示，薩爾皮「對書本交易抱持相當溫和的態度」：甚至當教皇要求每間書店的櫥窗在每個星期日都應展售聖經時，他亦表示抗議：威尼斯絕不會在安息日開門做生意——一個狡黠的謊言。一六〇七年，一名新任教皇保祿五世[14]，即伽利略的迫害者繼位，將薩爾皮逐出教會，並對威尼斯頒布禁行聖事令，不得舉行宗教儀式，甚至宗教喪禮儀式。隨後，他以八千克朗雇用殺手殺害那位五十九歲的神父：薩爾皮身受重傷，僥倖活命，刺客被打入監牢。保祿教皇再次下令暗殺，包括用匕首刺殺十五刀。躺在醫院時的薩爾皮還自嘲：這又是一個教皇把事情搞砸的例子。

這個故事最後以喜劇結尾：薩爾皮在修道院中一直活到七十三歲，至死捍衛威尼斯的自由，並夢想能移居倫敦，因為他聽說在倫敦可以購買任何書籍。他比保祿五世多活了一年，並得知開明的改革者額我略[15]繼任梵諦岡教皇。

薩爾皮贏得了書本的戰爭。如今，一尊精緻的雕像矗立在他第二次遭到暗殺的地點附近。雕像版的他，手中抱著一本書。

譯註

1 **St. John of God**，一四九五～一五五〇年。後來，他轉為西班牙的衛生保健工作者，其追隨者隨後成立了「上帝的聖若望」這家全球性的天主教宗教研究所，致力於照顧窮人、病人和精神病患。他已被天主教教會冊封為聖，並被認為是伊比利亞半島的主要宗教人物之一。

2 全名稱謂為**Friar Paolo Sarpi**，一五五二～一六二三年。威尼斯的歷史學家、高級教士、科學家、教規律師和政治家，在成功抵制羅馬教皇的禁令，以及與奧地利就烏斯科克海盜開戰期間，他一直代表威尼斯共和國活躍於那個時代。對天主教會及其學派傳統持批評態度。

3 **La Serenissima**，五世紀～一七九七年。以威尼斯的潟湖為中心的海上共和國。

4 **Nicholas Jenson**，約一四二〇～一四八〇年。法國雕刻師、開拓者、印刷商和字體設計師，大部分的工作都在義大利威尼斯進行。

5 全名為**Aldus Pius Manutius**，一四四九～一五一五年。威尼斯的人文主義學者和印刷商。創立了阿爾丁出版社，出版希臘文和拉丁文的古典著作。主要功績包括發明了義大利體、現代標點符號裡的分號，以及與當今普通平裝版圖書類似的裝幀方式。

6 **Allen Lane**，一九〇二～一九七〇年。英國出版商。他與兄弟在一九三五年創立了企鵝出版集團，為大眾市場帶來了高質量的平裝小說和非小說。

7 **Sophocles**，前四九六／四九七～四〇五／四〇六年。古希臘劇作家，是古希臘悲劇的代表人物之一，和埃斯庫羅斯、歐里庇得斯並稱古希臘三大悲劇詩人。

8 **Aesop**，約為公元前七世紀至六世紀，希臘作家，相傳為《伊索寓言》的作者，但也有一說難以確定是否真有其人。

9 全名為**Girolamo Savonarola**，一四五二～一四九八年。義大利道明會修士。從一四九四～一四九八年擔任佛羅倫斯的精神和世俗領袖，反對文藝復興藝術和哲學，焚燒藝術品和非宗教類書籍，毀滅認為不道德的奢侈品，以及嚴厲的講道著稱。

10 **Pope Julius III**，一四八七～一五五五年。一五五〇年二月七日當選羅馬主教，同年即位至一五五五年逝世為止。

11 **Roger Bacon**，一二一四～一二九四年。英國方濟會修士、哲學家和鍊金術士。學識淵博，著作涉及當時所知的各門知識，並對阿拉伯世界的科學進展十分熟悉。提倡經驗主義，主張透過實驗獲得知識。

12 **Zuan Sforza**，威尼斯名字為**Zuan Chabotto**，一四五〇～約一四九九年。義大利的航海家和探險家。於一四九七年受英格蘭國王亨利七世的委託出海，發現了北美洲。因而被認為是繼約一〇〇三年諾斯曼人萊夫·埃里克松登陸紐芬蘭島後，首位到達該地的歐洲人。不過，此段歷史還存在其他不同的觀點。

13 全名為**Maximos Margunios**，一五四九～一六〇二年。希臘文藝復興時期的人道主義，曾任威尼斯希臘學校老師。

14 **Paul V**，一五五二～一六二一年。一六〇五年五月十六日當選羅馬教宗，任期為一六〇五～一六二一年。

15 完整稱謂為**Gregory Gregorius PP. XV**，一五五四～一六二三年。一六二一年二月九日當選羅馬教宗，同年二月十四日即位，至一六二三年逝世為止，非常博學並富有改革精神。

圖12

第十二章 「組織化的亂象」：紐約的書店

不管任何事，都應該從個人立場開始思考。

——梅格・萊恩[1]，《電子情書》(*You've Got Mail*)

倫敦滿足，巴黎認命，紐約則總是充滿希望。

——桃樂絲・帕克[2]

我個人有關紐約的經驗，是一九八六年的流浪行，到處打地鋪，偶爾才奢華一次，在切爾西旅館（Chelsea Hotel）住宿一晚。

我發現那是一個友善的城市，正如湯瑪斯・伍爾夫[3]的名言，無論你在那裡待上五分鐘或五年，你都會有賓至如歸的感覺。甚至在地鐵臺階把我弄醒，跟我索取錢包的那群搶匪也不例外，一副友善的模樣；當我有氣無力——我不是早起型的人——把手探入口袋準備掏出錢包，他們見狀立即大吼著逃開：「媽的，他身上有槍！」

除此之外，我還記得那裡有美好的書店。湯瑪士・哈代說過，真正的莫里斯[4]舞者並沒有樂在其中的感覺，只有推廣該活動的人才會綻出笑顏。紐約書商也很嚴肅地在工作，宛如港內引水人，擔負著莫大的責任似的。

「『個人成長區』有個人一直在盯著妳看。」這是一九八九年的紐約，電影《當哈利遇上莎莉》（*When Harry Met Sally*）中，嘉莉・費雪[5]對梅格・萊恩所說的一句臺詞，嗣後引發出一段親密的際遇。對電影製作人而言，紐約書店是劇情突然轉折時的場景。紐約的機智一旦結合書本，就像硫磺和碳的結合，可以製造出火藥。

一九五七年：《甜姐兒》（*Funny Face*）。佛雷・亞斯坦[6]步入格林威治村（Greenwich Village）的胚胎概念書店（Embryo Concepts）。亞斯坦和他的團隊正在尋找一個幽暗的場景拍攝時裝照，他們跟書商奧黛麗・赫本[7]說她的店面很理想——「陰沉得動人」。赫本要他滾出去，還滔滔不絕地撻伐時裝業的剝削，亞斯坦則像個小矮人一樣輕鬆靠在一個矮書櫃上，一臉陶醉的模樣。

一九七七年：《安妮霍爾》（*Annie Hall*）。伍迪·艾倫和黛安·基頓[8]在書店的對手戲是很罕見的鏡頭，一場調情戲，話題聚焦在好死不如賴活。

一九八六年：《漢娜姊妹》（*Hannah and Her Sisters*）。在絢麗書店（Pageant Bookshop）內，芭芭拉·赫爾希[9]探詢已婚男子米高·肯恩[10]和她的共同愛好：「你喜歡卡拉瓦喬[11]嗎？」肯恩技巧回答：「是啊，誰不喜歡？」然後找到一本E·E·卡明斯[12]的詩集，成為他們兩人交流情感的管道。

一九九八年：《電子情書》。湯姆·漢克帶著孩子進入梅格·萊恩的書店。萊恩發現他是企業書商喬·福克斯（Joe Fox），心生厭惡：「這些孩子說不定是你租來的。」不過他們墜入愛河：結果書商間的連結比扞格還要多。在心底，福克斯是一個紐約的書商，正如下列他和父親的對話所顯示：

尼爾森·福克斯（Nelson Fox）：太好了。就留著那些西城的、自由派的、瘋子、偽知識分子……

喬·福克斯：讀者，老爸，那些人叫做讀者。

尼爾森·福克斯：別來這一套，兒子，不要把他們浪漫化了。

一九九九年：《鬼上門》（*The Ninth Gate*）。強尼・戴普的書商行業，在波蘭斯基[13]的魔鬼故事中成為真正可怕的——通往地獄之門。

二〇〇四年：《王牌冤家》（*Eternal Sunshine of the Spotless Mind*）。在倒敘的故事中，當然會有書店的場景。凱特・溫斯蕾對顧客所展現的活潑好鬥，不下於半個世紀前的奧黛麗・赫本。

> 太多男人認為我是一個概念，用我來成全他們，或使他們充滿活力。不過，我只是個一身麻煩的女人，只想尋求我自己內心的平靜；不要把我當成是你的。

不過在這些電影之前，還有一本已遭遺忘的小說：克里斯多福・莫勒[14]一九一九年的《鬧鬼的書店》（*The Haunted Bookshop*）。書中以布魯克林區一家書店為情節的關鍵。各種激進的概念在書店裡神出鬼沒，最後被一名德國間諜的炸彈炸毀。

紐約通行多種語言，意味著其書店容許各種結節、各種能量和各種改變存在。關於紐約充滿創意特質的解釋很多：有些會以紐約座落於五億年的岩石為證，那些岩石比西藏還要古老，像鯨魚般浮現在中央公園（Central Park）。《女傭變鳳凰》（*Maid in Manhattan*）一片中，參議員雷夫・范恩斯[15]便是坐在這岩石上沉思他的講稿。更有力的解釋是，紐約充斥來自各地的移民，尤其是歐洲的移民。

早在一八〇六年，旅人約翰．蘭伯特[16]便注意到紐約的書店「多不勝數」，很多人似乎會在咖啡館裡看書。還有兩個早期人物，一是莫札特的歌劇劇本作者伊曼紐．科內利亞諾[17]，經營一家專門性的義大利書店，藏書精簡，後來所有藏書均為哥倫比亞大學所收購。還有一位是蘇格蘭移民威廉．高萬斯[18]，他的書店堆滿書籍，高達十呎，有些地方還必須藉鯨油燈照明。在家裡，高萬斯和愛倫．坡共享一座樓梯，他覺得坡是個「紳士，很聰明」。

從一八八〇年起，低廉的輪船旅費和歐洲的集體屠殺，導致大量中歐和東歐人民湧入：在一八八〇到一九三〇年間便有多達兩百萬的移民。他們發展出獨有的紐約／歐洲智慧，其中最典型的，即為格魯喬．馬克思[19]。

整個紐約的書本販售情況，以及紐約本身的文化，都深受一個舉世最為卓越而不可思議的書本販售地區所影響，亦即以第四街為中心的書店街（Book Row）。一些有名的書店，諸如斯克里布納（Scribner's）和布倫塔諾（Brentano's）都在上城區，書店街可謂他們的上游業者，書本涵蓋的領域較廣，價格較低，包括比較髒汙的書，以及流通短暫的宣傳手冊與廉價書等，都是其他地方幾乎買不到的。比如其中有兩名書商：瓦夫羅維克（Wavrovic）雙胞胎兄弟，每日凌晨都會固定造訪一間救世軍[20]的倉庫，將捐贈物卡車內的捐助書本一起搬走。他們住在一艘駁船上，專門從事家庭清潔工作，並利用一間租金低廉的倉庫存貨，用卡車搬運書本販售到書店街。雖然有時會以過期食品維生，不過正如他們兄弟之一所說，大體而言：「我們拼命做，我們發大財。」書店街避免沒有意義的古本書和二手書的區分。書探——亦即書本搜尋者，藉著購買便宜書籍，高價轉賣給高級書店以賺取差價——經常會去書店街找書，攜往上城區販售牟利。

書店街還有其他代表意義——移民的抗拒心與包容性，以及源自中歐、對淵博學識憂傷的喜愛，一種反映於商店中的特殊心態。就像是華麗與汙痕書店（Flourish and Blotts）——《哈利波特》中那家凌亂的魔法書店——加上悲觀厭世的心態[21]。書店街建築有如迷宮，存放亞歷山大學派[22]的寶藏，提供可以媲美康尼島（Coney Island）旋風雲霄飛車（Cyclone）的心悸之旅。

在鼎盛時期，書店街區裡小小的六條街範圍便擁有四十三家書店，但是到一九八〇年代，全都逐漸消失，或像今日已有品牌標誌的斯特蘭德書店（Strand Bookstore）那樣外移。聽來令人黯然，但其實毋需如此：書本販售生態有如熵的增減——能量永不消失，只是改變表現的形式。就像一座大森林，樹木倒下，成為林地，其中幼苗再度成長。比如一九五〇～二〇〇〇約數十年間，巴諾書店是紐約綠蔭參天的西洋杉，其位於第五街的店面在一九七四年時甚至比福伊爾書店[23]還要大。不過時過境遷，該連鎖書店逐漸虧損：到二〇一八年時，一年虧損一千七百萬元，二〇一九年終由新東家接手。新東家著手拯救工作，將書店交給從一家獨立書店起家的詹姆斯．鄧特[24]經營。書店街如今仍殘留在紐約空氣中的，是一種獨特的書本銷售激情，以及若干非凡男女的故事。只要紐約存在一天，這種有關書本銷售的激情和魔力便會繼續流傳下去。

在第四街興起前的一八五〇年代，書商都聚集在南方兩哩處的安街（Ann Street），曼哈頓一條狹窄、鼠患嚴重的橫貫街道。低廉的租金和沉重的腳步聲——書商的夢想——吸引偉大的馬戲團老闆P・T・巴納姆[25]前來，開設他的「美國博物館」（American Museum），陳列各種怪異展品。

書商聚集地區改變，是因為一家德國皮貨商阿斯特家族（the Astors）的關係。一八五四年，約翰・雅各・阿斯特[26]在拉法葉街（Lafayette Street）開設一家圖書館，從此開發了一個包括第四街在內的新文化圈。那間圖書館不但免費——圖書館日後搬遷，演變為紐約公共圖書館——其特殊的德國建築造型也向歐洲移民傳遞一種家的訊息。到一八九〇年，紐約人口超過一百萬人（今日有八百多萬人），第四街鋪設了柏油，豎立了瓦斯街燈，從當年的安街脫胎換骨。

一八九三年，波蘭移民雅各・亞伯拉罕（Jacob Abraham）在第四街八十號開了家書店，其實，他在波蘭是位學者，而非商人。那棟建築現在還在，不過已成為裝潢商的油漆專賣店。雅各在一九三〇年代以八十幾歲高齡去世時，仍然在經營書店。他和許多書販一樣，對許多最好的書籍竟已絕版深感挫折，因此早在古騰堡計畫[27]之前，他便設有學術作品翻印服務，直到他去世後仍持續進行。亞伯拉罕的書店替書店街的風格定調，成為逛街族的天堂，日後也成為紐約惟一一處非裔美國人也受到歡迎的販書地區。

有一個故事可以表現亞伯拉罕的書店對逛書店者的寬鬆態度。第一次世界大戰時，聯邦調查局發現這家書店被一名德國間諜充作傳遞情報的地點。國會委員會就此盤問該店職員：「你難道沒有注意到同樣一個男人老是在書店後面鬼鬼祟祟的嗎？」沒有，那名職員赫爾曼・邁爾斯（Herman Meyers）回答，我們都讓顧客自己逛，不會干涉。

在同一條街更往前的六十九號，喬治・史密斯（George Smith）用六十三元展開他惡名昭彰卻大獲成功的珍本書籍交易。「惡名昭彰」是因為他是個奸商，在大西洋兩側都背負獨斷獨行和品德不良的罵名。我找不出他經營上有任何問題，只是在這行太招搖、太成功。他一身賭國大亨的打扮，搭乘勞斯萊斯出入拍賣場，而且爽朗地承認自己主要只看賽馬新聞。當一九一四年購得德文郡家族史料[28]時，他毫不掩飾自己對「英國人一片哀號」的欣喜。今日收藏豐富的杭庭頓圖書館（Huntington Library）也有很大一部分歸功於史密斯的狡黠，該館創辦人坦言，如果沒有史密斯，他是無法成就其事的。圖書館館藏中包括一本古騰堡聖經、莎士比亞的首版對開本，以及米爾頓和斯賓塞的初版作品。史密斯被譽為美國最偉大的書本交易商，一九二〇年心臟病過世之前，還在東區四十五街的時髦新店中擔任書商。

彼得・史丹默（Peter Stammer）號稱「第四街之王」，本人的經歷比他所賣任何一本小說的人物遭遇還要離奇。他一八六四年出生於俄羅斯，某次和某位他擔任其兒子家教的將軍起了爭執，削掉將軍的耳朵，因此被迫移民。一九〇〇年，他在第四街一間地下室開了一家書店，以自己的書本充當第一批存貨。待一九一九年，他已擁有一棟好幾層的建築，裡面塞滿了書本，包括放置於人行道的拍賣商品。那棟建築驕傲地掛名「百萬書籍之家」，他持續工作，直到一九四五年八十歲高齡。一名訪客回憶道：

> 那位老者坐在一個壺狀火爐旁看書（火爐上通常貼著幾片柳丁，是許多訪客的嗅覺記憶）。他盯著我，彷彿我是個偷書賊，然後大吼：「先生，需要幫忙嗎？」

一名書探曾形容他「古怪，而且嘴巴很壞」——如果跟他亂砍價，他或許會把價格提高一倍，或當你的面把書撕掉——不過還是值得打交道，就為了一探他的學識和收藏。

紐約的移民書商不但長壽——因為經常和人愉快聊天，內容有條有理——而且無須從工作退休。許多人擁有豐富綿長的工作生涯，從十幾歲起步，甚至如哈斯奇．格魯柏格（Haskell Gruberger），從七歲便開始工作。一個極端的例子是大衛．基爾申鮑姆（David Kirschenbaum）。一八九六年出生於波蘭，一九〇四年八歲時，就和父親用街頭推車賣書，到九十幾歲時還在賣書，從來沒有休息過一天。他經營幾家店面，不過書店街的建築是其中最大的一間，一棟四層樓的阿拉丁洞穴，裡面藏有十萬本書。

不過比起附近的舒爾特（Schulte）書店，它還是瞠乎其後。舒爾特書店建築於一九一七年，是美國最大的二手書書店，也是許多快樂挖寶的源泉，諸如一本T．S．艾略特的初版書只賣幾分錢，一封史考特．費茲傑羅的書信賣兩塊錢，一本《黛絲姑娘》（*Tess of the d'Urbervilles*）還曾掉出一封哈代埋怨自己文章被刪的信函。一九五〇年舒爾特先生過世後，由威爾弗雷德·裴斯基（Wilfred Pesky）接手，他對書店內五花八門的收藏另持一種負面反應。這些藏書挑戰他的秩序觀，於是他開始埋首記錄藏書的細節，其執著之處使得手下終於拒絕追隨他。裴斯基是個溫和的學者，為「美國古本書商協會」（American Association of Antiquarian Booksellers）的共同創始人，普遍受到作者和讀者的喜愛。他一九六六年過世，享年五十三歲。舒爾特書店一九八〇年代熄燈，由於販售過太多奇特商品，因此其歷史文件依舊保存在哥倫比亞大學。

道柏和派恩書店（Dauber and Pine）一九二三年由一名奧地利人和一名俄羅斯人偕手開張，業務分為兩部分：地面層的新書和地下層的連串房間，延伸到接鄰商店的地下層，名之為「地下墓穴」。這些房間有些沒有電力，必須靠手電筒引路，裡面全是價格不一的二手書。一名書商評論，賣書給那些可以買得起任何書的人很沒有意思，「真正的樂趣在於服務那些真正求書若渴的學子。」道柏自己也在「地下墓穴」挖掘出一本最爆冷門的書籍：一九二六年某一晚，他撞翻「一疊小冊子，已經積了好幾年灰塵……而且天曉得是打哪裡來的」，結果挖掘出一本最早的偵探故事，愛倫·坡的《莫爾格街凶殺案》（*Murders in the Rue Morgue*）初版。一名律師在跟妻子經過一番緊張的商議後，以兩萬五千元購得該書，老年後贈送給紐約公共圖書館。常年戴著一頂扁帽的內森·派恩（Nathan Pine），直到九十歲去世後，他的書店才在一九八二年收攤。

盧·柯恩（Lou Cohen）也是一個少年企業家，身為烘焙師的兒子，八歲起便在雨天撐傘協助從地鐵出來的通勤族穿行，賺取五分錢維生。一九二六年，他在第四街開設大商船書店（Argosy Books），顧客中包括幾位總統和幕僚，還有派蒂・史密斯[29]。這家書店至今仍在營業，由柯恩的三個女兒經營，她們大概一星期會接到三通開發商的電話，要求購入她們的建築。

身為書商的我，也是第一次聽聞神祕書籍主要出版商山繆・魏澤爾（Samuel Weiser），及其使用的古埃及十字架標誌。魏澤爾還擁有第四街另一專門領域書店，一座開設於一九二六年的魔術殿堂。聽說哈利・胡迪尼[30]死前曾造訪過這家書店；他的作品是該書店販售的若干珍品之一。

這類書店的專門收藏是書店街具有歷史價值的原因。不同書店專注的領域也各異其趣，諸如航空學、神學和戲劇史等。每家書店迷宮般的書城，也收納短期刊物，此舉使得新興起的書籍史學家牟利，他們熱切搜尋宣傳手冊和廉價書來初步證明過往人類具有閱讀習慣。大型圖書館經常忽略這種短期刊物，甚至從中剔除。史學家瑪姬・杜普雷斯特（Maggie Duprest）很幸運，曾在無意間向絢麗書店的席德・所羅門（Sid Solomon）提及她對「非正式的出版品」感興趣。「喔，」所羅門表示：「我閣樓裡有好幾噸那些東西。」當杜普雷斯特跟他來到閣樓時，發現所羅門所言不虛：真有好幾噸的短期刊物裝箱堆到天花板。另一名蒐集短期刊物的人是湯姆斯和埃龍（Thoms and Eron）書店的法蘭克・湯姆斯（Frank Thoms），在退休前，他將所有短期刊物收藏全部捐給了布魯克林圖書館。

沃爾特．高華德（Walter Goldwater）專注非裔美國歷史長達五十年，因此當他的書店關門時，他或許已擁有「全世界最多的黑人研究資料」。紐約大學以四萬七千元購入他的藏書。高華德的妻子愛蓮娜．洛文斯坦（Eleanor Lowenstein）在附近經營一家食譜書店，是一位世界級的專家，就該類書籍寫了一本全球目錄。在職業生涯中，她造訪過全球九十個國家，三百多家書店，搜尋食物和廚藝相關書籍。她過世之後，朋友們來到書店地下室，見到堆滿書的地窖：

> 地上積滿幾吋的水。光線惡劣。然後我們發現成箱書籍，全是美好而獨特的書籍。

加州大學購入她的珍藏。書商哈斯奇．格魯柏格七歲時，勸服父親以七十五元從一家倒閉的書店購入五千本書，從而建立一整套社會學藏書，待他的書店關門時，麥基爾大學（McGill University）向他購入五萬兩千本藏書。另有一位深受喜愛的專家是俄羅斯人里昂．克雷默（Leon Kramer，一八九〇～一九六二年）。一九一二年，他搭乘一輛小型輪船來到美國——因為太窮，無法搭乘「鐵達尼號」之類的客輪。起先他充當雜工，在中央公園下棋，直到進駐賣書的行業。他對社會主義和激進派歷史有深入了解，學術史中經常引用他的論述。在自己的書店中，他找到了全世界第一份意第緒語（Yiddish）報紙。在二〇年代西摩．海克（Seymour Hacker）年少時便開始賺錢，轉售鄰近布朗克斯區扔入桶內的印刷品。在他成年期間，販售藝術圖書的海克書店（Hacker's）成為傑克遜．波洛克和威廉．德．庫寧[31]等常客的朝聖之地。

囤積舊書違背「斷捨離」書籍的要旨，但這些書商是出於自保的心理。身為近代三教九流難民的後代，在其他人都無法做到的情況下，他們願意給那些雜七雜八的書本一個家。我在自己父親身上就能夠見到類似的行為：幼年失怙而遭棄養，由一名痛恨書本的潑婦收養。出於彌補的心態，他收藏了數千本書籍，使得我們家前面的牆壁為之龜裂，還有間房間只剩一個缺口可以通過。他的保護本能延伸到所有書籍，包括短期刊物，而且跟書店街一樣，他的遺產包括了許多深具價值的珍品，全是他從波多貝羅路搜刮而來的。

書店街的書商，主要是猶太移民，經營著混亂的雜書商場，其中按字母排序並非常態，無法分類的短期刊物也受到歡迎。報紙《鄉村之聲》（*Village Voice*）的一名記者追述高華德（Goldwater's）書店的氛圍：「儘管看起來雜亂無章，」他寫道，但有種「組織化的亂象」正是該店的「核心與靈魂」。

杜威和舒爾特夫[32]既是最權威的書籍分類系統的先驅，也是兩位名氣最大、最活躍的反猶人士，對移民持強力反對立場。

在惡劣的時代，書籍的分類也可以成為人的分類。其實菜園裡的繁雜可以造就健康的生態環境。移民增添了歷史的多樣性；極具諷刺地，書店街移民為美國文化遺產所做的貢獻反而超過了杜威。「組織化的亂象」反映出我們的思考方式，比十進分類系統更能導引我們漫遊書本的領域。我每天在我的店裡可以見到人們追求意外之喜的機會，瞄瞄運書車，或退回出版社的成堆書籍，甚至其他顧客的訂書單，尋求時間和機會的奇妙交集。簡言之，我們都喜愛令人驚喜、如冥冥中命運安排的交易。在紐約，書店裡棲居一個古老、信仰猶太基督教、心思複雜的靈魂；而遵循教條的清教徒後裔則住在杜威分類法和全景的國會圖書館。

一名來自沙俄（Tsarist Russia）的猶太裔難民的故事可以顯示紐約書商不拘一格的亂象有何意義。澤維·杭士基（Ze'ev Chomsky）在一九一三年抵達紐約，不會說英文，但他兒子諾姆（Noam）卻成為紐約客，能言善辯，經常對政治現況提出挑戰。一名紐約歷史學家堅稱，杭士基不是一般學術界人士，而是「倚賴第四街書店提供的學術性和激進性文獻，滋潤他的人生」。

書店街對顧客反覆無常的服務態度，迄今亦不失其神奇。其態度結合粗魯與和善，其間不乏真誠，不過比較值得報導的是他們的粗魯。除了上述所提及種種不快經歷，顧客們還記得亞伯·格芬（「一個令人不快的矮個子」）和席德·所羅門（「老是板著面孔，說話挑釁」）、珍妮·拉賓諾維茨（Jenny Rubinowitz）（「像三吋長的釘子一樣強悍……如果跟她要求打折……會氣得發狂」）。有個特別奇特的顧客服務故事是關於珍妮的丈夫喬治的。比爾·溫斯坦（Bill Weinstein）幾年來一直詢問是否有喬治·坤斯（George Kunz）（我也從來沒有聽說過這個人）寫的東西。一九五〇年拉賓諾維茨先生要他跟一名職員下樓，自己去一連串地下室房間找。那些房間有的只有光禿的燈泡，有些一片黑暗，但全都裝滿了書，包括一整箱沾滿灰塵的坤斯的作品。溫斯坦回樓上付款買下整箱書時，雙方對話可以告訴我們很多有關當時書店街的氛圍，下列對話內容是溫斯坦日後接受訪問時的逐字紀錄。

溫斯坦：「拉賓諾維茨先生，我喜歡你，你似乎是個好人。我很好奇，你擁有這些我一直找的書，究竟多久了？」

拉賓諾維茨：「喔，大概十年了。」

溫斯坦：「那你為什麼從來沒有告訴我你有這些書？」

拉賓諾維茨：「這裡沒有人可以帶你到下面去。我已經不去樓下了。」

溫斯坦：「你為什麼不讓我自己下去？」

拉賓諾維茨：「喔，我知道你還會再回來的。」

另一名顧客回憶愛蓮娜·洛文斯坦對顧客選擇性的服務態度。其情景令人回想起鮑嘉在《北非諜影》（*Casablanca*）一片中，坐在銳克咖啡館（Rick's Café）中頷首應允的模樣：

你走到那裡，可以透過鎖上的門見到她坐在書桌前的樣子。如果你通過她的審查，她就讓你進去；否則，她根本不理你，繼續做她的事。

為何會有這些執拗的事？這些書商似乎反而不多加促銷。不過這只是因為他們自視為具有靈性的學者，正如克里族[33]的長老，將部族的故事都記在腦中。這個概念出現在麥可．安迪[34]的《說不完的故事》（*Neverending Story*），其中的書店老闆，把書送到特定的人手中，他們才能進入「幻想國」。

正如絢麗書店的共同創始人奇普．查菲茨（Chip Chafetz）所承認的：「書店街書商的滿足來自於分享美國的學識，而非專注於買賣。」這句話似乎不符商業性質，但是卻和市集交易的彈性息息相關，而對書本缺乏長期追蹤的熱情，便無法產生這種感情。時不時會有某家商店擺出「每本書二十五分！」的牌子，而另一家書店則定期將所有價格砍掉一半，以出清存貨。書店街的折扣牌子絕對不會像一些惱人的連鎖書店，在牌子上用星號和小型字體加註「僅限特定商品」，他們也不會使用同樣惱人的「最高五折」的用語。如果一本書一個星期賣不出去便開始砍價——可以想見其庫存之新鮮。他們會在人行道上放置成箱或滿桌的廉價書，甚至在一九四一年警察通知他們不准如此之後，依然故我。他們也遠比連鎖書店還早將營業時間延伸到晚上。有兩個偉大的愛書人喜歡深夜散步逛書店，尤其喜歡具這項特色的第四街：湯姆．伍爾夫和里昂．托洛斯基[35]。而不出所料，書店街的書商吸引了許許多多的作家：比如凱魯亞克和金斯堡[36]，洛威爾[37]和佛洛斯特，桑頓．懷爾德[38]和埃德娜．聖文森特．米萊[39]便是其中的常客。

有人詢問第四街一名老書商，他們是如何熬過經濟大蕭條和兩次世界大戰，他簡單回答：「我們的太太有工作。」大部分書店都是家族事業，而且是那種不分晝夜的家庭，幾乎將書店老闆的兒子卡夫卡逼瘋。這些家庭也可以是後來建立的：珍妮・拉賓諾維茨受雇於書店工作，書店老闆瞥見她在親吻一本《仲夏夜之夢》，最終成就良緣。

有家從第四街起家，現在成為紐約最負盛名的書店，那就是百老匯的斯特蘭德書店，為美國最受喜愛的書店之一，員工多達兩百名，今日仍由南茜・貝斯（Nancy Bass）經營，是創始者立陶宛猶太人班傑明・貝斯（Benjamin Bass）的後人。該書店有如巴黎的莎士比亞書店，已經成為觀光景點。不過根據班傑明兒子佛雷・貝斯（Fred Bass）一九九八年的評論，該店仍具有書店街尋寶的特質：「我每次把店裡清理得太乾淨，業績就會下滑。」

紐約市擁有太多地標型的書店，比如酷炫、自信的麥克納利・傑克森書店（McNally Jackson），融洽、愉悅的三生書店（Three Lives），以及顯然永恆不朽，創建於一九七六年的角落書店（Corner Bookstore）。艾拉巴斯特書店（Alabaster Books）約一九九六年時經營得很好，是一八九三年從書店街起家的。你可能可以想像出某些城市沒有自己書店的模樣，但那絕對不會是紐約。

譯註

1 Meg Ryan，一九六一年～。美國女演員。擅長演繹浪漫喜劇。

2 Dorothy Parker，一八九三～一九六七年。美國詩人、作家、評論家和諷刺作家。

3 全名為Thomas Clayton Wolfe，一九〇〇～一九三八年。美國小說家。以敏感、複雜和超分析的觀點在作品中生動地反映美國文化和當代的習俗。

4 Morris，一種通常伴隨著音樂的英格蘭民俗舞蹈。

5 Carrie Fisher，一九五六～二〇一六年。美國女演員、小說家、劇作家及表演藝術家。最出名的演出是在《星際大戰》系列電影中飾演莉亞公主。

6 Fred Astaire，一八九九～一九八七年。美國電影演員、舞者、舞臺劇演員、編舞家與歌手。在舞臺與大銀幕上的演出生涯長達七十六年，在這段期間內，他參與了三十一部歌舞劇的演出。

7 Audrey Hepburn，一九二九～一九九三年。出生於比利時布魯塞爾，是英國與美國好萊塢知名女演員。

8 Diane Keaton，一九四六年～。美國女演員、導演和製作人。

9 Barbara Hershey，一九四八年～。美國女演員。

10 Michael Caine，一九三三年～。英國男演員。

11 全名為Michelangelo Merisi da Caravaggio，一五七一～一六一〇年。義大利畫家。通常被認為屬於巴洛克畫派，對巴洛克畫派的形成有重要影響。

12 全名為Edward Estlin Cummings，一般習稱E. E. Cummings，一八九四～一九六二年。美國著名詩人、畫家、評論家、作家和劇作家，被認為是二十世紀詩歌的一個著名代言人，且甚受大眾歡迎。

13 全名為Roman Polanski，一九三三年～。法籍猶太裔導演、編劇和演員。

14 Christopher Morley，一八九〇～一九五七年。美國新聞記者、小說家、散文家和詩人，他還製作了數年的舞臺作品。

15 Ralph Fiennes，一九六二年～。英國男演員。

16 John Lambert，大約生於一七七五年。卒年不詳，英國畫家、遊人及作家。

17 Emanuele Conegliano，一七四九～一八三八年。義大利裔美國人，十八及十九世紀著名歌劇填詞家和詩人。移民美國之前，曾在歐洲和作曲家莫札特合作完成三部義大利語歌劇而著名。

18 William Gowans，一八〇三～一八七〇年。紐約市著名的古籍書商。

19 全名為Julius Henry "Groucho" Marx，慣稱Groucho Marx，一八九〇～一九七七年。美國的喜劇演員與電影明星，以機智問答及比喻聞名，也擔任廣播及電視節目的主持人。

20 Salvation Army，一八六五年在英國倫敦成立，是以軍隊形式作為其架構和行政方針的國際性宗教及慈善公益組織。

21 Weltschmerz，為德國作家讓・保羅在其一八二七年的小說《塞利娜》中創造的一個術語。在格林兄弟的《德語辭典》中，它的原意是對世界的不足或不完美表示深深的悲傷。

22 Alexandrian，指希臘化時代與羅馬帝國時期發展的文學、哲學、醫學、科學等。

23 Foyles Bookstore，英國最古老的書店之一，曾名列金氏世界紀錄中世界最大的書店，總面積超過一千坪，加上地下樓層共有八層樓，包含藝廊、展演廳與咖啡廳等，書店內不同的書款共超過二十萬本。

24 James Daunt，一九六三年～。英國商人，但特連鎖書店創始人。

25 全名為Phineas Taylor Barnum，慣稱P. T. Barnum，一八一〇～一八九一年。美國馬戲團經紀人兼演出者。

26 John Jacob Astor，一七六三～一八四八年。德裔美國商人和投資者。身為阿斯特家族首位傑出成員，既是美國第一批百萬富翁之一，也是美國第一個托拉斯的創始人。

27 Gutenberg Project，肇始於一九七一年。由志工參與，致力將文化作品數位化和歸檔，並鼓勵創作和發行電子書，是最早的數位圖書館。

28 Devonshire Family collection，藏書內容廣泛，包括德文郡公爵和公爵夫人，卡文迪許家族其他成員以及相關個人的通訊、日記、財經論文、期刊、筆記本和政治論文。

29 Patti Smith，一九四六年～。美國詞曲作者和詩人。

30 Harry Houdini，一八七四～一九二六年。史上最偉大魔術師、脫逃術師及特技表演者，出生於匈牙利，後移民美國。

31 Willem de Kooning，一九〇四～一九九七年。美國抽象表現主義的藝術家，在後二戰時期表現了抽象表現主義或行動繪畫的風格，後來被稱為紐約學派的一部分。

32 全名為Nathaniel Bradstreet Shurtleff，一九二〇～二〇〇七年。為一九七〇和八〇年代百老匯演出的主要力量。還寫了《試鏡》這本描述演員試演過程的書，並寫了許多獨幕劇和長劇。

33 Cree，北美原住民族之一。

34 Michael Ende，一九二九～一九九五年。德國奇幻小說和兒童文學作家，以《說不完的故事》聞名於世。

35 Leon Trotsky，一八七九～一九四〇年。蘇俄革命家、軍事家、政治理論家和作家。布爾什維克主要領導人、十月革命指揮者、蘇聯紅軍締造者和第四國際精神領袖。

36 全名為Irwin Allen Ginsberg，一九二六～一九九七年。美國作家和詩人，由於他對藥物、性與多元文化主義的看法，對官僚主義的反對，以及對東方宗教的開放態度，而被視作「垮掉派」的靈魂人物。

37 全名為Robert Traill Spence Lowell IV，美國詩人，一九一七～一九七七年。出生於波士頓精英家族，其起源可以追溯到五月花號。無論過去還是現在，他的家庭都是他詩歌中的重要主題。

38 Thornton Wilder，一八九七～一九七五年。美國小說家和劇作家，是唯一以小說和戲劇獲得雙普立茲獎的人。

39 Edna St. Vincent Millay，一八九二～一九五〇年。美國抒情詩人和劇作家。同時令她廣為人知的還有其放蕩不羈、波希米亞式生活，以及許多她與男女皆有的感情事。散文都以Nancy Boyd為筆名發表。

圖13

第十三章　書店

萊瑟姆的不確定性原理：書店中的機緣巧合

我們都曾經歷過這種事。社交場合中，話題奔馳在老舊的軌道上，通常是一則新聞、電視或孩子等話題。大夥兒提出的意見或聽過即忘，或則只是重複轉述。梅洛（Merlot）紅酒在主人授意下登場。在市郊一場晚宴中，我姊妹在絕望中失聲尖叫，注視著架子頂層，「那個盒子裡裝的是什麼？」約翰．吉爾古德[1]在談話陷入低潮時則會問一句：「你們有誰最近接到色情電話嗎？」避免低潮最出名的人物是「談話王」沙普[2]，這名謙虛的製帽匠很會講故事，擅長給人好感，成為很著名的社交達人，經常成為博斯韋爾和伯克的座上賓。

「所有的進步都取決於不可理喻的人。」蕭伯納有此一說。在歷史的不同時代，譴責奴隸制度、支持普選權或責難鞭刑都是不可理喻的。所有擺脫這些觀點的進步，都是因為在不可理喻的情況下，執意揭發不合理的現狀。以此推論，我們所有人現行支持的某些觀點，也會被未來世代認為是可笑的陳腐觀念。我們該如何脫離這些思想的老路呢？不可能完全倚賴某一大學科系或智庫醞釀出什麼偉大的思想。事實上，這些制式的觀念反而較不可能改變既有模式，而一家書店，只要以開放的心態經營，便會孕育出獨特的理念，挑戰讓我們思想僵化、心智渾沌的標準化思維。

「你們宇宙學書籍放在哪裡？」二〇〇六年一名讀者來我書店詢問。我先是有點心煩——宇宙學是什麼玩意？——然後開始覺得很好，居然有人會到一家商店研究有關宇宙的知識。

再者，除了透過書本，還有一種方式可以讓人有更宇宙性的發現——無意中撞見。根據海森堡不確定性原理（Heinsberg's Uncertainty Principle），物體的位置和動量是不可能同時確定的，因為每件物體既是粒子，也是波。我現在亦提出萊瑟姆不確定性原理，在進入一家書店時，你不能同時知道你是誰，以及你將來也許會變成誰，因為你既有回憶，也具備直覺。

當你漫無目的地在書本間閒逛時，奇怪的事會發生在你身上：你會失去你自己，會開始卸除你的身分。希臘人稱之為自我排空（kenōsis），一種放空自我，以迎接神識的進駐。如果我們是在從事一連串的演出，那整個世界就只是一個舞臺，逛書店便是在內心中回到後臺之舉。意外的發現會讓我們的心境獲得自由，靈魂獲得解脫，不斷轉動的心智會沉澱下來。突然間，工程師注視著一本詩集，詩人閱讀物理學，學者記起每年舉辦的尾牙，會計師撞見了馮內果。

一九九〇年在坎特貝里開設了一家新的水石書店的我，在廚房桌面上鑽研一個月的出版商目錄後，訂購了三萬五千本書。自認萬事俱備，不料提姆．沃特司通來訪，說了一句：「嗯，還差一點……還缺少那種阿拉丁洞穴的感覺。」這則比喻很有趣，暗示在書堆中，人們或許會發現一盞神燈，即某種意料之外的東西。正如犯罪作家勞麗．金[3]言及她一九六六還是學生時，踏入加州聖塔克魯茲書店（Santa Cruz Bookstore）的情形：

吱嘎作聲的木板地，散置的老舊扶椅，上面總坐滿了人……我懷疑地下室是否藏有魔法師，或某些鍊金術士。

啊，書店地下室。我的坎特貝里水石書店地下室隔絕掉所有噪音，有點不受時間影響的感覺。在歷史類圖書旁的玻璃後方，可以見到一處羅馬浴室地板遺跡。有一次，一位阿拉巴馬州來的非裔美籍老先生要我帶他參觀地下室。我們倆瀏覽歷史類書籍。波斯帝國和馬拉松、凱撒[4]並排而坐，附近是西臺族[5]，還有一本關於克麗奧佩脫拉的書。當我繼續介紹時，一種奇特的感覺油然而生。我體會到羅馬時期的真實感，感受到羅馬士兵威武前行。我查看一下對方：他是否也有這種突然掉入另一時空的感覺？「我感覺到了，孩子，繼續講吧——對了，我只是來買本該死的同義字辭典的。」

戴夫．埃格斯[6]也考慮到建築本身的魔力。他最喜歡的書店是加州的綠蘋果（Green Apple），架上圖書附有數千張店員親筆寫的推薦卡，但「即使沒有這些，該建築對店內每樣事物都會投射出一種神奇的光澤」，或許出於其歷史的「心理創傷」，包括兩次地震；也或者，「一家書店如果恰如其圖書——作者或語言非正統而奇特——它便會令人感覺適當而美好，你也會在那裡買東西。」

恰當的書籍會有一種永無止境的感覺，恰當的書店也是一樣，書架會消失在一處幽暗、理想中的境界，而這境界正如普萊契所述，彷彿出自巨匠「M．C．艾雪的設計」。這種書店似乎是必然的存在，像巨石陣那種特定的地點，維繫所有的魔法和神祕——而且不是人工創造出的浪漫：我所陳述的是我在顧客眼中所見，從他們的感嘆中所聞。他們最先受到的衝擊經常是嗅覺性的。有很多、很多次，我見到顧客進入店中，停下腳步，刻意從嘴中把氣吐出，然後用鼻子吸氣，閉上眼睛，說句類似——我且直接引用最近一名顧客的話——「對了，就是這個味道。」我們是習於閱讀的國家，享有數十年的和平，很容易把書店視為理所當然的存在。昨天，一名年輕金髮女子，穿著厚重的大衣，捧著一疊《福爾摩斯》和各種古典作品。她像是英國人，我想應該是當地學生，只是很奇怪她並沒有像我預想的，購買各種套裝書和另類小說。她把書放在櫃檯的姿態很不尋常，就像聖餐禮後，祭司把聖餐杯放在祭壇上的模樣。付帳時，她突然敞開手臂環指書店，對自己的拙劣英語感覺有點不好意思地說：「你的店——我是喬治亞人。你知道喬治亞在哪裡嗎？你知道那裡的情形嗎？我想你不會了解……一間像這樣的店。」我們兩人幾乎靠心意溝通，因為她無法以言詞確切表達。

維吉尼亞．吳爾芙喜歡在倫敦的冬天傍晚散步，放空自己：「我們卸下朋友所認識的自己……靈魂分泌以自我保護的外殼也為之碎裂。」對吳爾芙而言，退回一個有如液態，鰻魚般的自我，是開始探索新書最佳的方式：

前面，正巧都是二手書店。歷經街面的繁華和悲慘後，我們可以在這些狂野而無所歸屬的書本間平衡自己……在其各式各樣的隨興陪伴中，我也許會和某個完全陌生的書本擦肩而過，如果幸運，它會成為我們在這世間最好的朋友。當我們被其邋遢、遺棄的外表所吸引，伸手從上方書架取下一本灰白的書本時，總會浮起一絲希望，在這裡遇見一位新的朋友。（《街頭探幽》〔*Street Haunting*〕）

在那種開放的心態下，確實可以找到一些改變生命，敞開心扉的書本，因為我們不都覺得自己還有其他尚未開發的層面嗎？眾所周知，葛麗泰．嘉寶[7]老是堅持她想一個人待著，但是真正的她，正如她晚年坦承，只是「厭倦身為嘉寶」。正如我一向主張書店是最能放鬆身分桎梏的地方，根據紐約里佐利書店（Rizzoli's）書商安東尼奧．希梅內斯（Antonio Ximenez）表示，嘉寶「會花好幾鐘頭」逛書店，「除了我們以外，沒有人知道她在店內」。

加州柏克萊的驚豔書店（Serendipity Books），四十年來一直以無目標性為經營原則。好幾層樓的書店，隨意展示著一百萬冊書。其以直率聞名的老闆彼得．霍華德（Peter Howard）有一次跟顧客說：「如果你只想找哪本書，可以去圖書館。」當那家店二〇〇二年關門時，邦瀚斯拍賣行[8]舉辦六次書籍拍賣會。當我聽說他們除了其他文學珍品外，還找到一支傑克．倫敦的矛時，實在忍俊不禁——不過隨即想起來，在我的書店裡，只有我知道哪裡有一個一八七〇年代祖魯族用羚羊皮製作的盾。

還有其他隨意展售的書店，它們會永遠存在，因為人們有此需要，這種需求可以從我書店裡的顧客中展現出來，他們喜歡在桌子底下翻找，或翻看清倉拍賣的箱子，尋找陌生的名字，尋找另一個自己。荷蘭作家塞斯．諾特博姆（Cees Nooteboom）一九九一年漫遊西班牙時，便感受到這種需求。

在每個省會，我都會發現至少一家無名的小書店，一個藏有奇特版本的寶庫。那些書很少有機會運出當地或所在省分，多半都是當地出版品，作者都是我不認識的，書裡充滿令人神往的訊息，還有當地歷史，或我從未聽聞的詩人的詩作，以及沒沒無聞的食譜（他發現若干烤蜥蜴，以及以「僧侶的烹調方式」製作的蜂蜜乾煎鱈魚食譜）。狹小擁擠的書店，我伸手去拿一本書時，不慎把一疊書撞翻了，書店老闆銳利的眼光一直追隨著我——這個看來古怪，顯然是個外國人的訪客，在眾人忽略的書堆猛翻。（《通往聖地牙哥之路》〔*Roads to Santiago*〕，一九九七年）

這種意外的發現可以變成具有安撫性的物品。許多讀者都有一本古老的安撫之書，由早已不復存在的出版商發行，在早已關門的印刷廠印製，書內獻詞出自早成枯骨的手。該書沒有當代一大堆牽扯，沒有現存知名人物疾言厲色的書評。我特別珍惜一本赭色布面精裝書，《提示與謝幕》（*Cues and Curtain Calls*），作者錢斯·牛頓[9]，一位狄更斯型的劇評家，對同代早已被人遺忘的明星頌揚備至，筆調親切。讀者幾乎可以從這位倫敦後街出版商的作品中，嗅到化妝的油彩味。這類書籍溫馨地提醒我們，聲譽多半如泡沫。在今日由商業宣傳主導的世界，自己是世上唯一閱讀某種獨特書籍的人，這種感覺很好。

多倫多一家名叫猴掌的書店（The Monkey's Paw），使用一種機械化裝置，販書機（Biblio-Mat），讓人感受挖到寶的驚豔感。那是一種酷狗寶貝[10]風格的自動販賣機，由滑板軸承和升級改造的機器零件製造而成。只要兩元，便可購得一本隨機掉出的書籍。「這！真是！聰明！」瑪格麗特．愛特伍如此讚嘆；尼爾曼．蓋曼則簡單說了一句：「我想我戀愛了。」在販書機出現前的一九九二年，我在坎特貝里水石書店靠近前門處設置一大片名為「驚豔」的區塊。沒有任何規則系統指示那裡展售哪些書籍，全是庫存中無所歸屬的孤鳥和怪胎棲息之處。有些書看起來很奇特，有些則只是無趣而已，不過只要遇到對的人，它們就都具有特別的力量。後來，我們在這一區賣掉講述動物標本剝製術的《標本製作甘苦談》（*Much Ado about Stuffing*）和《中國鼻煙盒》（*Chinese Snuff Boxes*）。本著同樣的概念，我發現，雖然我無法在科幻小說區或星際爭霸戰區售出《克林貢字典》，但是把它放在字典區的日文和韓文之間，卻不斷有業績。

閒逛並非能夠立竿見影，卻仍頗有成效，正如行為經濟學家麥爾坎．葛拉威爾[11]所堅持的：

> 雖然我必須在網路漫遊……我還是會定期在書架前瀏覽，因為概念的形成就像書架上陳列的書：比較有主題，也比較隨機。

概念的形成不但來自線性思考，也靠神經細胞透過電脈衝傳遞訊息，而所有神經細胞均充斥著各種隨機的訊息。為了從其間存取訊息，福爾摩斯會一直坐著，猛抽煙斗。我獨創了一個表示輕蔑的偽意第緒名詞「古歌－源歌」（Google-Schmoogle），不過這的確是一個普遍現象：人們毫不考慮的利用谷歌尋求答案，使得谷歌儼然成為一九六七年星際爭霸戰影集中的偽上帝瓦爾（Vaal）。你會採用一座電腦的建議，突破布雷克所稱的「心靈塑造的手銬」（譯註：即自我設定的桎梏）嗎？不行吧。電腦的建議是基於一套規則系統，是假定你的頭腦具有一部老舊ＩＢＭ個人電腦的潛質。即使最新的規則系統，也是經過刪減、抑制，而且奠基於過去的版本。

我有一次在查塔姆造船廠[12]圍繞一艘帆船參觀，那天晚上，我夢到我的書店就是那艘船，雖然是商業性的，但無法否認也是浪漫的。根據導覽手冊，那艘一八七八年出廠的船隻使用蒸汽引擎，但是海風可以讓她航行得更快。海風就是偶發性令人驚豔的力量，比起搜尋的規則系統，同樣讓書店前行得更快也更美。在書店裡，我們都是心靈水手。

書商的故事，從倫敦到坎特貝里

「每件事的開始，都在從姆霍沃（Mhow）到阿吉米爾（Ajmir）的火車上。」這是吉卜林一篇故事的起頭，顯示生命中許多有意義的時刻都發生在不經意之間。當我們一心從甲地到乙地時，其實我們已穿過一座座橋梁，或正進入一個無形的入口。且讓我敘述我的一切是如何從一九八六年開始的。當時的我，騎著單車從倫敦巴特錫一間公寓前往各個兼差的歷史講師工作，按照實際教學時間支薪；準備教材或批改論文都無償。當時我妻子是個工作辛苦的語言治療師，我實在是需要一份全職工作。那天騎在切爾西區國王路（King's Road）時，我見到一家新書店，斯萊尼和麥凱（Slaney and Mckay），正在雇用職員。

莎莉・斯萊尼（Sally Slaney）以前在柯林斯出版公司（Collins Publishers）任職，萊絲莉・麥凱（Lesley Mackay）則已在澳洲雪梨經營了一家最好的書店。在簡短面試後，她們接納了我：我就這麼因緣際會的擁有一份職業。她們另外雇用了露絲・哈登（Ruth Hadden）為經理，她是個滿口髒話的利物浦人，年紀輕，一頭電影《閃舞》（*Flashdance*）裡的髮型，環繞頭部，有如阿茲特克文化的某種頭飾。很多早上，她都是兩腳痠痛地來上班，因為前一晚在倫敦俱樂部盡興跳舞所致。我從沒有遇見過像她那樣活得淋漓盡致的人，不過跳舞歸跳舞，她會突然充滿熱情地跟我聊起正事，比如傅華薩[13]的中古大事記——她有多麼喜歡，當一名顧客進來詢及傅華薩時，她「得意得要死」，只是很多人將「傅華薩大事記」稱之為「可頌大事記」（Croissant's Chronicles）。她經常哈哈大笑，是那種圓潤、邪惡的笑聲，讓我感覺她其實很嚴肅看待生命，乃至於不把生命看得太嚴肅。她也許是低薪的書店經理，但她似乎是自己生命的女王，快樂地嫁給黝黑英俊的倫敦東區佬艾佛。

她原本在另一家由兩名女子營運的卓越書店工作，亦即柯列書店（Collets），原位於查令十字路（Charing Cross Road），如今已遭人遺忘。露絲的獨立精神，吸取了該書店反叛的習性，以及將書店視為改變跳板的見地。伊娃．柯列[14]和奧麗弗．帕森[15]，兩位終生不渝的共產黨支持者，在靠近福伊爾書店開設了一家大型書店，展售共產主義和激進派作品，來自東歐集團的期刊，以及領潮流之先的世界音樂。聽說讀者可以在那裡買到世界各地任何有關解放運動的書籍和期刊。不過英國安全局的看法比較負面，認定柯列書局不只是一個思想自由的書店，所以會私下竊聽伊娃的電話，偷看她的郵件。

伊娃．柯列的熱情在見到戰時工廠的情況後更加激烈，在勞工研究部工作後更加見多識廣，而在三十一歲決定在倫敦大學學院攻讀哲學學位（她得到第一名）後，她的激情也更加深切。柯列書店在靠近倫敦大英博物館附近還孕育了一家中國書店，分店遍及曼徹斯特和紐約。

柯列書店特立獨行的氛圍，可從雷伊．史密斯[16]的事例窺得一二。他負責經營音樂部門（後來該部門成為福伊爾書店內的雷伊爵士商店〔Ray's Jazz Store〕），當時以空氣槍擊毀旋律公司[17]的黑膠唱片為樂，顯示他對蘇聯國家音樂標誌的輕蔑。

露絲．哈登在利物浦社區意識和柯列激進主義的薰陶下，獲聘斯萊尼和麥凱書店可謂神來之筆。儘管位於豪華地段，當時的切爾西正處變化劇烈之際。街道上端有薇薇安．魏斯伍德[18]的商店，盧西安．佛洛伊德[19]和法蘭西斯．培根在藝術領域正處於巔峰，來自全世界的龐克族徘徊在切爾西藥妝店之外，這家店因為滾石樂團的〈你不能總能得到你所想要的〉（*You Can't Always Get What You Want*）一曲而聞名。

露絲放棄所有傳統書店圖書分類的概念，將大部分底樓皆轉變為一個流暢而銜接新思想、藝術、時尚和音樂的空間。菲爾．安德羅斯[20]的進口同性戀小說格外暢銷；旁邊展售著女性出版社（Women's Press）的書籍，當時以愛麗絲．華克[21]的作品打響名號。蘿絲在後方窗戶上架設了一個八呎長五呎寬的黑色招牌，將這一新的地區定名「時尚與兩性」，使用的是性手槍樂團最有名的唱片封套的字體。莎莉．斯萊尼和萊絲莉．麥凱開始懷疑她們招來了什麼怪獸。

切爾西則無此疑慮。法蘭西斯．培根是常客，購買藝術品和倍樂果（Andros）軟糖，店內全充斥了他鼻音濃厚的獨特聲音，打扮時尚有如大亨，戴瑞克．傑寇比[22]在傳記電影《情迷畫色》（*Love Is the Devil*）一片中大致捕捉到培根的全貌。他的聲音奇特地宏亮，我可以聽到他在一樓的聲音，直到他消失在地下室。一個夏天的早上，培根遇見了另一名常客，安東尼．霍普金斯。兩人相談甚久，一位是未來的漢尼拔．萊克特[23]，一位是《尖叫的教皇》（*The Screaming Pope*）系列的畫師。兩位藝術家，套句培根的名言，「開啟了感情的活門」。我也和霍普金斯聊過，話題圍繞在今日所謂的新紀元運動[24]的東西。他那時常藉酒澆愁，因為當時一般人均視演藝圈為俗麗浮華的領域，充斥著膚淺無趣的人。

莎莉．斯萊尼總是知道讀者應該買哪些小說——我最近打電話給她，發現她依然貪婪地吸收新知——因此後來成為瓊．普洛賴特[25]的私人購物顧問，也讓普洛賴特的丈夫，勞倫斯．奧立佛[26]臥病時能舒服地閱讀。基於她對小說的熱情，書店主辦了一次朱利安．巴恩斯[27]

的新書發表會，也基於她對藝術書籍的熱情，米克・傑格經常光臨書店，還可見到約翰・辛格・薩金特[28]，以及前拉斐爾派[29]成員的身影。

退休演員邁克爾・霍登[30]在相守四十年的妻子夏娃去世後，前來書店學習烹飪。莎莉建議他購買迪莉婭・史密斯[31]的《獨炊樂》（*One Is Fun*）。當我幫他把書裝進書袋時，他略微哽咽地說：「其實一個人並不快樂。」

艾倫・傑伊・勒納[32]的悲哀是，儘管我一再查閱微縮膠片（五吋長，四吋寬的迷你底片，裡面列有所有出版書籍的資料，讓我們可以像欣賞假日拍攝的幻燈片一樣，在一個大部分顧客稱之為「電腦」的機器上瀏覽，不過那其實只是一個電腦螢幕形狀的盒子，裡面裝了個燈泡而已），卻沒有一本有關音樂劇的書籍。他說，他所寫的音樂劇諸如《金粉世界》（*Gigi*）和《窈窕淑女》（*My Fair Lady*）等，在文化史中總該有一定的地位吧？

切爾西區富裕豪奢和創意激進間的鴻溝，從來不曾消退過。對瘦削的年輕人鮑勃・格爾多夫[33]而言，我們是本地書店，他和妻子寶拉・葉慈[34]喜歡來看書，女兒菲菲（Fifi）和朋友則在兒童區撒野亂跑。在格爾多夫反傳統的激情策劃下，拯救生命演唱會[35]逐漸成形，一天早上他步入書店，我剛把一本價值一百二十英鎊，有關塔瑪拉・德・藍碧嘉[36]的書籍陳列在櫥窗。他問了個我也覺得有理的問題：「你知道那麼多錢，我可以用來買他媽的多少袋米嗎？」拯救生命音樂會後，他前來諮詢一本好的現代自傳有關資訊，開始撰寫他的自傳《就這樣嗎？》（*Is That It?*）

當年龐克族會齊聚騎馬道[37]宛如上流社會人士一樣招搖的沿著國王路遊行。露絲很高興他們遊行後會成群結隊的來到書店，有次，一群針飾打扮格外誇張並蓄著雞冠頭（mohawk）的人令莎莉．斯萊尼特別警覺，直到他們拿出一捲五十元的鈔票付帳。露絲悄聲說，那些人是狗屁樂團（The Shits），或某個如此著名的龐克團體。我對狗屁樂團的作品也不精通。龐克樂團的音樂會我只是偶爾會參加，一身絨布長褲搭哈里斯（Harris）花呢上裝，倍感格格不入，頂多別了個核裁軍運動[38]徽章，證明自己在這群皮褲裝扮，唾沫四濺的人群中不是新手。

這家書店讓我學到一個我必須持續重複學習的教訓，正如古非阿曼達樂團[39]所言：「如果每個人都長得一樣（我們會厭倦相互觀看）。」儘管會產生衝突，儘管人們都希望和志趣相投的朋友在一起，但一個團體仍然需要多樣性。

書店團隊中的每位書商都會和不同的常客產生共鳴。我們的兼職隊友烏蘇拉．麥肯錫（Ursula Mackenzie），對幾乎每個想讀一本好書的人而言，都是足以信賴的訊息來源。她日後的職業生涯證明了她對書本的眼光：利特爾．布朗公司[40]執行長，出版了唐娜．塔特[41]和J．K．羅琳的犯罪作品，而且是最早榮獲出版界婦女組織[42]舉薦獲得潘朵拉獎[43]的女性之一。她是位同情心強的人物，目前主持一項慈善單位，協助薪資低微的書本行業新手，獲得立足的平價住宅。另一隊友奧麗薇亞．斯坦頓（Olivia Stanton），本身即為畫家，曾照顧英俊的美國人R．B．基塔赫[44]，他是一位退役士兵轉職的畫家；基塔赫和友人霍克尼[45]振興了英國的具象藝術。我覺得古怪的是，記憶中的基塔赫特別具有從容的魅力，但現在望著他，就想起七十四歲時，他故意罩上塑膠袋悶死了自己。

奧麗薇亞也很照顧一個年老駝背的男子，他經常來書店，常年穿著一件花呢長外套，往往和妻子同行，太太總顯眼地佩戴著大帽子和飄逸的圍巾。奧麗薇亞介紹他們閱讀神祕主義和英國靈異方面的書籍，他們是塞西爾．柯林斯[46]和伊莉莎白．柯林斯[47]，我從來沒聽過的畫家，只知道他們在藝術上的地位等同「狗屁樂團」之於龐克族。我真希望——就像所有老一輩的人一樣——曾撥空和他們多聊聊。塞西爾日後在泰特美術館（Tate）舉辦過一次重要的回顧展，展出一九三六年傳奇性的超現實畫展中的畫作，而伊莉莎白則曾在巴黎結識了葛楚．史坦。由於輕率錯過和柯林斯夫妻之類人士交流的機會，如今我會主動和老顧客交談，挖掘他們的故事。

回想起另一名斯萊尼和麥凱書店的顧客，更加強我這種感覺。我喜歡性格愉悅、狀似農牧之神的威爾斯超現實主義攝影師安格斯．麥克比恩[48]，但是以往從來沒有聽說過他。他幫費雯麗[49]拍過一些很好的照片，我們同意在店裡幫他的攝影作品集舉辦一次小型發表會。他和我都善飲，一個年華老去卻依然美麗的電影女星曾告訴我，我讓她想起馬龍[50]。她認識馬龍。直到現在，我才發現麥克比恩是擁有小群信眾的名流，他曾經：一，因為同性戀傾向服刑四年；二，一九三三年擔任吉爾古德[51]的舞臺設計；三，替披頭四第一張唱片封面負責攝影。

露絲在書店內流暢的分類系統，吸引了蘇格蘭大眾藝術先驅愛德華多．包洛奇[52]的興趣（英國圖書館外面那尊大型牛頓雕像便是他的作品），成為頗受歡迎的常客，有著粗啞的嗓音，滿臉笑紋的臉龐，經常手持肥胖的雪茄。書店設計也很適合布萊恩・伊諾[53]不拘一格的前衛派人士。伊諾主張對圖書分類系統保持戒心，他應該會喜歡納博科夫一九四二年接受專訪時所講的一段軼事：在倫敦，有名科學家帶著英國甲蟲完全指南的完稿，前往出版商辦公室，他發現前面人行道上竟有一隻不知名的甲蟲：立刻上前一腳把那隻甲蟲踩死。有一次來書店時，伊諾期盼地詢問是否有書籍談論所有音樂，包括所有音樂類型和樂器的。我一手拿著香菸，在微縮膠片中找到《格羅夫音樂與音樂家辭典》（*The Grove Dictionary of Music and Musicians*，一九八〇年）。伊諾訂購了一套，共二十本。他來回走了好幾趟才把所有書抱回家。我認識的他，是和我年紀相當，說話溫柔的一個好人，還有過早禿頭，以及喜歡怪異的音樂。我在家裡會聽臉部特寫[54]和大衛・鮑伊的唱片，卻從來不知道伊諾是那些唱片的製作人。當年網路只存在於軍中，所以無從查詢他的資料。

好萊塢影星狄・保嘉[55]習慣在路上受到攔截和騷擾，因此在切爾西時總是來去無蹤，悄無聲息，直到遇到炫耀浮誇、魅力難擋的帕斯卡，我們店裡藝術資質平平卻手法高明（但很坦率）的書商。他為了榮耀法國哲學家帕斯卡而更改名字，拋棄自己的本名格雷安（**Graham**）。在帕斯卡身上，保嘉找到兩樣他的最愛：法國烹飪和法國電影，而且了解深入且真誠。而帕斯卡真誠的自我主義，也使他沒有興趣虛與委蛇，餵養保嘉的氣焰。

一個多樣化的團隊，最好不要完全由人類所組成：此刻，坎特貝里的前門有三隻蜘蛛，讓我備感欣慰，感覺當我們鎖上門時，裡面還有個愛蜘蛛的書商在；牠們是一個封閉性生態系裡讓人寬慰的代表。為了制止清洗窗戶的人把蜘蛛殺死，我還告訴他，這些蜘蛛是肯特大學都市生態小組（Urban Ecology Unit）正在研究的對象。在斯萊尼和麥凱書店，團隊裡有一隻虎斑貓名喚白蘭度，頗具龐克族的時代精神，平日妖嬈地盤踞在收銀檯上端，一旦有人企圖撫摸，無論對誰，牠都一律來記右鉤拳，甚至鞋子設計師馬諾洛．布拉尼克（Manolo Blahnik）的純種蘇格蘭㹴犬也難逃其毒手（那隻狗的臉部被嚴重割傷，但馬諾洛作為我們最和善的常客之一，冷靜以待，拒絕我們代為支付獸醫的費用）。我們是從一群頑童手中把白蘭度救下，免遭焦油覆蓋，因此牠絕對有權如此敏感。

書店裡的談話內容，經常逾越一般的限度，因為套用維多利亞．吳爾芙的概念，在書店裡，我們會卸除出於自我保護而分泌的外殼。在過去三十年間，我看過太多這種例子：書店裡的對話脫離了正軌。這些言詞交換也許很短暫，卻引起很大迴響。滾石樂團的鼓手查爾斯．沃茨（Charles Watts）訂購很多有關軍事史的書籍——這是他一項頗令人意外的愛好——而我剛好和他有同樣的這項冷僻嗜好（我的博士學位包括某些已經遭人遺忘的印度戰役）。離婚後的某個情緒低落的早上，他問我怎麼了，當我簡單的歸結為：人生吧！他也只回答一句話：「是啊，人生。」語氣中表達出「是啊——人生就是這麼惱人——不過不會太久的——相信我——我也是過來人」的暖意，如今回想起來依舊覺得窩心。

不過，露絲．哈登賦予我的更多，讓我克服年輕的羞赧和悲傷，稍微學會如何生活，有一次當我一人沉悶地抽菸時，她告訴我，如果我有心，我可以成為一個優秀的書商。我有點驚訝，因為缺乏自信（或者說，因過度自信而缺乏競爭心態），而且，我依然將賣書視為臨時性的替補工作。

一九八九年，露絲受邀參加一個宴會，且舞會會持續到很晚，地點是一艘名叫「侯爵夫人」（Marchioness）的江輪。當我聽說侯爵夫人號沉沒，她也溺斃於泰晤士河，一個對我有如自身生命般重要的人就此殞落時，整整三十秒後才回過神，接著一股悲傷的壓力襲來，彷彿爆炸餘波。這種殘忍的掠奪，莎士比亞形容得很好：「死神啊，你可以誇耀了，竟然奪走這麼一位無與倫比的女孩。」

在一次房屋漲價後，斯萊尼和麥凱書店收攤了。連自己母親去世時都不曾落淚的莎莉，長大後首次泣不成聲。伊莉莎白．柯林斯以其蜘蛛般的筆跡寫了一封信，稱書店是一個鮮亮之地，一處庇護所。幾年後，帕斯卡和保嘉相繼逝世；如今也許正在天堂裡討論最完美的調味醬。

我寫完上一句後便去睡覺，夢裡鮮活地浮現出書店關門的情景，在夢裡，當我們把一箱箱書搬出書店時，牆壁上出現不同作家留下的獻詞。依照夢中邏輯，那裡當然會出現獻詞，因為牆壁前面有那麼多故事。我醒來時覺得很開心，這種事經常會發生，可視為真實的奇蹟。這個夢給我的訊息似乎是，如果開一家書店，自然會有故事發生，新的故事，永恆的字句。

令人欣喜地，書店是克服死亡的勝利者，充盈著逝者的理念，但來往著鮮活的人（雖然我納悶我們店裡幾個常客是否如此）。從露絲、莎莉和萊絲莉處，我學會了身為書商的潛能，我在書店工作了三十年，書店確實是作者和顧客故事的安全港灣。

我在二手書部門工作一段時間——查令十字路的大量書店（Any Amount of Books）——又在水石書店的肯辛頓和卓特咸分店工作了幾年。肯辛頓店給我的感覺很好，因為那家店本來是一家名叫小店（Pettits）的老式女性服飾店，我父親曾在那裡購買女性束腹，隨後把束腹中的鯨魚骨條取出。他是位有經驗的水源和礦源探測師，發現鯨魚骨最適合做探測棒。鯨魚骨不存在陸地上，因此鯨魚發出的訊息最不受影響。我有次脫口跟蒂姆．水石提起這件事，他想當然耳地一臉茫然。

書店經常微妙地發揮其在心理地理學所扮演的角色，遠比五金行等等的功能還好。也許是在對應於鎮上穩定持重的名聲吧，卓特咸水石書店由一群巴洛克式乖離作風的員工組成，庫存幾近亞歷山大學派的廣博。自傳類包括拜倫所有的十一卷書信，歷史類包括邱吉爾全部作品，還有吉朋兩個版本的作品。旅遊類方面，我記得有三本關於聖赫勒拿（St Helena）島嶼的書籍。

當時我擔任協理，老闆是說話慢條斯理，好抽手捲菸的文雅儒生哈羅維安．安德魯．史迪威（Harrovian Andrew Stilwell），他後來出任倫敦回顧書店（Review Bookshop）的經理，收集罕見的冷硬美國犯罪和藝術書籍，以一種沒有驚喜，卻饒有興味的嚴肅態度管理書店。經常可以瞥見他有韻律地抖動肩膀，顯然又見到某件新鮮的荒謬事情，即將引發他格格的笑聲。史迪威的耐心令我印象深刻，尤其竟讓伊安，一位魁梧的蘇格蘭書商，在經理辦公室練習劍道——日本木棍搏擊；那間辦公室頗為寬闊，有三扇威尼斯窗戶，可以俯視林蔭大道（The Promenade）。只見伊安繞著辦公室上竄下跳，發出尖銳叫聲，甚至跳到桌上和成堆尚未販售的書本上，安德魯則坐在香菸瀰漫的煙霧中，研究泰晤士和哈德森出版社（Thames & Hudson）的目錄。

蘇格蘭佬伊安負責漫畫小說，並將其發展為漫畫帝國，訪客有打從老遠前來者。他推崇稀有的漫畫書，如果挑戰他的花費，他會連珠炮似的展開反擊，拿出那些超級英雄的銷售數據，雖然那些英雄迄今沒有登上大銀幕。他介紹我讀了一些有關3D超人（3D Man），子彈女超人（Bulletwoman），甚至斷臂少年王（Arm-Fall-Off Boy）——這傢伙似乎靠一招一式走天下。

優雅的瑪麗．范．德．普蘭克（Mary van der Plank），現在住在最荒僻的德文郡，已經是兩個孩子的媽媽，當年最喜歡在休息時間像貓咪一樣蜷縮小寐。為了爭取時間，盡速覓得黑暗處，她總鑽到一樓收銀臺後面的櫥櫃中。當時，在不吵醒她的情況下更換收銀機捲紙真是一件細緻活兒，還有，便是安撫受驚的顧客，因為休息時間結束後，她總是突然從櫥櫃中冒出，頂著一頭蓬亂的黑髮，睡意朦朧地開始工作，問：「下一位是誰？」

小說買主約翰永遠一路快速走來，趕往書店溫馨的地下室，和負責人艾倫．漢考克斯（Alan Hancox）交換意見。威廉．高汀有一次也和艾倫在那裡。今日辦得如火如荼的卓特咸文學季（Cheltenham Festival of Literature）正是拜漢考克斯的努力所賜才不致腰斬，六〇年代，漢考克斯緊急和鎮書記會商，決定誘使一些大咖前來應援。他成功了。W．H．奧登，泰德．休斯，和謝默斯．希尼[56]都曾前來發表演講。雖然詩人希尼在一九八八年的演講——收錄於卡帶，現存輝伯出版公司檔案（Faber archives）——盛讚漢考克斯為一個葉慈型的人物，一個「傾聽者」，但當前光鮮亮麗的卓特咸文學季卻從未提起過艾倫。如果我這意見會就此斷送日後在文學季中發言的機會，沒關係，我依然很高興在此肯定這位深獲愛戴，卻不當遭到忽視的書商。

卓特咸座落於石灰岩丘陵地的安靜山谷，當地奇特的文化小氣候，從我記憶中特別的一天可見一斑。某次舉辦書店活動時，史迪威一箭雙鵰，聯合舉辦麥芽酒品嚐會和木雕展示會。那位木雕師傅是位瘦削、蓄滿鬍鬚、極其專注的人，四散的木削不斷飛濺在穿著背心，熱衷古法釀造麥芽酒的酒迷身上，因此在他們咂咂讚嘆聲中，不時夾雜一聲聲痛苦的哀號。

還有一天，我們為梅爾文．布萊格[57]的李察．波頓[58]傳記舉行發表會。事後，布萊格指出一家書店如果考慮到國際化和當地化，應該反映出當代的精神，即使小規模的展示亦無妨。在我從事下一份工作時，腦海中始終縈繞著這句話。

一九九〇年，我的坎特貝里水石書店開張。提姆．沃特司通在面試時問我，他憑什麼要把一個這麼好的機會給我，我回答——當時的我年紀輕，乳臭未乾——「因為我會讓坎特貝里燃燒起來。」開店儀式中，A．S．拜厄特開啟書店大門，結果不經意把手套弄丟了，這樁遺失案後來轉變成一小段冒險故事。正如照顧她的人所言，對她而言每件事都是一段神話故事。這件事實，讓我肯定她的確是最理想的書店開幕嘉賓。神話是最適合書店的。潛意識，就像小時候的想像力，很能了解到這一點。菲利普．普曼[59]在咖啡館談及《北極光》系列第二部曲後，我夢到自己前往書店地下室（代表潛意識），發現了一隻穿著盔甲的北極熊逡巡於顧客之間，但是無論動物或人類都沒有流露出驚訝的神情。

兩個孩子的情況教導我，書店不只是賣書的地方，一旦有人啟動了他們的想像力，他們便會充滿了電，故事一個接一個孕育而出。我坎特貝里的書店有兩個木馬搖搖椅，是我一九九〇年從女王的搖椅製作商史蒂文生兄弟公司（Stevenson Brothers）訂製的。（當然，我曾問湯尼．史蒂文生〔Tony Stevenson〕一個問題，亦即他將一隻大馬送到溫莎宮〔Windsor〕時詢問一名僕役：「她會騎嗎？」——會啊！）那兩只木馬搖搖椅是我小額零用金請款單中比較敗家的一筆支出，當然，遠比不上書店底下羅馬浴室遺跡的考古挖掘請款金。那筆錢至今仍然是水石書店歷史中，從收入中榨出來使用的最大一筆款項。女孩子比較喜歡騎馬，她們通常會先在馬上唱歌，或跟坐騎進行相當複雜的對話。我偷聽到一個女孩跟她年紀稍小的妹妹講述一個比一個離奇的故事，直到妹妹終於起疑，說道：「原來妳在跟我說的都是故事。」

「這個嘛，」說故事的小姐姐不為所動，「我們是在書店裡啊。」

J．K．羅琳也是在思索故事時覺得很舒心。在她來書店研討第二部《哈利波特》時，曾借用店裡的電話——那時還是手機之前的時代——編床邊故事給她六歲大的女兒潔西卡聽。

書店裡給人的感覺最鮮活的，是故事裡的角色和過世的人。最近，坎特貝里大教堂座堂主任（Dean）來書店，想尋找一本書在他姐妹的喪禮上用。當我們徘徊搜尋時，他像是自言自語，那口氣彷彿姊妹還活著。「她會希望談到一點瑪姬（Maggie）。」我感到一陣害怕，還以為他指的是前首相[60]，不過當他走向喬治．艾略特著作時，我立刻安下心。他用手試探《佛羅斯河畔上的磨坊》（他指的是女主角瑪姬．塔莉維爾〔Maggie Tulliver〕）（譯註：在書中為糾纏於愛情與親情的堅毅女子），兩個版本的紙張，結果比較喜歡牛津大學出版社（Oxford University Press）的乳黃色版本。亮白色紙張似乎有點刺眼。在付帳時，他說教堂和書店是兩處人們可以不受干擾地流連徘徊，以尋求安慰的空間，或許真的可以獲得慰藉，也或許只是隨意逛逛。

我保留了一個去年冬天發生的故事，就等待在這一頁談及私事時敘述出來。這不是有關哪位名人的故事：我甚至不知道那女人的名字。這件事發生在上個月一個黯然的早上。你們知道那種日子，當你可以體會葉慈為何「有點愛上安然的死去」。《白鯨記》也是以這樣的早晨開始整個故事，以實瑪利（Ishmael）饒富興味地發現自己「停在每間棺材店前面，跟在我所遇見的每一列送喪隊伍後面」。這一章我似乎一再提到死亡，不過這裡所謂的死，只是愛的手足。書店很適合這兩者。舊金山的城市之光（City Lights）書店收到一名顧客的來信，承認她按照父親的指示，將骨灰撒在書店四周，還有他生前喜歡的若干書本後面。在斯萊尼和麥凱書店的櫥窗內，我利用萊絲莉．麥凱父親的骨灰——放在一個很好的厚重匣子內——支撐幾本藝術書籍。當她見到時大為震驚，不過也承認一直為難著該如何拿它來做些有意義的事。多年來，我在書店見到過好幾椿心臟病突發的事件。一名女性顧客心臟病發，在古典書籍區進行人工急救，當急救護理員推她出去上救護車時，她握著我的手說：「我真的喜歡這裡……如果能在這裡走也是件好事。」至於愛情，書店是個富有成效的活動場地，紐約斯特蘭德書店經常被詢及能否在那裡舉辦婚禮，所以已經建立了一套典禮的既定程序。

回到原先那個憂鬱的早上。那天令我想起查理斯．沃茨那句：「是啊！人生。」不過出現的不是沃茨，而是一名有張美好堅毅面容的高眺女子，面帶風霜，身穿真正的厚重工作外套，徘徊在詩文類展區。我後來得知她是位五十幾歲的工程師，話不多，手邊總有事情在忙。她配戴著耐用款證件掛繩，而非學術機關所用的輕巧型，讓她看起來似乎可以出入某個發射平臺或強子對撞機之類地方。

她希望我幫她找一篇有關海的詩，說父親生前經常唸的詩文中的一篇。其中一句有關「令未亡人痛心之處」——大海——經常縈繞在她內心。我們翻閱各種詩選，我試探地提出約翰．麥斯菲爾[61]的《船貨》（*Cargoes*），「在狂暴的三月天，橫衝直撞地穿越英倫海峽」，但她說，「不是的，等等，我正在想他的《海之戀》（*Sea Fever*）。」她確實在腦海中聆聽麥斯菲爾的《海之戀》，從頭到尾，尋找是否有「寡婦製造者」的詩句；她爸爸已經將這些詩錄在她腦海中。這時，我也找到了她想要的詩，是吉卜林的《丹麥女子的豎琴曲》（*Harp Song of the Dane Women*），有關維京女子在家守候，她們的男人則均已遠去，只留下「划槳的聲音，空洞地落下」。那段詩文內容如下：

你抛下的是多美好的一個女子，
以及溫暖的爐火和痛楚的鄉思，
迎向那令未亡人痛心之處？

找到那首詩，我唸給她聽——詩並不長——雖然她在致謝時聲音並沒有變化，但是當我從書面抬起頭，她已淚流滿面。

書商與顧客

書商是一群自由漂浮的人種，既不是專門職業，也不是無產階級勞工：他們每天改變形狀，從文人學士到收銀員，而且經常化身護理人員。當初我徵求坎特貝里書店首批書商團隊時，找的就是這種適應性，找的就是略諳憔悴，對人性抱持過開放心態的人。這種工作需要某種彈性和敏銳性，才能接納各式各樣的顧客，從書呆子到以自傲的學者，有建築商搜尋工地規則，有難民尋求公民身份指南，有羅曼史讀者，也有身穿巴爾伯（Barbour）名牌衣著的夫人，大步跨入店中，一開口便是：「你是工讀生嗎？」

當坎特貝里分店開張時，我僱用了一個年輕的研究生經營小說部門。他很快便跟大部分顧客聊起來。他的好奇令我想起一則有關吉卜林的故事，吉卜林有次在等火車時，利用時間探詢車站所有人的生活情形，包括搬運工人、售票員、車站站長、平交道操作員以及信號箱操作員等。蒂姆．水石曾就一名小說買主——大衛．米切爾——手寫了一份報告，正如他對遇見的所有書商都會寫份報告一樣，只不過那份報告並沒有預料到後來米切爾竟會以《雲圖》等作品，在水石書店的書架上永遠具有一席之地。米切爾有些著作無法分類——那些書露絲會放在「時尚與兩性」區——導致他和編輯爭執不休，問題集中於：他是否正轉型為科幻作家。同樣的問題也發生在H．G．威爾斯身上。《時間機器》（*The Time Machine*）是科幻或古典小說？洛夫克拉夫特[62]的作品是「恐怖類」或只是古典小說？尼爾曼．蓋曼應該放在科幻類，但《使女的故事》（*The Handmaid's Tale*）卻供奉於文學小說區嗎？要小心昆蟲學家的靴子啊！

我和米切爾有過幾次對談，一旦晚間漫步在惠斯塔布（Whitstable）海灘，話匣便會自然開啟，他的「馬汀大夫鞋」（Doc Martens）踩在鵝卵石上嘎滋作響，話題則總圍繞著九〇年代，致使歷史發光發熱，饒富意義的樂觀主義，亦即隨著柏林圍牆（Berlin Wall）倒塌，南非種族隔離主義崩潰之後的那十年，當時的我曾因為主持了羅尼．卡斯里爾[63]的談話會而收過恐嚇信；他是一位魁梧的非洲民族議會[64]鬥士，內政部曾差點禁止其進入英國。日後，他成為自由南非的第一任副國防部長，不過當時，他只是一個受過蘇聯訓練的自由鬥士，討論的書籍是《信仰的戰爭》（*Armed and Dangerous*），而非本國代表性著作。非手機年代的一九九四年，書店中唯一沒有靜音的電話是我們咖啡店裡一架古老的付費電話，不料討論期間，居然還是有人打電話過來，害我不得不前往處理。我讓卡斯里爾停下討論，前去接電話：那是喬．斯洛沃[65]從約翰尼斯堡（Johannesberg）打來的電話，告訴他非洲民族議會贏得了大選。（這個理由打斷演講還算有正當性，比另一通演講中途打來的電話有理些。另外一通是安東尼婭．弗雷澤[66]演講中途用手機接的電話：「哈囉，哈洛德，對，我正在談話會。不是的，親愛的，是我主講。」）

安伯托．艾可和米切爾一樣，了解一個書商獨具的文化有利位置。我問他的英國出版商，可否請他來坎特貝里店裡做一次活動，他們回答艾可從來沒有做過這種事。我再打電話給他米蘭的出版商，對方客氣的回答他們會詢問艾可本人。結果艾可回覆他真正想做的，是來書店工作一天。他真的來了，甚至賣掉一本他寫的書，沒有暴露自己的身分，如今那名顧客就在世界的某個地方。而其他地方還有幾名顧客打電話到店裡來時，接聽的是斯派克．米利根本人。他在活動後，堅持幫我們接電話。我還記得他的應答：「哈囉，坎特貝里水石書店，我能幫什麼忙……我不確定……那要看情形……我是誰？斯派克．米利根。」對方當下掛掉電話。就那麼一下、就那麼一天，米利根和艾可曾經分別塑造豐富傳承的一部分，成為在書店工作過的作家，其他知名作家還包括：喬治．歐威爾、南希．米特福德[67]及愛麗絲．孟若等。

機器人將會取代大部分工作，以及大部分零售業，但是卻無法取代最有趣的部分：和顧客的聯繫，以及引薦顧客和某本書或某位作家之間的接觸。我喜歡自然方面的導覽工作，除卻最基本的鳥類導覽和庫存品的導覽，還包括蛾類、蜻蜓、化石、地衣等的導讀，在商業方面獲益非淺。我曾賣掉好幾本單價四十五英鎊的蛾類指南，兩年內賣掉六十八本單價二十英鎊的鳥類指南，發行的是一家我經常推介，非常特別的出版商，各季節鳥類羽毛的插圖十分精美。我甚至在六個星期中賣掉三本單價三十九英鎊的《不列顛和愛爾蘭大型飛蛾圖解集》（*Atlas of Britain & Ireland's Larger Moths*）。畢竟，誰在經過自然類圖書區時會想道：對，我需要的正是有關天蛾及其他蛾類的最新資料？三十九英鎊？沒問題！漢娜・鄂蘭的《人的條件》（*The Human Condition*）也一樣，每本二十英鎊。我是因為一名顧客的推薦而訂購，現在也一直有市場，儘管該作者從來不上電視或社交媒體。我持續對書店裡所散發的智慧感到謙卑。零售商和出版商經常低估群眾的好奇心和智力，相反地，對最新流行總慢一步，之後又追著流行跑，直到倒盡胃口，或和瑞典少女格蕾塔唱反調，對環保非常不友善地就每一名流的死亡或運動賽事出版大型茶几書[68]。舉辦一次高更特展，書架上便出現一整排有關他的書，還擠出位置陳列他所喜愛的閱讀。奧林匹克運動會扼殺了馴鷹術和擲標運動。詩文類圖書只有在過度解讀的情況下才賣得動。波斯詩人魯米則一再重新崛起，因為人們需要藉助他似非而是的狂熱神祕主義，生存在這奇特的歲月中。IG的詩人網羅成堆年輕人讀詩，這是數位生活刺激人們對實體書產生興趣的方式之一。

書店反映電視主導的流行風潮，但也是真正顯現個人熱情的地方。這星期一個孩子把他存下來依然溫暖的硬幣交給我，對自己的採購開心得跳上跳下。一個貌似魯格・豪爾[69]的挪威人在環遊世界的旅途中，購買了《白鯨記》，對我說：「現在我有時間了……」一名白鬚老者在櫃檯告訴我：「我現在買布肯[70]的書，是為了享受文字——這些故事我已經倒背如流了。」還有一位活潑的女子買了三本維拉．布里頓[71]的《青春的遺言》（*Testament of Youth*），因為她總會把書送給她所認識邁入二十歲的女孩。

顧客的提問極其跳躍：「你們鍊金技術的書籍放在哪裡？」「這附近有賣炸魚薯條，我可以坐著吃的嗎？」比較有挑戰性的，諸如：「我想找本證明上帝存在的書。」我們幫他找了一本托馬斯．肯皮斯[72]的《師主篇》，儘管不是證據，卻絕對是卓越的推銷術。水石書店坦布里奇韋爾斯（Tunbridge Wells）分店曾來了位衣著光鮮的顧客，說要搜尋有關魔鬼的書。雙方就該店庫存書本進行一番文明的交談後，顧客認為那些書籍的資訊都有點謬誤。

「謬誤？」該店經理麥克說。

「是啊，你知道，我就是魔鬼。」（我一直沒有追問麥克，他有沒有查看那顧客的腳，據說，那是魔鬼絕對無法幻化的部分。）

在我的坎特貝里分店也碰到過類似的意外，一名顧客在我們「身心靈」部門搜尋，然後指著書架說道：「對，就是這裡。」

我：「太好了，很高興你能找到你所要的。」

顧客：「是啊，這裡就是通往另一空間的入口，就在牆上，有人告訴我入口就在這裡。」

顧客每天都能為我帶來喜悅，不過不是宇宙時空，而是比較平常的階層。今天稍早（現在是淩晨一點，我正在床上寫這些），我特別從三名顧客處學到了東西。一名頂著非洲圓蓬髮型，身穿慢跑裝的年輕女子跟我推薦《舊約次經》（*Apocrypha*），她雖然不是基督徒，但是在談及《馬加比書》（*Maccabees*）時，卻跟有人絮絮叨叨談論布克獎得獎人一般激動：「《啟示錄》看得我懵懵懂懂的，但是《馬加比書》！就是不一樣。」

不久後，一個狀至忙碌的矮小男子，一身樸素協調的衣著，戴著藍框眼鏡，不敢置信地瞪著我，對我竟然不知道《鬼入侵》（*The Haunting of Hill House*）的作者雪莉．傑克遜還出版了自傳體小說《生活在野人之間》（*Life Among the Savages*）大感吃驚，讓我決定非看看那本書不可：「你實在應該去看，你知道，那本書開創了家庭混亂故事類型的作品。」

我點點頭，佯裝我真知道有那麼回事。

我大概對下一名顧客洩露出同樣的心態。那是一名衣著講究的女子，狂熱地告訴我《地海》（*Earthsea*）系列小說的知名小眾作家烏蘇拉．勒瑰恩，還創作有《小說的手提袋理論》（*The Carrier Bag Theory of Fiction*）。勒瑰恩確實寫了這本書。（妳確定妳講的是娥蘇拉．勒瑰恩？）這就像菲利普．K．狄克寫了《企鵝家族》（*Pingu*）一樣匪夷所思。

她很客氣的容忍我的無知與懷疑，施施然離去，但還是來了句後見回馬槍：「伊格諾塔出版社（Ignota）發行的，你總該知道他們吧？」

什麼！誰？我心想。這是什麼新鮮的心理招數？這女子，打扮儼如狄更斯筆下狡猾的道奇[73]，莫非手下率領一批由自由思想家組成的祕密叛軍？不過，那間出版社真的存在，感謝上帝，生活在邊境地區。當我搜尋伊格諾塔出版社時，我宛如跌入一道牆壁，闖進他們的會議：

伊格諾塔出版社二〇一七年成立於祕魯山區，位居科技、神話製造和魔法的十字路口。我們的名字來自於赫德嘉．賓根[74]的「祕名語」[75]，尋求發展出一套語言，使得我們周遭的世界得以回復想像力、回復魅力。

伊格諾塔出版社版本的勒瑰恩，是由一位「卓越的網路女性主義者」所介紹的，所以我又從其中學到一個新的名詞。我覺得自己實在浪費了二〇一七年最後那些日子，愚蠢地無所事事，還不如去祕魯山區造訪伊格諾塔出版社。

多年來，我對微妙的社會變遷之所以有所覺察，多半都拜我顧客之賜（無論是網路前或網路後的時代）；我想，人們在書店中也會提早意識到。二〇〇三年，我的藝術書籍買家，即塑膠彩畫家保羅．海頓（Paul Hayton），開始推銷一本名不見經傳，明信片大小的書籍，當時就放在他桌上，和布萊克、特納[76]的書擺在一起。他說那本書一定會大賣。我對那本書的古怪表示質疑，但現在我真希望當時有買下那本罕有的班克斯頭版書。我方才傳送一則訊息給保羅，問他當時在坎特貝里怎麼會知道班克斯的；畢竟二〇〇四年開始有臉書，二〇一〇年才開始有Instagram。他不確定：「文化滲透吧！」他想。日本漫畫也一樣，不知道從哪裡冒出來，挑戰我們過度分類的頭腦。它弄混了國際書本資料的編制，書名蔓延在藝術，圖像小說、兒童和外語類書籍區。早期書迷是日本學生和二十五歲以下的歐洲怪咖。我們很早便有因應之策，展示滿滿兩排書架；二十年後，我們已經有二十排書架，這類圖書也在大英博物館舉辦了自己的展覽。

在斯萊尼和麥凱書店，我發現龐克族的需求；而在坎特貝里，我發現蒸汽龐克族[77]所喜愛的是史杜克[78]，和荒川弘[79]的《鋼之鍊金術師》（*Fullmetal Alchemist*）。而科幻迷九〇年代瘋迷《權力遊戲》，其後又迷上金庸——「中國的托爾金」，他二〇一八年過世時，數百萬書迷為之哀悼——以及「太空中的普魯斯特」，劉慈欣——他的《地球往事》（*Remembrance of Earth's Past*）三部曲非常暢銷。二〇一八年，文藝類圖書區盡頭一名顧客讓我頗為吃驚，他很訝異我竟然沒有展售烏維．約翰遜[80]小說四部曲，《謝佩島聖人》（*the Sage of Sheppey*）的最新翻譯本，由《紐約書評》（*The New York Review of Books*）出版。儘管先前有人邀我寫一本有關肯特郡作家的書籍，我卻從來沒有聽說過這位鈞特．葛拉斯口中「最重要的東德作家」的隱士。約翰遜一九七四年四十歲時，令其愛慕者大為震驚的遷居施爾尼斯（Sheerness）這個位於泰晤士河支流謝佩島（Sheppey）的貧困小鎮，刻意避開了學術界和文人的環境；此舉使他完成了史詩般的作品《週年紀念》（*Anniversaries*）。

書商樂見此種際遇，因為他們多有一顆躁動的心，不適合一成不變的行業。他們可以找到無法歸類的書籍，比如赫胥黎的《眾妙之門》（*The Doors of Perception*），知道押韻字典是什麼，知道系譜學的書籍放在哪裡，還知道有一本書專門研究千里達（Trinidad）的鳥類。

有時候，書店需要軍事水準的剛毅精神。站在販書的第一線固然是浪漫的，但是一般人想到書店，經常會聯想到比較富有的地區，比如索思沃爾德（Southwold）或諾丁丘，但書店也座落在比較閒散的地區，大部分人口都是自尊自重的退休人士，有養老金和用不完的時間。每天勇敢地開啟店門，在治安比較棘手的地區提供狄更斯和李．查德[81]之類的販書是英勇的，畢竟賣書一行並無國界。愛爾蘭一名書商被鎖在員工區，因為有名闖入者揮舞著斧頭朝她威脅而來。在一個惡名昭彰小鎮的荒蕪大街上，有家很優質的書店，某天保全無線電傳來嚇壞新店員的內容：「有個男的正從街上走過來，手上揮舞著一把武士刀。」

「喔，別擔心，」老經理說：「他是我們的常客。」

新店員安下心去喝茶休息，不料卻見到員工室的窗戶上有個古老的子彈痕。

大多數書商都是走路、騎單車，或搭乘公共交通工具上下班（以運送奇特的顧客訂單）。以我的經驗，這種跟大眾的接觸，會讓書商對生命有正面的觀感，對自己的與眾不同沾沾自喜。書商經常是悠閒的學者或科幻迷，喜歡生活在數個時空中。他們是不可救藥的讀書人：一名同事回憶第一天上班，進入寬闊的書店員工室，發現裡面鴉雀無聲；每個人都在看書，她當時便想，「這才是我的窩。」周遭都是各式各樣的書籍，可以讓一個書商博學多聞。比如會多國語言的尼克．布雷（Nick Bray），當我表示我想讀歌德的書時，他有點遲疑地看著我。

「你不喜歡他的書？」

「喔，不是，他很了不起，我只是想，你應該看他的原文書。」

保羅．格里格斯比（Paul Grigsby）利用午餐的每一小時學習古希臘文。某個早上他告訴我他「跟阿里斯托芬共度了美好的一個晚上」。另一個書商精通拉丁文和盎格魯－撒克遜語，他背誦喬叟的詩文可以媲美當代的人。童書的書商有種特別的熱情，很多就像他們所賣的書本中某些人物一樣古怪。他們為孩童營造庇護所，誘使不甘願的讀者開始閱讀，不過他們的服務經常為人所忽略。我店裡十名員工都同意一件事：我們都希望自己能像童書區的書商一樣優秀，她是個唱獨角戲的文學藥劑師。一個孩子在耶誕節的許願卡上寫著「我想要兒童區那位女士推薦的任何東西」，另一名感激的母親甚至半開玩笑地詢問是否可以把她帶回家。不過我的老同事羅伯特．托平（Robert Topping）給我很多啟示，讓我正視賣書的潛能，一天天潛移默化改變人的生命。他現在自己也經營幾間很不錯的書店。

書商有很大的權力，可以倡導或詆毀一本書，這種權力在社交媒體的助長下更形強大。文字像野火一樣在世界各書商間席捲，出版社可以將一名新作家帶入市場，但只有磨刀霍霍的書商可以決定其作品能否留在書架上。一本新書在經過最初大肆宣傳後，許多作者的成功或失敗操之在書商手中。這讓我想起我書店後來接替米切爾的維姬，她一心推舉澤巴爾德，「這書為什麼這麼多？」我有天問她。「喔，」她回答，「他很了不起啊，我推薦這本書，已經賣掉八十二本了。」

書店員工結合書店助手和文學專家於一身。這份工作感覺上比「職業生涯」（career）更寬廣——「career」是線性的，是後中世紀的單字，源自於跑道（racecourse）。書商所致力的是哲學性的道路。在最佳情況下，書商有如通靈者。我自命不凡嗎？也許吧，不過，正如賈維斯·卡克[82]接下來所說的：「如果不是自命不凡，我們現在會在哪裡？無處容身。」把書商和抱持驚豔心態的讀者放在一間滿是書本的房間，你便會置身伊格諾塔的領域，一個重拾魅力的地方。

格雷安·葛林一再鮮明的夢到夏綠蒂街（Charlotte Street）和尤斯頓路之間有家書店，曾兩次走去搜尋，卻都沒有找到；還有一間一直出現在他夢中，靠近巴黎北站（Gare de Nord）的書店，書架很高，他必須使用梯子尋找阿波里奈爾[83]所翻譯的《芬妮希爾》（*Fanny Hill*），結果也找不到那家書店。我們人類經常夢想著充滿活力的新書店，從布魯克林到巴格達比比皆是。在倫敦布魯姆斯伯里（Bloomsbury），崔德威（Treadwell）神祕書店的櫥窗內正展示一具木乃伊箱，他們的水晶球占卜工作坊已然銷售一空。紐約仍有麥克納利·傑克森書店所舉辦的「馴服《尤利西斯》」座談會的門票待售。舊金山城市之光書店所舉辦的「費里尼百歲紀念」座談會則是免費的。如果你不喜歡多倫多開心日書店（Glad Day Bookshop）的變裝早午餐（Drag Brunch），他們在週五同志日（Gay Friday）會有喜劇演員表演。在雪梨，莎芙書店（Sappho Books）的每月詩會持續已久，每名顧客都可拿起麥克風即席表演。布拉格的環球書店（Globe Books）有一個誘人的反情人節讀書會。在巴黎，莎士比亞書店主辦，受到安妮·華達[84]附以靈感的靜物畫工作坊仍有幾個名額。當我寫到這裡時，正好坐在大英博物館附近倫敦回顧書店的咖啡廳，可以聽見書店內解析昆德拉作品的聲音。

有一天，我希望能拜訪麻薩諸塞州的蒙塔古書坊（Montague Bookmill）。那裡原本是間古老的木造麵粉磨坊；聽說有獨特的圖書上架規則，有嘎吱作響的木板地，和到處蔓延的咖啡館。書店老闆說：「我們不是特別便利，不是特別有效率，但是我們很漂亮。」你可以捧一杯熱可可，坐在任何一個地方，或看書，或只是聆聽流在外面冰層底下的潺潺河水聲。

譯註

1 John Gielgud，一九〇四～二〇〇〇年。英國資深演員、導演和製片人。藝術生涯跨越八十年。擅長表演莎士比亞戲劇，是為數不多的演藝圈大滿貫獲得者。

2 "Conversation" Sharp，真名Richard Sharp，一七五九～一八三五年。英國製帽匠、銀行家、詩人、評論家和國會議員。

3 全名為Laurie R. King，一九五二年～。以偵探小說聞名的美國作家。

4 全名為Gaius Iulius Caesar，西元前一〇〇～四四年。羅馬共和國末期的軍事統帥和政治家，是羅馬共和國體制轉向羅馬帝國的關鍵人物，史稱凱撒大帝或羅馬共和國的獨裁者。也是散文作家。

5 Hittites，大約是西元前二十世紀位於小亞細亞的亞洲古國，是一個慣於征戰的民族。

6 Dave Eggers，一九七〇年～。美國作家、編輯和出版人。

7 Greta Garbo，一九〇五～一九〇〇年。瑞典國寶級電影女演員。幾乎任何一部她演過的電影都有這麼一句臺詞：「我想一個人待著。」

8 Bonhams，世界上最古老，規模最大的藝術品和古董拍賣行之一。

9 全名為Henry Chance Newton，一八五四～一九三一年。英國作家和戲劇評論家。

10 Wallace-and-Gromit，英國黏土定格動畫，內容為一個業餘發明家和一隻智能狗的喜劇電視電影。

11 全名為Malcolm Timothy Gladwell，一九六三年～。加拿大暢銷作家，目前是《紐約客》雜誌撰稿人及暢銷作家。

12 Chatham Dockyard，在一九八四年關閉之前，歷經數百年。一直是皇家海軍的主要設施之一。

13 全名為Jean Froissart，一三三七～一四〇五年。中世紀的法國作家。作品既包括短抒情詩，也有較長的敘事詩。其著作《大事記》被認為是十四世紀英格蘭王國和法國騎士復興的主要作品，也是百年戰爭前半部分的主要參考文獻之一。

14 全名為Eva Collet Reckitt，一八九〇～一九七六年。柯列書店的創辦人。

15 Olive Parsons，生年不詳，卒於一九三三年。

16 Ray Smith，一九三六～一九九一年。威爾斯演員。

17 Melodiya，蘇聯的國有主要唱片公司。

18 Vivienne Westwood，一九四一年～。英國時裝設計師，帶領起龐克風潮，中文媒體常稱呼其綽號「西太后」。

19 Lucian Freud，一九二二～二〇一一年。英國藝術家。著名心理學家西格蒙德．佛洛伊德的孫子。

20 Phil Andros，本名Samuel Morris Steward，一九〇九～一九九三年。美國詩人、小說家和大學教授，後來離開學術界成為紋身藝術家和色情畫家。

21 全名為Alice Malsenior Tallulah-Kate Walker，一九四四年～。美國作家和社會活動家。代表作為《紫色姐妹花》。

22 Derek Jacobi，一九三八年～。英國演員及電影導演。

23 Hannibal Lecter，為《沉默的羔羊》等系列懸疑小說中的人物，為一名食人醫師。

24 New Age，新紀元運動所涉及的層面極廣，涵蓋了神祕學、替代療法，並吸收世界各個宗教的元素以及環境保護主義。

25 Joan Plowright，一九二九年～。英國女演員。

26 全名稱謂為Laurence Kerr Olivier, Baron Olivier，一九〇七～一九八九年。英國電影演員、導演和製片人，受封為男爵。在舞臺和銀幕上詮釋了從希臘悲劇到莎士比亞戲劇、到文藝復興喜劇、再到現代英美戲劇的諸多角色，因而被認為是二十世紀最偉大的戲劇演員之一。

27 全名為Julian Patrick Barnes，一九四六年～。英國後現代主義文學作家。

28 John Singer Sargent，一八五六～一九二五年。美國藝術家，因為描繪了愛德華時代的奢華，所以是「當時的領軍肖像畫家」。

29 Pre-Raphaelite，一八四八年開始的一個藝術團體，也是藝術運動，由約翰・艾佛雷特・米萊、但丁・加百利・羅塞蒂和威廉・霍爾曼・亨特這三名年輕的英國畫家所發起，所以又常譯為前拉斐爾兄弟會。

30 全名稱謂為Sir Michael Murray Hordern，一九一一～一九九五年。英國舞臺和電影演員，職業生涯長達近六十年，以莎士比亞的角色，尤其是李爾王而聞名。

31 全名為Delia Ann Smith，一九四一年～。英國廚師和電視節目主持人。

32 Alan Jay Lerner，一九一八～一九八六年。美國作詞家和歌劇劇本作家。

33 全名為Robert Frederick Zenon Geldof，一九五一年～。同時具有愛爾蘭和比利時血統的愛爾蘭歌手、歌曲作家、演員和政治活動家，一般被稱為鮑勃・格爾多夫。

34 全名為Paula Elizabeth Yates，一九五九～二〇〇〇年。英國的電視節目主持人和作家。

35 Live Aid，一九八五年七月十三日於英國倫敦和美國費城同時舉行，旨在為衣索比亞大饑荒籌集資金的跨地區大型演唱會。

36 Tamara de Lempicka，一八九八～一九八〇年。波蘭畫家、裝飾風藝術的代表人物之一。

37 Rotten Row，一條寬闊的跑道，沿著倫敦海德公園的南側延伸一千三百八十四公尺，在十八和十九兩世紀為上流社會的倫敦人騎馬的時尚場所。

38 CND，Campaign for Nuclear Disarmament的字首縮寫，倡導單方面進行核裁軍的英國反核運動組織。

39 Groove Armada，一九九五年由安迪・卡托和湯姆・芬德利組成的英國電子音樂二重奏樂團。

40 全名為Little，Brown and Company，是查爾斯・科芬・利特爾和他的搭檔詹姆斯・布朗於一八三七年創立的美國出版商，近兩個世紀以來出版了美國作家的小說和非小說。

41 Donna Louise Tartt，一九六三年～。美國作家。

42 Women in Publishing，成立於一九七九年。總部位於倫敦。

43 The Pandora Award，專門為出版界傑出女性所設的獎。

44 全名為Ronald Brooks Kitaj，慣稱R. B. Kitaj，一九三二～二〇〇七年。猶太裔美國藝術家。

45 全名為David Hockney，一九三二年～。英國畫家、版畫家、舞臺設計師及攝影師。

46 全名為James Henry Cecil Collins，一九〇八～一九八九年。英國畫家和版畫家。最初與超現實主義運動有關。

47 Elisabeth Ward Collins，一九〇四～二〇〇〇年。英國畫家和雕塑家。

48 Angus McBean，一九〇四～一九九〇年。威爾斯攝影師，舞臺設計師和與超現實主義相關的狂熱人物。

49 Vivien Leigh，一九一三～一九六七年。英國國寶級電影演員。不但是出色的電影演員，也是優秀的舞臺劇演員，出色的外表和精湛的演技，為她在影壇歷史上爭得一席之地。

50 Marlon Brando Jr.，一九二四～二〇〇四年。美國電影男演員和社會活動家。因將現實主義帶入電影藝術表演之中而倍受讚譽，但也不無爭議，尤其是在「Me too」運動席捲全球後。

51 全名為Arthur John Gielgud，一九〇四～二〇〇五年。英國資深演員、導演和製片人。

52 全名稱謂為Sir Eduardo Paolozzi，一九二四～二〇〇五年。義大利裔英國雕塑家。被認為是亨利・摩爾之後，掙脫其影響的最早一批英國雕塑家之一。

53 Brian Eno，一九四八年～。英國音樂人、作曲家、製作人和音樂理論家。氛圍音樂的先鋒，常為U2樂團擔任唱片製作人。

54 Talking Heads，美國新浪潮樂團，一九七五年於紐約市組建，一九九一年解散。

55 Dirk Bogarde，一九二一～一九九九年。英國影星與小說作家。

56 Seamus Heaney，一九三九～二〇一三年。愛爾蘭作家及詩人。

57 Melvyn Bragg，一九三九年～。英國廣播者、作家和慈善家。

58 Richard Burton，一九二五～一九八四年。英國演員，曾經是好萊塢身價最高的演員，是伊莉莎白・泰勒第五及六任丈夫，兩人關係相當密切。

59 Philip Pullman，一九四六年～。英國小說家暢銷奇幻小說《黑暗元素三部曲》的作者。

60 指柴契爾首相。全名Margaret Hilda Thatcher，一九二五～二〇一三年。英國政治人士，通稱柴契爾夫人，一九七九～一九九〇年的英國首相，是英國第一位女首相，也是二十世紀英國連任時間最長的首相。柴契爾曾被一位前蘇聯記者描述為「鐵娘子」，此綽號亦反映了其拒絕妥協的政治立場和領導風格。

61 全名為John Edward Masefield，一八七八～一九六七年。英國詩人及作家。

62 全名為Howard Phillips Lovecraft，一八〇九～一九三七年。美國恐怖、科幻與奇幻小說作家，尤以其怪奇小說著稱。

63 Ronnie Kasrils，一八三八年～。南非政治人物。

64 ANC，為African National Congress的字首縮寫，南非目前最大的政黨。

65 Jos Slovo，南非政治人物，一九二六～一九九五年。也是種族隔離制度的反對者。

66 全名為Lady Antonia Margaret Caroline Fraser，一九三二年～。英國歷史、小說、傳記和偵探小說作家。

67 Nancy Freeman-Mitford，一九〇四～一九七三年。英國小說家，傳記作家和新聞記者。

68 coffee-table-booking，也稱為雞尾酒桌書，是一種超大的、通常是硬皮的書，其目的是在供人招待客人的區域使用的桌子上展示，可用來激發對話或打發時間。

69 Rutger Hauer，一九四四～二〇一九年。荷蘭男演員、編劇和環保人士。較知名的是在一九八二年科幻片《銀翼殺手》片中飾演Roy Batty，即興創作的雨中淚水獨白成為科幻電影史上的經典。

70 全名為John Buchan，一八七五～一九四〇年。蘇格蘭小說家及政治家，曾任加拿大總督。

71 全名為Vera Mary Brittain，一八九三～一九七〇年。英國自願援助支隊的護士、作家、女性主義者，社會主義者和和平主義者。

72 Thomas à Kempis，一三八〇～一四七一年。文藝復興時期歐洲宗教作家，積極提倡靈修，並曾參加新靈修運動。

73 本名為Jack Dawkins，但更為人熟知的是Artful Dodger的外號，狄更斯小說《孤雛淚》中的角色，兒童扒手犯罪團伙的首領。

74 Hildegard of Bingen，一〇九八～一一七九年。中世紀德國神學家、作曲家、作家、天主教聖人及教會聖師；後稱聖，也被稱為萊茵河的女先知。曾擔任女修道院院長、修院領袖，同時也是個哲學家、科學家、醫師、語言學家、社會活動家及博物學家。

75 Lingua Ignota，以二十三個「祕名字母」組成，大約有九百個詞彙，可說是人造語言的前鋒。

76 全名為Joseph Mallord William Turner，一七七五～一八五一年。英國浪漫主義風景畫家，水彩畫家和版畫家，作品對後期的印象派繪畫發展有相當大的影響。

77 Steampunk，追求一種流行於二十世紀八〇至九〇年代初的科幻風，以維多利亞時代文化做延伸，建立一個蒸氣科技達到巔峰的異想世界。

78 全名為Abraham "Bram" Stoker，一九四七～一九一二年。以小說《德古拉》聞名的愛爾蘭小說家。

79 Arakawa，一九七三年～。日本的女性漫畫家，本名荒川弘美。

80 Uwe Johnson，一九三四～一九八四年。德國作家、編輯和學者。

81 Lee Child，一九五四年～。英國驚悚小說作家，原名Jim Grant。有多部作品改編成電影。

82 全名為Jarvis Branson Cocker，一九六三年～。英國音樂家。以身為果漿樂團主唱著名，透過他與樂團的作品，成為一九九〇年代中期英式搖滾運動的靈魂人物之一。

83 全名為Guillaume Apollinaire，一八八〇～一九一八年。法國詩人、劇作家和藝術評論家。其詩歌和戲劇在表達形式上多有創新，被認為超現實主義的先驅之一。

84 Agnès Varda，一九二八～二〇一九年。法國攝影師及導演，為法國新浪潮左岸派代表人物之一。電影專注於實現紀錄片現實主義，闡述女性主義議題，以及製作其他具有實驗風格的社會評論，有「新浪潮祖母」之稱。

致謝辭

不要忘記款待客旅，因為曾經有些人這樣做，在無意中就招待了天使。

——《希伯來書》第十三章第二節

首先要感謝的是你們；所有的顧客與愛書人：每一天，你們都證明了人生不僅只有戰爭和洗衣服而已。如果我成為專職作家或學者的夢想成真，而少了你們的驚喜、你們的故事，你們的溫暖，我的生命將會是一片荒蕪。

我成長在一個包含七名手足和六位房客的吵雜家庭；我母親在餐後擦乾餐具時的談話，簡直就是社會大學。我父親則每星期六會帶我們去他口中的「波多貝拉」（Portabella），亦即倫敦諾丁山的波多貝羅路露天市場。他認識那裡大部分書商，以及倫敦其他地方的書商，當他忙著逛書店，往家裡搬東西時，我們經常等到地老天荒。我傑出的兄弟約翰什麼書都看，而且鑽研深入；他的影響反映在這本書的字裡行間。

我在倫敦大學時受到多位導師的啟發，獲益匪淺，特別是我的博士指導教授彼得·馬歇爾（Peter Marshall）。他教導我治學嚴謹之道，本身則一直保有說話快速的魅力，直到八十餘歲。對於自家菜棚裡的蔬菜獲獎證照頗為珍惜，看得和他曾獲得的許多榮譽獎項一樣重要。即使政治立場相反的人，比如艾瑞克．霍布斯邦，都熱切告訴我，他是個值得效法的人。

還有維克多．基爾南[1]這位發揮了人道主義者學識影響力的典範。有則啟發性的佛教寓言說一隻井底之蛙在目睹整個廣闊的井外世界後，不禁爆頭而亡。基爾南高踞愛丁堡樓上的窩巢，我雖然沒有如上破壞他的寧靜，他卻傳授我整體性的世界觀。正如霍布斯邦在墓誌銘中對他的推崇：「他是一位涉獵極廣，學識驚人的學者。」在劍橋時，蓋伊．伯吉斯招募基爾南加入共產黨；後來他離開了共產黨，卻仍努力不懈為全世界的邊緣人奉獻心力。

我之所以成為書商，是拜莎莉．斯萊尼與萊絲莉．馬凱之賜。這兩位優秀又風趣的離婚婦女，就像電影《末路狂花》（*Thelma and Louise*）裡的兩個女主角，開足馬力全速前進，在連鎖業重心的倫敦開了家書店。假如她們的冒險是一部電影，那麼有關該劇的流行語可能是莎莉的「**完全**就是場惡夢，寶貝」「實在**太**高估他自己了」，以及無庸置疑的「老實說，是個蠢材」。萊絲莉是影武者，面對任何情況都毫不慌張，儼然可以洞燭其中的幽默面。

斯萊尼與馬凱因為教會委員會（Church Commissioners）調漲租金而歇業後，提姆．沃特司通給了我一份工作。他對文化的貢獻，超過一堆藝術委員會（Arts of Council）的會員，並且不斷啟發員工，激勵士氣。他是個沒有框架的人，所以無所謂「跳脫思考框架」一說。在提姆之後，是六位常務董事，然後由迄今最富機智的詹姆斯．鄧特接手，如果說提姆是貝多芬，鄧特就是巴哈。我很感謝他的包容，他有如愛德華・吉朋般對語言的掌握，以及他拯救水石的壯舉。此外，眾多同事的付出也讓水石再度蓬勃發展：凱特・史吉普（Kate Skipper），具有女戰神賽赫麥特的神力；路克・泰勒（Luke Tylor），有如鄧特的米歇爾・內伊[2]；尼爾・克羅基特（Neil Crockett），是《戰爭與和平》（*War and Peace*）裡的皮埃爾[3]；茱麗葉・貝利（Juliet Bailey）獨具的歷史觀足以應付一切，洞察每件事的荒謬之處；以及與我共事數十年的露絲（Ruth，一個忠誠的朋友）、比特（Pete，學問淵博，行事低調）、瑞秋（Rachel，我們之中最拔尖的），和所有的坎特貝里團隊。比較新進的書商，比如柔伊、詹姆士、阿爾非等，則讓我見識到，書店的重新塑造是沒有窮盡的。還有饒富藝術天分的塔克：謝謝你。

詹妮弗・烏格洛和凱瑟琳・溫德姆（Katherine Wyndham）在很久之前就比我本人還要看重我的文章。我十年前就把這本書的構想告訴佳能門出版社（Canongate）的傑米・拜恩[4]，很感謝他溫和的告訴我：我不需要隱藏在事實後面——當時，我們就坐在諾丁山他那間鋪設雙層吉爾吉斯（Kirghiz）地毯，擺滿書籍的內室。我喜歡他的「必要時就非法出版」的氣派。比如關於維吉尼亞・吳爾芙自殺一事，雖然與傳記作家彼得・阿克羅伊德有所爭論，但基於他同樣冷靜的建議，我終究覓得我自己對事情的看法。

坎特貝里大教堂檔案館館員克萊西達・威廉斯（Cressida Williams）以她一貫的嚴謹態度審閱本書的部分章節，她那母親般溫和的外表下，藏有鐵腕般的意志。安東尼・里昂

（Anthony Lyons）像老師一樣啟發年輕人，像朋友一般鼓舞我，對我的助益遠比他知道的還多。耶魯大學出版社的代表喬許・休斯頓（Josh Huston）當我在黑暗中摸索時，提供我關鍵的書籍與安靜的對話。

凱特・甘寧（Kate Gunning）宛如塞維涅夫人[5]的化身，是這本書的教母，她的友誼對我有如我經常拜訪的樹屋。編輯賽門・溫德（Simon Winder）的友善與敏銳，使我幾乎不希望這本書有完成的一天。伊娃・哈德金（Eva Hodgkin）有如貓頭鷹一般聰慧。珍・博德賽爾（Jane Birdsell）潤稿非常有耐心。我的經紀人蘇菲・蘭柏特（Sophie Lambert）一再引導我遠離懸崖邊緣，體現了圖書業美好的一面。艾瑪・費恩（Emma Finn）是她溫和體貼的手下大將。

孩子們是這本書的根基。艾莎（Ailsa）不知道她其實很像她的偶像瑪格麗特・卡文迪許，奧立弗是來自森林的心靈審視者，英迪亞（India）是富有同情心的火鳥，加斯帕（Casper）是切斯特頓風格的尼采（Chestertonian Nietzschen），威廉是聰穎的顧問。弗蘭西絲卡是《勸導》（*Persuasion*）裡的安，傑克是一位頗有卡拉塔耶夫[6]之風，而山姆則是善良的體現。

我的妻子克萊兒聰明風趣，喜歡看早經遺忘、內容瘋狂的書。我們的婚姻就如同她深愛的康提基探險[7]，是點燃希望的勝利之旅。

譯註

1 全名為 Edward Victor Gordon Kiernan，一九一三～二〇〇九年。英國馬克思主義歷史學家，也是備受尊敬的全球史學家之一。

2 Marshall Ney，一七六九～一八一五年。法國軍人。法國大革命和拿破崙戰爭期間的軍事指揮官，直屬拿破崙手下的元帥，被譽為勇士中的勇士。

3 Pierre，《戰爭與和平》書中人物。

4 全名為 James Edmund Byng，一六九六年～。英國出版商。為獨立出版公司佳能之門（Canongate）首席。

5 全名稱謂為 Marie de Rabutin-Chantal, marquise de Sévigné，一六二六～一六九六年。法國書信作家，被奉為法國文學的瑰寶。

6 Karataev，《戰爭與和平》書中一位愉悅圓融的小人物。

7 Kon-Tiki expedition，一九四七年由挪威探險家兼作家索爾·海爾達爾率領，搭乘名為康提基的木筏從南美到玻里尼西亞群島穿越太平洋的旅程。

資料來源註釋

作者註：「普林斯頓」、「劍橋」等，是該大學等出版社的簡稱。

我在寫這本書時，晚間的撫慰閱讀是三卷自傳，賴納・施塔赫的[1]《卡夫卡》(*Kafka*)；普林斯頓，二〇〇五～一七年），他是一個體型壯碩厚實，經常一襲皮夾克的自由作家，柏林人，年紀是和我差不多的六十好幾。即使是翻譯本，有幾個字我還是不認識，比如epigonal。其有關人性的嶄新見解反映出紮實的學識厚度。此外，我的床邊讀物還包括啟發觀點用的：《夏洛克・福爾摩斯》、伊弗林・沃，和一些新作家，比如萊絲莉・賈米森[2]和奧利維亞・萊恩[3]的作品。

安撫之書、逆境中的閱讀

兩名法國人在七〇年代合寫的一本書，開啟學術界對人們閱讀的研究，也引發當時還是大學生的我無限遐思。一九三〇年代呂西安・費夫賀和馬克・布洛克[4]創立歷史學的年鑑學派[5]。他們跳脫傳統，以比較極端的歷史地理角度，有系統的檢視日常生活與比較明顯的歷史改變，由科際研究方式研究過去的歷史。為何會對「日常升斗小民」有興趣？這兩人——他們本身都是富有的中產階級——歸因於他們在第一次大戰期間和各階層人士混跡壕溝的經驗。布洛克曾參與索姆河戰役[6]，甚至將一次大戰描繪為「龐大的社會經驗，難以置信的豐富」。

他二次大戰奮勇抵抗，結果在里昂遭德國行刑隊處決。戰後，費夫賀重振雄風，追求年鑑學派的使命。正如他所說，他摒棄「那些基於人為設定的日期所區分的愚蠢細目；不過是用來哄騙學生，讓他們開心的」。一九五八年的鉅著《書本的來臨：印刷帶來的衝擊，一四五〇～一八〇〇》（維索圖書〔Verso〕版本，一九七六年）大大超越了他原本謙虛的目標：就一個「沒有人曾經歸納或評估」的領域，創作「一些讀來不會太不愉快」的東西。

我妻子克萊兒在布萊頓一家書店霉味撲鼻的地下室找到一本亨利・米勒絕版的《我一生中的書》。那是一本對自己的所愛之書極度漫談卻誠實可靠的旅程，從一開始作者自序便乖戾的告訴讀者這本書會賣得很慘且「飽受惡評」，到其中一章專門討論廁所閱讀，始終如一。

米勒的書應該再版，而非那令人頭痛的六百頁巨著《藏書狂的解析》（*Anatomy of Bibliomania*；松奇諾出版社〔Soncino Press〕，一九三〇年）。《藏書狂的解析》作者霍爾布魯克・傑克遜[7]，企圖仿效伯頓的《憂鬱的解剖》，但是並沒有成功。在該書所有「或許」和「枯萎」用詞間，我確實找到許多有用的資訊，但也只是將那有用的幾頁撕下，其他的則全部扔出窗外，以發洩氣惱。

相較於我對傑克遜的痛恨，身為讀者，我卻愛上了牛津大學的艾比蓋兒・威廉斯教授，雖然我從未見過她。《書籍的社會生活》（*The Social Life of Books*；耶魯，二〇一七年）創新、慧黠而溫暖；謝辭中提及她的「廚房餐桌、麵包屑和家庭生活的混亂」也絲毫不令人驚訝。貝琳達・傑克的《女性讀者》（*Woman Reader*；耶魯，二〇一二年）雖沒有那麼溫馨，卻仍然是闡述這項主題的主要著作。

強納森・羅斯[8]承認，他的靈感並非來自新近出版的書籍，而是一本在賓州發現的「陳列已久的舊書」，一九五七年一個美國人理查德・阿爾提克[9]所著的《英國大眾讀者》（*English Common Reader*），啟發他創作了《英國勞工階級的知識生活》（*The Intellectual Life of the British Working Classes*；耶魯，二〇〇一年）一書。羅斯的著作帶出一批尾隨者，包括菲利普・普曼和克里斯多福・希鈞斯[10]。正如希鈞斯所言，我也覺得這本書「給人的感動，久久不去」。

瑪格麗特・史普福特[11]是自學者，因為生病的關係，使她無法獲取大學學歷。她一生關切平民百姓，也促使她完成《小書和小農歷史：十七世紀英國通俗小說及其閱讀》（*Small Books and Pleasant Histories: Popular Fiction and Its Readership in Seventeenth-Century England*；喬治亞大學出版社〔University of Georgia Press〕，一九八一年）。

美國學者莉亞・普萊斯的《論英國維多利亞時期的書本》（*How to Do Things with Books*

in Victorian Britain；普林斯頓，二〇一二年）是相關領域的創始者，敘述狄更斯時期人們和書本的互動，措辭機敏，如同她在Youtube上的談話，探討閱讀如何比聽音樂更能紓壓。狄爾菊．林奇的《喜愛文學：一探文化史》（*Loving Literature: A Cultural History*；芝加哥大學出版社〔University of Chicago Press〕，二〇一五年）是一項有用的調查。大衛．艾倫（David Allen）探入未曾開發的新領域，他的《英國喬治時代一般大眾的書籍和閱讀》（*Commonplace Books and Reading in Georgian England*；劍橋，二〇一〇年），可謂後無來者。

就像許多我之前的人，我也從約翰．布魯爾（John Brewer）的《想像的樂趣：十八世紀的英國文化》（*Pleasures of the Imagination: English Culture in the Eighteenth Century*；哈潑柯林斯出版集團〔HarperCollins〕，一九九七年）和邁克爾．蘇亞雷斯[12]與亨利．伍德胡森[13]修訂的的《全球通史》（*A Global History*；牛津，二〇一三年）汲取許多資料。史蒂芬．格林布拉特的《偏離方位：文藝復興是如何開始的》（*The Swerve: How the Renaissance Began*；鮑利海出版社〔Bodley Head〕，二〇一一年）是閱讀人類學中的創始者。伊恩．麥吉爾克里斯特的《大師及其使者：分裂的大腦與西方世界的形成》；耶魯，二〇〇九年）詳細敘述語言和故事創造的神經科學。在閱讀空間方面，加斯東．巴舍拉無法歸類的《空間詩學》（企鵝出版社，二〇一四年）一九五八年在巴黎不為人知的首度發行。我和麥吉爾克里斯特一樣，願意挑釁任何閱讀這本書而沒有因此有所改變的人。

克莉絲汀．德．皮桑的《婦女城》在企鵝出版社經典系列中可以找到。

廉價書的奇妙情感力

廉價書仍然大量佚失於歷史長河，幸而全球各地都正快速展開電子化的作業。約翰・艾希頓簡明的一八八二年版《廉價書》（*Chapbooks*），已由史庫柏書店（Skoob Bookshop）在一九九四年重新印行，市面上可以購得；這家卓越的書店仍在布盧姆斯伯里（Bloomsbury）營運著。大英圖書館、蘇格蘭國家圖書館和劍橋大學網站都有關於館藏廉價書的豐富資料。倫敦東區佬和良心拒絕兵役者萊斯利・謝潑德[14]擁有絕佳的廉價書藏書。他的《街頭文學史》（*History of Street Literature*；歌唱樹出版社〔Singing Tree Press〕，一九七三年）就其主題展開調查，學術界可是比他落後了數十年後才開始認真對待。

市場、走賣書販和書店歷史

市場和市集在我們想像中的地位，於凱特琳娜・克拉克[15]和邁克爾・霍奎斯特[16]的著作《米哈伊爾・巴赫金》（*Mikhail Bakhtin*；哈佛，一九八四年），以及華特・班雅明在《班雅明廣播》（*Radio Benjamin*；維索圖書，二〇一四年）的談話文本中闡述分明。賽門・強生（Simon Johnson），這位律師和老主顧，在他未出版的博士論文中分享了市場的法規。我覺得羅賓・邁爾斯（Robin Myers）編輯的《市集，市場和流動書本交易》（*Fairs, Markets and the*

Itinerant Book Trade，奧克諾爾出版社〔Oak Knoll Press〕，二〇〇七年）極其浪漫，引人入勝。邁爾斯編輯的還有《倫敦書本交易》（*London Book Trade*，奧克諾爾出版社，二〇〇三年）。亨利．梅休的《倫敦勞工和倫敦窮人》（喬治．伍德福爾出版社〔George Woodfall〕，一八五一年）是時光機，將我們帶回狄更斯時期的倫敦：一部規模迄今無以匹敵的口述歷史。

杰羅恩．薩爾曼的《小販和流行印刷品：一六〇〇～一八五〇年間英國和荷蘭的行商分銷網路》（*Pedlars and the Popular Press: Itinerant Distribution Networks in England and the Netherlands 1600-1850*，布里爾出版社〔Brill Press〕，二〇一三年）是該領域的先驅者，正如克萊夫．格里芬有關伊比利半島的作品。

小販和書店在宗教改革時期的角色，已明確勾勒於迪爾梅德．麥克庫洛赫的《宗教改革》（*The Reformation*，維京出版社〔Viking〕，二〇〇四年）和卡洛斯．艾瑞的《改革：早期現代世界》（*Reformations: The Early Modern World*，耶魯，二〇一六年）中。凱文．夏普[17]是休．特雷弗－羅珀的高徒，特有的兼容並蓄型學者，他的《閱讀革命：早期現代英國的閱讀政治》（*Reading Revolutions: The Politics of Reading in Early Modern England*，耶魯，二〇〇〇年）寫得太好，因此他六十二歲即過世才令人格外感傷。正如《衛報》的悼詞，他是一個「天生的平等主義者」，是本書所提及每一史學家都具備的最優秀本質。同樣具這種本質的還有埃塞克斯大學教授詹姆士．雷文[18]，不斷和慈善機關合作，擴展學習的管道。他的人性主義反映在他無以倫比的著述《圖書貿易：一四五〇～一八五〇年間最暢銷書籍和英國圖書交易》（*The*

Business of Books: Booksellers and the English Book Trade 1450-1850，耶魯，二〇〇七年）中。

聖安德魯大學的安德魯・彼得格里是書本歷史的無冕王，不只是因為他許多著作——我很喜歡他的《文藝復興時期的書本》（*The Book in the Renaissance*，耶魯，二〇一〇年）——也是因為他負責一項計畫，將所有早期書本的書名上線。此外，他的寫作具權威性又夠幽默，內容有根有據卻非死守典範。

至於現代，鮑伯・艾克斯坦[19]的《世界最偉大書店的註解》（*Footnotes from the World's Greatest Bookstores*，波特出版社〔Potter〕，二〇一六年）中，書商們顯示出從事此行的天職，羅納德・賴斯（Ronald Rice）的《我的書店》（*My Bookstore*，黑狗出版社〔Black Dog〕，二〇一七年）中，作家也寫出他們最鍾愛的書店。

圖書館

伊迪絲・霍爾的演講以幽默、清晰和素質聞名，這一點也反映在她的作品中。她的《真假野蠻人》（*Inventing the Barbarian*）和愛德華・薩伊德的《東方主義》（*Orientalism*）齊名，都提醒讀者：一旦論及「文明」，須注意無意間流露的偏見。霍爾一篇有關古代圖書館的論文令人欣喜，被收錄在《圖書館的意義》（*The Meaning of the Library*，普林斯頓，二〇一五年）一書，由艾麗斯・克勞福德（Alice Crawford）編輯。另外，傑森・科尼格[20]亦編輯有

《古代圖書館》（*Ancient Libraries*，劍橋，二〇一三年）一書，是近東古代圖書館的最新概論。

梅莉莎・阿德勒在《巡航圖書館：知識性組織內的變態》（福坦莫大學出版社，二〇一七年）中，探討圖書館更直覺與本能的意涵。她是一位勇敢、風趣的調查者，最近發表一篇文章，叫做《不要把圖書館的書架同性戀化》（*Let's Not Homosexualize the Library Stack*）。綜觀該書主題，她如果知道你上網搜尋，結果搜尋到她在《諾迪克資訊科學期刊》（*Nordic Journal of Information Science*）裡的文章《維基百科與大學的迷思》（*Wikipedia and the Myth of University*），一定會露出微笑。

潘尼茲在大英博物館內的各項功勳記載在路易斯・費根[21]的《安東尼・潘尼茲爵士的生活與信函》（*The Life and Correspondence of Sir Anthony Panizzi*，三冊；霍頓・米夫林出版社〔Houghton Mifflin〕，一八八一年）。線上《牛津國家人物傳記大辭典》（*Oxford Dictionary of National Biography*）中則記載有其他介入博物館那間偉大閱覽室紛爭的名人傳略。

安東尼・霍布森（Anthony Hobson）一九七〇年的《偉大的圖書館》（*Great Libraries*；魏登菲爾德和尼科爾森出版社〔Weidenfeld & Nicolson〕）是古色古香的出版品：優良的紙張，具有藝術氛圍的單色相片，比彩色的照片、深入的研究，甚至霍布森本人更令人神往。霍布森通曉多國語言，文質彬彬，衣著一絲不苟的帶點時髦氣息，是三個小孩的幽默老爸，裝扮氣宇軒昂，有如戰時的坦克司令。他是蘇富比的書籍專家，當公司對他而言太過商業化時，便退回學術界。諷刺的是，我是在索塞克斯郡（Sussex）一場書籍拍賣會中發現他的書的。

馬丁・蓋福特的《米開朗基羅：史詩般的一生》（*Michelangelo: His Epic Life*；無花果樹出版社〔Fig Tree〕，二〇一三年）涵蓋了勞倫先圖書館和其設計者米開蘭基羅的最新研究資料。

收藏家

托馬斯・迪布丁雜亂無章的《圖書收集狂或瘋狂書迷》（*Bibliomania or Book-Madness*，一八〇九年；查托・溫德斯出版社〔Chatto & Windus〕修訂版，一八七六年），對該書所記載的年代記事不無添油加醋之效。傲慢自大的倫敦經銷商沃爾特・史賓塞（Walter Spencer）在《我書店裡的四十年》（*Forty Years in My Bookshop*；康斯特勃出版社〔Constable〕，一九二三年）一書細述一個失落的世界。維克多・格雷（Victor Gray）的佳作：《倫敦的書商：索特蘭書店二百五十年》（*Bookmen London : 250 years of Sotheran Bookselling*；索特蘭，二〇一一年），可以（也只能）從這家位於皮卡迪利路的傳奇書店購得。愛德華・牛頓（Edward Newton）的《書籍收集的樂趣》（*Amenities of Book Collecting*；亞特蘭大〔Atlantic〕，二〇一五年）和麗貝卡・巴里（Rebecca Barry）的《發現稀有書籍》（*Rare Books Uncovered*；夸托出版社〔Quarto〕，二〇一五年）兩本書，帶動美國的藏書風潮。薇拉・希爾弗曼[22]的《新的古籍收藏家：法國書籍收藏家和印刷文化》（*The New Bibliopolis: French Book Collectors and the Culture of Print*；多倫多大學出版社〔Toronto〕，二〇〇七年）則是論述法國世紀末[23]收藏家的無敵之作。

對於世界真正書籍始祖的最佳介紹書籍，是錢存訓[24]的《中國古代書史》（又名為《書於竹帛》）（*Written on Bamboo and Silk: The Beginning of Chinese Books*；芝加哥大學出版社〔Chicago〕，二〇〇四年）。大英圖書館發起的《國際敦煌研究計畫》（*International Dunhuang Project*）是一個持續進行的線上展示平臺，裡面包括世界各地學者的文章與研究資料，那些學者都曾經在發現《金剛般若波羅蜜經》的莫高窟藏經洞做過研究。大英圖書館網站可以查閱《金剛經》，經書也經常在圖書館的免費藝廊展出。我還參考了安娜貝爾・華克[25]所著的《奧萊爾・斯坦因傳》（*Aurel Stain*；（約翰・默里出版社〔John Murray〕，一九九五年）。

有關佩萊謝特部分，我是參考A・英戈爾德（A. Ingold）的作品《瑪麗・佩萊謝特的生活與作品概述》（*Notice sur la Vie et les Ouvrage de Marie Pellechet*；阿爾方索・皮卡德出版社〔Alphonse Picard Fils〕，一九〇二年）。烏蘇拉・包爾麥斯特目前也從法國國家圖書館退休，非常好心地把她那篇有關被遺忘的藏書女英豪的文章寄給了我。

旁註

當批註從隱蔽的檔案中出現的時候，恰逢網際網路時代的來臨，但是兩本書在該領域的地位卻穩如泰山：邁克爾・卡米爾的《邊飾的圖像：中古藝術的邊緣》（*Image on the Edge:*

The Margins of Medieval Art，反響出版社（Reaktion），一九九二年）和希瑟．傑克遜的《批註》（*Marginalia*，耶魯，二〇〇一年）。丹尼爾．瓦克林[26]的《一三七五～一五一〇年間的文稿修訂》（*Scribal Correction, 1375~1510*，劍橋，二〇一四年）揭示文稿的本來面目。埃蒙．達菲的《時禱書中的註記》（*Marking the Hours*，耶魯，二〇〇六年）則明晰處理了早期印刷祈禱用書的批註伎倆。同樣有所助益的作品還有威廉．謝爾曼（譯註：即比爾．謝爾曼）的《二手書：文藝復興時期英國的批註讀者》（*Used Books: Marking Readers in Renaissance England*，賓州大學，二〇〇八年）和海蒂．哈克爾的《早期現代英國的閱讀材料》（*Reading Material in Early Modern England*，劍橋，二〇〇九年）。奧利．拉格培茲的《塵垢的哲學》（*The Philosophy of Dirt*，反響出版社，二〇一八年）則詮釋了切除或擦拭批註和犯罪恐懼意識間的關聯。我是在坎特貝里水石書店漫無目的閒逛中發現這本書的，對我而言，又是一項隨意而另有發現的重大事例。

倖存於索邦神權

羅伯．丹屯是法國地方書本交易研究的王者。他許多著作中，我覺得《法國文學之旅：法國大革命前夕的書本世界》（*A Literary Tour de France: The World of Books on the Eve of the French Revolution*，牛津，二〇一八年）特別有看頭。奧克塔夫．烏扎納所著，奧古斯丁．比盧[27]所譯的《巴黎的獵書人：書攤和碼頭間的研究》（*The Book-hunter in Paris: Studies Among the Bookstalls and the Quays*；A．C．麥克勒格出版社〔A. C. Mc Clurg〕，一八九三年），包含街道素描，頗令人發思古之幽情。

威尼斯

閱讀《威尼斯兵工廠的造船者：工業革命前都市的工人和工作地點》（*Shipbuilders of the Venetian Arsenal: Workers and Workplace in the Preindustrial City*；約翰．霍普金斯，一九九一年），我彷彿嗅到潟湖的氣息，聽到都市的喧囂聲。我也開心的發現，何瑞修．福布斯．伯朗[28]「是個喜歡戶外活動，帶有清脆蘇格蘭口音的樂天型人物」。由於家庭情況的縮減，他一生大部分時間都生活在威尼斯一間靠近運河的住屋。值得慶幸的是，他反而獲得同性戀的自由：愛上一個名叫安東尼奧的船夫。研究忽略棄置的威尼斯檔案的他，寫了一本簡要的《威尼斯印刷業：一項基於大部分迄今尚未出版的文件所做的歷史研究》（*The Venetian Printing Press: An Historical Study Based Upon Documents for the Most Part Hitherto Unpublished*；普特南出版社〔Putnam〕，一八九一年）。只印行了五百冊。這本書流露出對威尼斯的感情，而且正如一名當代人的評論，「清新而有活力」，是眾多「陳腐的歷史學家」所付之闕如的。戴維．伍頓[29]的《保洛．薩爾皮：縱橫文藝復興和啟蒙運動之間》（Paolo Sarpi: Between

Renaissance and Enlightenment；劍橋，一九八三年），始終是有關那位修士的最佳作品。

紐約

我在布萊頓發現一本《書店街》（*Book Row*；卡洛爾與格拉夫出版社〔Carroll & Graf〕，二〇〇四年），上面有作者馬爾文・蒙德林[30]和羅伊・梅達（Roy Meador）在百老匯斯特蘭德書店的簽名。這兩位作者，一名是經驗老到的書商，一名為新聞記者，訪問了二十世紀大部分紐約知名的書商，珍愛的取得書店的檔案。其中所附黑白照片很有氣氛，參考書目周延豐富。蒙德林一九二七年出生於一個移民布魯克林的俄裔家庭，是和在美國生根、或許也是最大書商族群間最鮮活的連結。他從一九五一年起便開始擔任物流理貨小工，二〇二〇年離世。

譯註

1 Reiner Stach，一九五一年～。德國作家、出版人及政論者，目前在柏林以自由職業者的身份生活和工作。

2 Lesley Jamison，一九八三年～。美國散文家及小說家，並在哥倫比亞大學藝術學院教授非小說類文學寫作。

3 Olivia Laing，一九七七年～。英國作家、小說家及文化評論家。

4 Marc Bloch，一八八六～一九四四年。法國歷史學家，專治中世紀法國史。

5 The Annales school，史學流派，結合了地理學、歷史學與社會學，強調以比較長時期的歷史架構，看重地理、物質等因素對歷史的影響，也衍伸出心態史的研究。

6 Battle of Somme，發生於一九一六年十一月十八日間，一次世界大戰中規模最大的一次會戰，英、法兩國為突破德軍防禦並將其擊退到法德邊境，於是在位於法國北方的索姆河區域作戰。雙方傷亡共一百三十萬人，是一戰中最慘烈的陣地戰，也是人類歷史上第一次於實戰中使用坦克。

7 Holbrook Jackson，一八七四～一九四八年。英國記者、作家和出版商。

8 Jonathan Rose，美國德魯大學歷史教授。

9 全名為Richard Daniel Altick，一九五一～一九五一年。美國文學學者，以其對維多利亞時代研究的開拓性貢獻以及倡導文學研究的樂趣和嚴謹方法而聞名。

10 全名為Christopher Eric Hitchens，一九四九～二〇一一年。猶太裔美國人，多年來都是一位無神論者、反宗教者和社會主義者、馬克思主義者及反極權活動人士。

11 Margaret Spufford，一九三五～二〇一四年。英國學者和歷史學家，幼時是位在家自學者。

12 全名加縮寫為Michael F. Suarez, S. J.，維吉尼亞大學罕見書籍的教授和主任。

13 全名為Henry Ruxton Woudhuysen，一九五四九年～。英國學者，專門研究文藝復興時期的英國文學。

14 Leslie Shepard，一九一七～二〇〇四年。英國作家、檔案蒐集與管理員，也是策展人，撰寫了關於街頭文學、早期電影和超自然現象等一系列主題的書籍。

15 **Katerina Clark**，一九四一年～。澳洲裔美籍人，耶魯大學教授。

16 **Michael Holquist**，一九三五～二〇一六年。美國大學教授及作家。

17 全名為**Kevin M. Sharpe**，一九四九～二〇一一年。英國瑪麗女王學院的歷史學家，文藝復興和早期現代研究中心主任。

18 **James Raven**，一九五九年～。英國史學家、劍橋大學教授，英聯邦的英語國家聯盟主席。

19 **Bob Eckstein**，美國作家、插畫家、卡通畫家及紐約大學教授。

20 **Jason König**，一九七三年～。英國聖安德魯斯大學希臘語教授。

21 全名為**Louis Alexander Fagan**，一八四五～一九〇三年。英裔義大利作家。一八六九～一八九四年在大英博物館的版畫和繪畫系工作。

22 全名為**Willa Zahava Silverman**，一九五九年～。美國作家。

23 **fin-de-siècle**。世紀末精神，往往指十九世紀八〇～九〇年代的文化指標，普遍適用於法國藝術和藝術家，運動所及，影響了許多歐洲國家。

24 一九一〇～二〇一五年。中國裔美籍漢學、歷史學及圖書館學學者，專長於中國古文字與書目學。

25 **Annabel Walker**，一九五八年～。英國作家。

26 **Daniel Wakelin**，一九七七年～。英國作家和中世紀史學家。

27 **Augustine Birrell**，一八五〇～一九三三年。英國政治人物和學者。

28 全名為**Horatio Robert Forbes Brown**，一九五四～一九二六年。蘇格蘭歷史學家，專門研究威尼斯和義大利的歷史。在威尼斯度過了大部分人生，出版了幾本有關該市的書籍。

29 **David Wootton**，一九五二年～。英國歷史學家，主要作品有《科學的誕生：科學革命新史》等。

30 **Marvin Mondlin**，一九二七～二〇二〇年。俄裔美籍作家。

知識叢書 1109

賣書成癡的真心告白
The Bookseller's Tale

作　　者—馬丁・萊瑟姆（Martin Latham）
譯　　者—胡洲賢
主　　編—何秉修
編　　輯—陳彥廷
責任企劃—陳玉笈
封面設計—莊謹銘
內頁排版—立全電腦印前排版有限公司

總 編 輯—胡金倫
董 事 長—趙政岷
出 版 者—時報文化出版企業股份有限公司
一〇八〇一九 台北市和平西路三段二四〇號七樓
發行專線—（〇二）二三〇六六八四二
讀者服務專線—〇八〇〇二三一七〇五
（〇二）二三〇四七一〇三
讀者服務傳真—（〇二）二三〇四六八五八
郵撥—一九三四四七二四時報文化出版公司
信箱—一〇八九九臺北華江橋郵局第九九信箱
時報悅讀網—http://www.readingtimes.com.tw
時報文化臉書—https://www.facebook.com/readingtimes.fans
法律顧問—理律法律事務所 陳長文律師、李念祖律師
印　　刷—紘億印刷有限公司
初版一刷—二〇二二年三月十一日
定　　價—新台幣五八〇元
（缺頁或破損的書，請寄回更換）

時報文化出版公司成立於一九七五年，
一九九九年股票上櫃公開發行，二〇〇八年脫離中時集團非屬旺中，
以「尊重智慧與創意的文化事業」為信念。

賣書成癡的真心告白 / 馬丁 . 萊瑟姆(Martin Latham) 著 ;
胡洲賢譯 . -- 初版 . -- 臺北市 : 時報文化出版企業股份有
限公司, 2022.03
面 ;　公分 . -- (知識叢書 ; 1109)
譯自 : The bookseller's tale.
ISBN 978-957-13-9857-0(平裝)

1. 書業

487.6　　　　110021443

ISBN 978-957-13-9857-0（平裝）
Printed in Taiwan